Bibliographie
multivariate Statistik und mehrdimensionale Klassifikation

2

Akademie der Wissenschaften der DDR
Institut für Wirtschaftsgeschichte

Jürgen Wilke

Bibliographie

zu Verfahren der multivariaten Statistik,
der mehrdimensionalen Klassifikation
und ihre Anwendungen
in Natur- und Gesellschaftswissenschaften

1901—1975

Faktoranalyse
Hauptkomponentenanalyse
Multidimensionale Skalierung
Clusteranalyse
Numerische Taxonomie
Automatische Muster- oder
Gestalt- oder Zeichenerkennung
(„Pattern Recognition“)

Akademie-Verlag · Berlin 1978

Юрген Вилке

БИБЛИОГРАФИЯ

методов многомерной классификации и многомерной статистики и их применения в естественных и общественных науках

1901—1975

Факторный анализ
Метод главных компонент
Многомерное шкалирование
Кластерный анализ
Нумерическая таксономия
Распознавание образов

Akademie-Verlag · Berlin 1978

Jürgen Wilke

BIBLIOGRAPHY

of the
methods of multivariate statistics
and multidimensional classification
and their applications
in natural and social sciences

1901—1975

factor analysis
principal component analysis
multidimensional scaling
cluster analysis
numerical taxonomy
pattern recognition

Akademie-Verlag · Berlin 1978

Jürgen Wilke

BIBLIOGRAPHIE

des publications sur les methodes des
statistiques à plusieurs variables et
de classification multidimensionelle
et leurs applications
aux sciences naturelles et sociales

1901—1975

analyse factorielle
analyse des composantes principales
echelle multidimensionelle /
scaling multidimensionel analyse-cluster /
analyse des grappes taxonomie numérique
reconnaissance des formes

Akademie-Verlag · Berlin 1978

Erschienen im Akademie-Verlag
108 Berlin, Leipziger Straße 3—4

Lizenznummer: 202 · 100/292/78
Einband: Rolf Kunze
Herstellung: VEB Kongreß- und
Werbedruck, 9273 Oberlungwitz (III-12-12)
Bestellnummer: 753 4210 (6468)
LSV 1007
Printed in GDR
DDR 68,— M für Band 1 und 2

V. NUMERISCHE TAXONOMIE

(**Numerical taxonomy**)

4933. Adams, R.P.; Turner, B.L.: Chemosystematic and numerical studies in natural populations of Juniperus ashei
Taxon, 1970, 19 (5), 728-751
(V.3.2.)

4934. Adams, R.P.: Chemosystematic and numerical studies of natural populations of Juniperus pinchotii Sudw.
Taxon, 1972, 407-427
(V.3.2./8.)

4935. Adams, R.P.: Numerical analysis of some common errors in chemosystematics
Brittonia, 1972, 24, 9-21
(V.3.2./8.)

4936. Adams, R.P.: On numerical chemotaxonomy, revisited
Taxon, 1974, 23 (203), 326-338
(V.3.2./8.)

4937. Anderson, A.J.B.: Numerical examination of multivariate soil samples
J. Math. Geol., 1971, 3, 1-14
(V.8./5.)

4938. Anderson, S.: Some suggested concepts for improving taxonomic dialogue
Syst. Zoology, 1974, 23, 58-70
(V.1./3.3.)

4939. Atchley, W.R.; Cheney, J.: Morphometric differentiation in the viatica group of morabine grasshoppers (orthoptera, Eumastacidae)
Syst. Zool., 1974, 23, 400-415
(V.3.3.)

4940. Austin, M.P.: Models and analysis of descriptive vegetation data: Mathematical models in ecology. (J.N.R. Jeffers ed.)
Oxford: Blackwell, 1971, 61-86
(V.3.5.)

4941. Austin, M.P.; Greig-Smith, P.: The application of quantitative methods to vegetation surveys
II. Some methodological problems of data from rain forest
J. Ecol., 1968, 56, 827-844
(V.3.2./3.5.)

4942. Avise, J.C.; et al.: Biochemical polymorphism and systematics in the genus Peromyscus: V. Insular and mainland species of the subgenus. Haplomylomys
Syst. Zool., 1974, 23, 2, 226-238
(V.3.3.)

4943. Azorin, P.F.: Notas sobre taxonomia y estadistica
Trabajos Estadist., 1962, 13, 249-263
(V.1.)

4944. Backus, R.H.G.; et al.: The mesopelagic fishes collected during Cruise 17 of R/V Chain, with a method for analyzing fannal transects
Harvard Univ. Mus. Comp. Zool. Bull., 1965, 134, 139-158 (V.3.3.)

4945. Bajon, R.; Greber, F.: Application de l'analyse factorielle des correspondances à l'identification d'une population alpine silicicole du Poacnisia All. (Graminées)
Actes du colloque sur la Flore et la végétation des chaînes alpine et jurassienne, 1970
(V.3.3.)

4946. Baker, F.B.: Numerical taxonomy for educational researchers
Review of Educational Research, 1972, 42, 345-358 (V.1./2.3.)

4947. Balakrishnan, V.; Sanghëi, L.D.: Distance between populations on the basis of attribute data
Biometrics, 1968, 859-865
(V.3.2.)

4948. Balcerowske-Ryzy, B.: Propozycje metodyczne w zakresie obiektywizacji wyhorn wskaznikow diagnostycznych
Wiadom. stat., 1971, 6, 26-30
(V.1./3.1.)

4949. Banzon, D.; et al.: Variations saisonnieres des caracteristiques chimiques et biologiques des sols forestiers interpretées par l'analyse factorielle des correspondances
Rev. ecol. Biol. sol., 1974, 11, 3, 283-302 (V.3.1./5.)

4950. Baranek, H.; Wozniak, M.: Proba zastosowania taksonomicznej klasyfikacji w statystyeznej analizie kosztow przedsiebiorstwa budowlanego Przegl-Stat., 1969, 16, 2, 109-123
(V.6.1.)

4951. Baranek, H.: O pewnej procedurze wyborn klas podobienstwa w taksonomicznej metodzie roznic, Studia Statystyczne i Demograficzne PAN, Oddział w Krakowie, Wroclaw, Warstawa, Krakow, Gdańsk, 1972
(V.1./6.1.6.)

4952. Baron, D.N.; Fraser, P.H.: Medical applications of taxonomic methods Brit. Med. Bull., 1968, 24, 236-240
(V.4.)

4953. Bartoszyński, R.: On the construction and evaluation of subjective classifications Zastos. Mat., 1971, 12, 1-21
(V.1.)

4954. Bartoszyński, R.: A note on subjective classifications Rev. Inst. Intern. Statist., 1971, 39, 39-45
(V.1.)

4955. Basford, N.L.; et al.: Immunologic comparisons of selected Coleoptera with analyses of relationships using numerical taxonomic methods Syst. Zool., 1968, 388-406
(V.3.3.)

4956. Baum, B.R.: Delimitation of the Genus Avena (Gramineae) Can. J. Bot., 1968, 46, 121-132
(V.3.2.)

4957. Baum, B.R.; Lefkovitch, L.P.: A model for cultivar classification and identification with reference to oats (Avena) I. Establishment of the groupings by taximetric methods Can. J. Bot., 1972, 50, 121-130
(V.3.3.)

4958. Baum, B.R.; Lefkowitch, L.P.: A numerical taxonomic study of phylogenetic and phenetic relationships in some cultivated oats, using known pedigrees System.Zoology, 1973, 22, 118-131
(V.3.3.)

4959. Baum, B.R.: The concept of relevance in taxonomy with special emphasis on automatic classification
Taxon, Journal of the international association for plant taxonomy, 1973, 22 (4), 329-332 (V.3.2.)

4960. Baum, B.R.: Classification of the oat species using various taximetric methods and on information theoretic model
Can. J. Bot., 1974, 52, 11, 2241-2262 (V.1./3.2.)

4961. Baumann, K.: Psychologische Taxometrie. Eine Methodenstudie über Ähnlichkeitskoeffizienten, Q-Clusteranalyse, Q-Faktorenanalyse
N.Huber, Stuttgart, (V.2.1./I.2.1.) 1968

4962. Bavelas, A.: A mathematical model for group structures
Applied Anthropology, 1948, 7, 16-30 (V.6.1.5./3.1.)

4963. Becker, E.; Ritsert, J.: Grundzüge sozialwissenschaftl.-statistischer Argumentation - eine Einführung in statistische Methoden
Opladen, Westdeutscher Verlag, 1971, 237 p. (V.6.1./1.)

4964. Beers, R.J.; Lockhart, W.R.: Experimental methods in computer taxonomy
Journal of general microbiology, 1962, 28, 633-640 (V.1./3.3.)

4965. Beers, R.J.; et al.: A comparison of methods for computer taxonomy
Journal of general microbiology, 1962, 28, 641-652 (V.3.3.)

4965a. Beeshold, F.W.: Factor analyses of language achievement tests
J. nat. Inst. pers. Research, Johannesburg, 1956, 6, 63-73 (I.2.4./V.2.4.)

4966. Bellier, L.: Un exemple d'application de l'analyse factorielle des correspondances: Etude de neuf lots de souris blanches
Cah. ORSTOM Ser. Biol., 1973, 18, 57-60 (V.3.1.)

4967. Bellier, L.: Application de l'analyse factorielle des correspondances à la biométrie des rongeurs: Separation des Cricetomys emini et des Cricetomys gambianus de Côte d'Ivoire
Cah. ORSTOM Ser. Biol., 1973, 18, 61-89
(V.3.3.)

4968. Banzécri, J.P.: Cours de linguistique mathématique; 3e et 4e leçons
Rennes, 1963-64 (V.1./6.6.)

4969. Benzécri, J.P.: Analyse factorielle des proximities
Publication de l'institut de statistique de l'université de Paris
1964-65 (V.1.)

4970. Benzécri, J.P.: Problémes et méthodes de la taxonomie
Rennes, 1965 (V.1.)

4971. Benzécri, J.P.: Sur les algorithmes de classification
Rennes, 1965 (V.1.)

4972. Benzécri, J.P.: Leçons sur l'analyse factorielle et la reconaissance des formes
Cours de 3e cycle ISUP., Paris 1966
(V.1./I.1./VI.1.)

4973. Benzécri, J.P.: Sur l'analyse des préférence ISUP (1965), publies dans: ordres totaux finis, 199-200
Gauthier-Villars et Mouton, Paris 1970
(V.1./6.1.)

4974. Benzécri, J.P.: Sur l'analyse des matrices de confusion
Revue de statistique appliquée, 1970, XVIII, 5-62 (V.1.)

4975. Benzécri, J.P.: Combattre pour la linguistique
Mathèmatiques et sciences humaines, 1971, 9 (35), 5-19 (V.6.6.)

4976. Benzécri, J.P.: Mathematische Beschreibung der Klassifikation
Rev. Stat. Appl., 1972, 20, 3, 23-56
(V.1.)

4977. Benzécri, J.P.: L'analyse des donnèes
I. La taxinomie
II. L'analyse des correspondances
Dunod, 1973, Paris, 615 et 619 p.
(V.1./6.1.1./3.1.)

4978. Bernarad, G.; Besson, M.L.: Douze méthodes d'analyse multicritère
Revue française d'informatique et de recherche operationelle, 1971, 3, 19-64
(V.1.)

4979. Berztiss, A.T.: Data structures
Academic Press, New York - London, 1971
(V.1.)

4980. Besson, M.L.; Bernarad, G.: Douze méthodes d'analyse multicritère
Revue française d'informatique et de recherche operationelle, 1971, 3, 19-64
(V.1.)

4981. Billingslea, F.Y.: Intercorrelational analysis of certain behavior salients in the rat
Journal eompar. Psychol., 1942, 34, 203-211
(I.2.4./V.2.4.)

4982. Bjalon, L.; Roznovska, M.: Probleme bei der Angleichung der europäischen sozialistischen Länder in bezug auf das Niveau der sozialökonomischen Entwicklung (Bulgarisch)
Ikonomiceska Misul, Sofija, 1976, 20, 2, 55-68 (V.6.1.)

4983. Blackith, R.E.; Blackith, R.M.: A numerical taxonomy of orthopteroid insects
Aust. J. Zool., 1968, 16, 111-131
(V.3.3.)

4984. Blackith, R.E.; Reyment, R.A.: Multivariate Morphometrics
Academic Press, London, 1974
(V.1./3.1.)

4985. Blackwelder, R.A.: Taxonomy: A text and reference book
John Wiley and Sons, New York, 1966
(V.1.)

4986. Błagowieszcienkij, J.N.: F-mejtode klassyfikacji dla normalnych sowokupnosticj; in der Arbeit: Statisticzieskija mietody klassyfikcji, Moskva, 1969 (V.1.)

4987. Blaise, S.: Les méthodes de l'analyse factorielle des correspondances appliquées à la biosystématique de quelques espéces de Myosotis
C.R. Soc. Biol., 1969, 163 (1), 83-86
(V.3.1./3.3.)

4988. Blaise, S.: Problèmes taxinomiques posés par l'homogénéité du genre Myosotis L. Candollea, 1972 (V.3.3.)

4989. Blasford, N.L.; et al.: Immunologic comparisons of selected Coleoptera with analyses of relationships using numerical taxonomic methods
Syst. Zool., 1968, 17, 388-406 (V.3.3.)

4990. Bloombaum, M.: Doing smallest space analysis
Journal of Conflict Resolution, 1970, 14, 409-416 (V.1./6.2.)

4991. Bock, W.J.: Philosophical foundations of classical evolutionary classifications
Syst. Zool., 1973, 22, 375-392 (V.1./IV.1./3.1./6.3.)

4992. Boggis, J.G.; Held, J.: Cluster analysis - a new tool in electricity usage studies
Journal of the Market Research Society, 1964, 13, 49-66 (V.6.1.4./IV.6.1.4.)

4993. Boorman, K.E.; Dodd, B.E.: An introduction to blood group serology
Churchill, London, 1970 (V.4.)

4994. Borosdin, I.I.: Obrabotka dinamiceskich rjadow pri pomosci faktornogo analiza, na primere Franzuskoj ekonomiki 1950-1973, 165 (I.1./V.1.)

4995. Borradaile, L.A.; Potts, F.A.: The invertebrata: A manual for the use of students
Cambridge U.P., London (V.1.)

4996. Bouckaert, A.: Computer diagnosis of goiters: I. Classification and differential diagnosis; II. Syndrome recognition and diagnosis III. Optimal subtomologies
J. Chronic. Dis., 1971, 24, 299-310, 311-320, 321-327 (V.4.)

4997. Boulton, D.M.; Wallace, C.S.: A program for numerical classification
The computer journal, 1970, 13, 63-69 (V.10.)

4998. Boyce, A.J.: The value of some methods of numerical taxonomy with reference to hominoid classification. In: Phenetic and phylogenetic classification, V.H. Heywood, J. McNeill (eds.)
Systematics Assoc. Publ., 1964, 47-65 (V.3.1.)

4999. Boyce, A.J.: The methods of quantitative taxonomy with special reference to functional analysis
Doctoral Diss. Oxford, 1965 (V.1./3.1.)

5000. Boyce, A.J.: Mapping diversity, in: Numerical Taxonomy, Cole, A.J. (ed.)
Academic Press, New York, 1969 (V.1./3.1.)

5001. Brannstrom, B.; Reyment, R.A.: Certain aspects of the physiology of cypridopsis (ostracoda, crustacea)
Geol. Foren./Stockholm Forhandl., 1962, 9, 207-242 (V.3.2.)

5002. Breunan, T.: Numerical taxonomy: Theory and some applications in educational research
Ph. D. Thesis: Univ. of Lancaster, England 1972 (V.1./2.3.)

5003. Bretsky, S.S.: Evaluation of the efficacy of numerical taxonomic methods: An example from the bivalve mollusks
System. Zool., 1971, 20, 204-222 (V.3.3.)

5004. Briane, J.P.; et al.: L'analyse factorielle des correspondances et l'arbre de longeur minimum; Exemples d'application
Adansonia, 1974, 1, 111-137 (V.3.2.)

5005. Brisbane, P.G.; Rovira, A.D.: A comparison of methods for classifying rhizophere bacteria
J. General Microbiology, 1961, 26, 379-392 (V.3.3.)

5006. Brown, K.R.: Job analysis by multidimensional scaling
Journal of Applied Psychology, 1967, 51, 469-475 (V.1./2.4./III.1./2.4.)

5007. Bukietynsński, W.; et al.: Uwagi o dyskryminacji zbiorow skonczonych
Prace Naukowe WSE we Wroclawin, 1969, 21 S. (V.6.1./IV.6.1.)

5008. Bunke, O.: Nichtparametrische Klassifikationsverfahren für qualitative und quantitative Beobachtungen
Wiss. Z. Humboldt-Univ. Berlin, Math. Naturw. Reihe, 1966, 15, 15-18
(V.1./IV.1.)

5009. Burbank, F.: A sequential space-time cluster analysis of cancer mortality in the United States: etiological implications
Amer. J. Epidemiol., 1972, 95, 393-417
(V.4.)

5010. Burtt, Bl.; et al.: A taxonomic critique of recent numerical studies in Ericales and Salvia
Notes Roy. bot. Gard. Edinburgh, 1970, 30, 141-158 (V.3.2.)

5011. Buzas, M.A.: On the quantification of biofacies in computers in Paleontology North Amer. Paleont. Convention, Chicago, Ill. 1969
Proc. pt. B. Lawrence, Kans., Allen Press, 1970, 101-116 (V.3.2.)

5012. Cain, A.J.; Harrison, G.A.: An analysis of the taxonomist's judgement of affinity
Proceedings of the Zoological Society of London, 1958, 131, 85-98
(V.1./3.2.)

5013. Capecchi, V.: Linear causal models and typologies
Quality and Quantity, 1967, 1, 116-152
(V.1./6.2.)

5014. Capecchi, V.: On the definition of typology and classification in sociology
Quality and Quantity, 1968, 2, 9-30
(V.6.2.)

5015. Carlsson, G.: Classification and change
Statistisk Tidskrift, 1970, 1, 5-12
(V.1.)

5016. Carmichael, J.N.; et al.: Relative similarities in one dimension
Nature, London, 1965, 208, 544-547
(V.1.)

5017. Carmichael, J.N.; Sneath, P.M.A.: Taxometric Maps
Syst. Zool., 1969, 18, 402-415
(V.1.)

5018. Cassel, P.G.: En algorithm för klassificering av kvantitativa data
Statistisk Tidskrift, 1971, 6, 469-470
(V.1.)

5019. Cassi, R.M.: Multivariate analysis in the interpretation of numerical plankton data
New Zealand J. Sci., 1963, 6, 36-59
(V.3.2.)

5020. Cattell, R.B.; Coulter, M.A.: Principles of behavioral taxonomy and the mathematical basis of the taxonome computer program
The British journal of mathematical and Statistical Psychology, 1966, 19, 237-269
(V.2.1.)

5021. Champoux, J.E.; Dubin, R.: Typology of empirical attributes Dissimilarity Linkage Analysis (DLA)
Techn. Rep. 3. AD 708678, 1970
Univ. of California, Irvine
(V.1.)

5022. Channon, C.; Joyce, T.: Classifying market survey respondents
Appl. Statist., 1966, 15, 3, 191-215
(V.6.1.4.)

5023. Choate, J.R.; Genoways, H.H.: A multivariate analysis of systematic relationships among populations of the short-tailed shrew (Genus blarina) in Nebraska
System. Zool., 1972, 21, 106, 116
(V.3.2.)

5024. Chu, H.F.; et al.: A numerical taxonomic study of some Chinese aphids
Acta Entomol. Sin., 1975, 18 (2), 211-216
(V.3.1.)

5025. Chui, V.W.D.; Thornton, I.W.B.: A numerical taxonomic study of the endemic Ptycta species of the Hawaiian islands (psocoptera: psocidae)
Syst. Zool., 1971, 20, 7-22
(V.3.2.)

5026. Clifford, H.T.; Lavarack, P.S.: The role of vegetative and reproductive attributes in the classification of the Orchidaceae
Biol. J. Linn. Soc., 1974, 6, 2, 97-110
(V.3.3.)

5027. Cohen, J.: The factorial structure of the WISC at ages 7-6, 10-6, and 13-6
Journal of Consulting Psychology, 1959, 23, 285-299 (I.2.2./V.2.2.)

5028. Colless, D.H.: An examination of certain concepts in phenetic taxonomy
Syst. Zool., 1967, 16, 6-27
(V.3.3.)

5029. Cordier, B.: Sur l'analyse des correspondances
Thèse, Rennes 1965 (V.1.)

5030. Corruccini, R.S.: Allometry correction in taximetrics
Syst. Zoology, 1972, 21, 375-383
(V.3.3.)

5031. Coulter, M.A.; Cattell, R.B.: Principles of behavioral taxonomy and the mathematical basis of the taxonome computer program
The British journal of mathematical and statistical psychology, 1966, 19, 237-269
(V.2.1.)

5032. Cowan, S.T.; Sneath, P.H.A.: An electro-taxonomic survey of bacteria
Journal of general microbiology, 1958, 19, 551-565 (V.1./3.3.)

5033. Cracraft, J.: Phylogenetic models and classification
Syst. Zoology, 1974, 23, 71-90
(V.3.4./1.)

5034. Crawford, R.M.M.; Wishart, D.: A rapid multivariate method for the detection and classification of groups of ecologically related species
J. Ecol., 1967, 55, 2, 505-524
(V.3.5.)

5035. Crawford, R.M.M.; Wishart, D.: A rapid classification and ordination method and its application to vegetation mapping
J. Ecol., 1968, 56, No. 2, 384-404
(V.3.5.)

5036. Crawford, R.M.M.; et al.: A numerical analysis of high attitude scrub vegetation in relation to soil erosion in the eastern cordillera of Peru
J. Ecol., 1970, 58, 173-191
(V.3.5./3.2.)

5037. Crawford, D.F.; Dorn, R.D.: I. Numerical "chemo-taxonomy" and other aspects of chemo-systematics
Taxon, 1974, 23 (2/3), 331-336
(V.3.3.)

5038. Crawford, D.J.; Reynolds, J.F.: A numerical study of the common narrow-leaved taxa of Chenopodium occuring in the Western United States
Brittonia, 1974, 26, 4, 398-410
(V.3.1.)

5039. Crovello, T.J.: The effect of alteration of techniques at two stages in a numerical taxonomic study
Univ. Kansas Sci. Bull., 1968, 47, 761-786
(V.1.)

5040. Crovello, T.J.: Different concepts of relevance in a numerical taxonomic study
Nature, 1968, 218, 492
(V.1.)

5041. Crovello, T.J.: Effects of change of character and of number of characters in numerical taxonomy
Amer. Midl. Natur., 1969, 81, 68-86
(V.1.)

5042. Crovello, T.J.; Jackson, R.C.: A comparison of numerical and biosystematic studies in Haplopappus
Brittonia, 1971, 23, 54-70
(V.3.2.)

5043. Crowson, R.A.: Classification and biology
London, 1970 (V.3.1.)

5044. Culyer, A.: A taxonomy of demand curves
Bull. Exon. fok. Res., May 1971, 23 (1), 3-23 (V.6.1.)

5045. Czekanowski, J.: Zarys metod statystycznych w zastosowaniu do antropologii
Prace Towarzystwa Naukowego Warszawskiego, 1913, 5 (V.6.1.5./8.)

5046. Czyz, T.: Zastosowanie metody analizy czynnikowej do badania ekonomicznej struktury regionalnej
Polski, Wrocław, 1971
(V.6.1./7.)

5047. Dagnelie, P.: On different methods of numerical classification
Rev. Statist. Appl., 1966, 14 (3), 55-75
(V.1.)

5048. Dagnelie, P.: Introduction aux problèmes et aux métodes de classification numérique
Biom. Prax., 1968, 9, 8-111
(V.1.)

5049. Dale, M.B.: Information analysis of quantitative data
Paper presented to Int. Symp. on statistical ecology, New Haven, 1969, 3-133 (V.3.4.)

5050. Davidson, R.A.: A cybernetic approach to classification: Preliminaries
Taxon, 1967, 16, 1-7
(V.3.2.)

5051. Day, G.S.; Heeler, R.M.: Using cluster analysis to improve marketing experiments
Journal of Marketing Research, 1971, 8, 340-347 (V.6.1.5.)

5052. Dittmann, P.; Pisz, Z.: Eine Methode zur Untersuchung der räumlichen Differenzierung sozialökonomischer Erscheinungen in der Zeit
Wiadomosci statystyczne, 1975, 11, 27-28
(V.6.1./6.2.)

5053. Dodd, B.E.; Boorman, K.E.: An introduction to blood group serology
Churchill, London, 1970
(V.4.)

5054. Dollase, R.: Soziometrische Techniken
Weinheim, Beltz, 1973
(V.6.2.)

5055. Dorn, R.D.; Crawford, D.J.: I. Numerical chemotaxonomy and other aspects of chemosystematics
Taxon, 1974, 23 (2/3), 331-336
(V.3.3.)

5056. Doyen, J.T.; Slobodchikoff, C.H.: An operational approach to species classification
Syst. Zool., 1974, 23, 239-247
(V.3.3.)

5057. Doyen, J.T.: Systematics of the Genus Coelecnemis (Colloptera: Tenebrionidae) A quantitative study of variation
University of California Publication in Entomology, 1973, 73, 1-110
(V.3.3.)

5058. Dubin, R.; Champoux, J.E.: Typology of empirical attributes: Dissimilarity linkage analysis (DLA)
Techn. Rep. 3, AD 708678, 1970
Univ. of California, Irvine
(V.1.)

5059. Dubin, R.: Typology of empirical attributes: Multi-dimensional typology analysis (MTA) TR-5, AD 728781, Univ. of California, Irvine, 1970 (V.1.)

5060. Ducimetière, P.: Les mèthodes de la classification numèrique
Revue de Statistique Appliquèe, 1970, 4, 5-25 (V.1.)

5061. Ducker, S.C.; et al.: Numerical classification of the Pacific forms of Chlorodesmis (Chlorophyta)
Austral. J. Bot., 1965, 13, 489-499
(V.3.2.)

5062. Dupont, P.F.; Hendrick, L.R.: Deoxyribonuleic acid base composition, and numerical taxonomy of yeasts in the genus trichosporon
J. Gen. Microbiol., 1971, 66, 345-359
(V.3.4.)

5063. Eades, D.C.: The Inappropriateness of the correlation coefficient as a measure of tysonomic resemblance
Syst. Zool., 1965, 14, No. 2, 98-100
(V.1.1.)

5064. Eades, D.C.: Theoretical and procedural aspects of numerical phyletics
Syst. Zool., 1970, 19, 142-171
(V.1.)

5065. Ekman, G.: Ett segmenteringsförfarande med anknytning till informationstheori
Stat. Tidskrift, 1970, 1, 13-18
(V.1.)

5066. Ellison, B.E.A.: Classification problem in which information about alternative distributions is based on samples
Ann. Math. Statist., 1962, 33, 213-223
(V.1.)

5067. Escofier-Cordier, B.: L'analyse factorielle des correspondances
Cah. Bur. Univ. Rech. opèr.: Univ. Paris, 1969, 13, 25-59 (V.1.)

5068. Estabrook, G.F.: A mathematical model in graph theory for biological classification
J. Theoret. Biol., 1966, 12, 297-310
(V.1.)

5069. Estabrook, G.F.; Rogers, D.J.: A general method of taxonomic description for a computed similarity measure
Bioscience, 1966, 16, 789-793
(V.1.1./3.1.)

5070. Etchevehere, P.H.; et al.: Taxonomia meunesea Suaplicacion en correlacion de suelos
Inst. Nac. Techol. Agropeen suelos Publ., 1972, 133, 31-48 (V.3.1./1.1.)

5071. Etchevehere, P.H.; et al.: Estudio comparativo de aplicacion de los suelos
Inst. Nac. Techol. Agropeen suelos publ., 1972, 137, 155-170 (V.1.)

5072. Fager, E.W.: Determination and analysis of recurrent groups
J. Ecology, 1957, 38, 586-595
(V.1./3.5.)

5073. Faky, E.: Quantitative aspects of the distribution of invertebrates in the benthos of a small stream system in Western Ireland
Freshwater Biol., 1975, 5 (2), 167-182
(V.3.3./3.5.)

5074. Farris, J.S.: Categorical ranks and evolutionary taxa in numerical taxonomy
Systematic Zoology, 1968, 17, 151-159
(V.1./3.1.)

5075. Farris, J.S.: On the cophenic correlation coefficient
Systematic Zoology, 1969, 18, 279-285
(V.1.1./3.1.)

5076. Farris, J.S.: Methods for computing WAGNER trees
Systematic Zoology, 1970, 18, 83-92
(V.1./3.1.)

5077. Farris, J.S.; et al.: A numerical approach to phylogenetic systematics
Syst. Zool., 1970, 19, 172-189
(V.3.3.)

5078. Farris, J.S.: Estimating phylogenetic trees from distance matrices
Amer. Nat., 1972, 106, 645-668
(V.3.3.)

5079. Farris, J.S.: On comparing the shapes of taxonomic trees
Syst. Zool., 1973, 22, 50-54
(V.3.3.)

5080. Feinstein, A.: Clinical biostatistics: XXI. A primer of concepts, phrases and procedures in the statistical analysis of multiple variables
Clin. Pharmacol. Ther., 1973, 14, 3, 462-477 (V.4.)

5081. Fisher, R.A.: The use of multiple measurements in taxonomic problems
Ann. Eugenics, 1936, 7, Pt. 2, 179-188
(V.1.)

5082. Fisher, W.D.: On grouping for maximum homogeneity
J. American Statist. Assoc., 1958, 53, 789-798 (V.1.)

5083. Fisher, D.R.: A study of faunal resemblance using numerical taxonomy and factor analysis
Syst. Zool.., 1968, 17, 48-63
(V.3.3./I.3.3.)

5084. Fischer, D.R.; Rolhf, F.J.: Robustness of numerical taxonomic methods and errors in homology
Systematic Zoology, 1969, 18, 33-36
(V.3.3./3.1.)

5085. Fitch, W.M.: Toward defining the course of evolution: Minimum change for a specific tree typology
Systematic Zoology, 1971, 20, 406-416
(V.1./3.1.)

5086. Flake, R.H.; Turner, B.L.: Numerical classification for taxonomic problems
J. Theoret. Biol., 1968, 20, 260-270
(V.1.)

5087. Flake, R.H.; et al.: Quantitative study of clinical variation in Juniperus virginiana using terpenoid data
Proc. Natl. Acad. Sci., 1969, 64, No. 2, 287-494 (V.3.1.)

5088. Flammer, A.: Eine Taxonomie der Ceyling-Effekte
Fribourg Schweiz, 1975, 25 S. (Univ. Fribourg), Forsch.-Ber. Nr. 2
(V.2.1.)

5089. Fleming, H.; Rogers, D.J.: A computer program for classifying plants: II. A numerical handling of non-numeral data
Bioscience, 1965, 14, 15-28
(V.3.1./10.)

5090. Florek, K.; et al.: Sur la liaison et la division des points d'un ensemble fini
Colloquium Mathematicum, 1951, 2, 282-285 (V.1.)

5091. Florek, K.: Taksonomia wrocławska
Przeglad Antropologiczny, 1951, 17, 193-207 (V.1.)

5092. Forcade, A.; Lebeaux, M.O.: Etude sur les conditions du développment de la Colombie (Mission Economie et Humanisme) in
Benzécri, vol. 2, 397-460
(V.6.1.)

5093. Forgy, E.: Cluster analysis of multivariate data: Efficiency Interpretability of classification
Biometrics, XXI, 3, 21 ff.
(IV.1./V.1.)

5094. Fortet, R.: Découpage optimal d'une population enclasses disjointes. In: F.N. David (Hrsg.)
Festschrift f. J. Neyman, Wiley, New York, 1966, 87-106 (V.1.)

5095. Fraser, P.H.; Baron, D.N.: Medical applications of taxonomic methods
Brit. Med. Bull., 1968, 24, 236-240
(V.4.)

5096. Fujii, K.: Numerical taxonomy of ecological characteristics and the niche concept
Syst. Zool., 1969, 18, 151-153
(V.3.5.)

5097. Gates, M.A.; et al.: Syngenic ascertainment in paramecium aurelia
Systematic Zoology, 1974, 23 (4), 482-489 (V.3.3.)

5098. El-Gazzar, A.; et al.: The taxonomy of salvia: A test of two radically different numerical methods
J. Linn. Society (Brt.), 1968, 60, 237-250 (V.1./3.2.)

5099. Geary, R.C.; et al.: Paradoxes in statistical classification
Studi onori O. Gini, 1960, 1, 177-199
(V.1.)

5100. Genoways, H.H.; Choate, J.R.: A multivariate analysis of systematic relationships among populations of the short-tailed shrew (Genus blarina) in Nebraska
System. Zool., 1972, 21, 106-116
(V.3.2.)

5101. Golin, S.; et al.: Factor analytic study of the Manifest Anxiety, Extroversion, and Repression-Sensitization scales
Journal of Consulting Psychology, 1967, 31, 564-569 (I.2.7./V.2.7.)

5102. Gonyea, G.G.; Lunneborg, C.E.: A factor analytic study of perceived occupational similarity
Journal of Applied Psychology, 1963, 47, 166-172 (I.2.4./V.2.4.)

5103. Good, I.J.: Categorization of classification
Mathematics and computer science in biology and medicine
H.M. Stationary office, London, 1965, 115-128 (V.1.)

5104. Goodall, D.W.: Objective methods for the classification of vegetation
1. The use of positive interspecific correlation
Austral. J. Botany, 1953, 1, 39-63
(V.1./3.2.)

5105. Goodall, D.W.: A probabilistic similarity index
Nature, 1964, 203, 1098
(V.1.1.)

5106. Goodall, D.W.: Numerical taxonomy of bacteria - Some published data re-examined
The journal of general microbiology, 1966, 42, 25-37 (V.3.3.)

5107. Goodall, D.W.: A new similarity index based on probability
Biometrics, 1966, 22, 882-907
(V.1.1.)

5108. Goodall, D.W.: Classification, probability and utility
Nature, 1966, 211, 53-54
(V.1.)

5109. Goodall, D.W.: Hypothesis - Testing in classification
Nature, 1966, 211, 329-330
(V.1.1.)

5110. Goodall, D.W.: Deviant index: A new tool for numerical taxonomy
Nature, 1966, 210, 216
(V.1.1.)

5111. Goodall, D.W.: The distribution of the matching coefficient
Biometrics, 1967, 23, 647-656
(V.1.1.)

5112. Goodall, D.W.: Affinity between on individual and a cluster in numerical taxonomy
Biométrie - Praximétrie, 1968, 9, 52-55
(V.1.)

5113. Goodfellow, N.: Numerical taxonomy of some nocardioform bacteria
J. Gen. Microbiol., 1971, 69, 33-80
(V.3.3.)

5114. Goodman, M.M.: Distance analysis in biology
Systematic Zoology, 1972, 21, 174-186
(V.3.1.)

5115. Goronzy, F.: A numerical taxonomy of business interprises
In: A.J. Cole, 1969, 42-53
(V.6.1.2./I.6.1.2.)

5116. Gorzelak, G.: Prüfung statistischer Methoden zur Abgrenzung ökonomischer Regionen
Wiadomosci statystyczne, 1975, 20, 11, 41,45 (V.6.1.)

5117. Gould, S.J.: Allometric fallacies and the evolution of Gryphaea: a new interpretation based on White's criterion of geometric similarity in: Dobzhansky, T., Hecht, M.K. (eds.)
Evolutionary biology, 1972, 6, 91-118
(V.3.3.)

5118. Gould, S.J.; et al.: Genetics and Morphometrics of cerion at pongo carpet: a new systematic approach to this enigmatic landsmail
Systematic Zoology, 1974, 23 (4), 518-535 (V.3.3.)

5119. Govil, J.M.; Murty, B.R.: Genetic divergence and nature of heterosis in grain sorghum
Indian J. Genet. Plant breed., 1973, 33, 2, 252-260 (V.3.4.)

5120. Gower, J.C.: Classification and geology
Rev. Inst. Internat. Statist., 1970, 38, 35-41 (V.8.)

5121. Gower, J.C.: Statistical method of comparising multivariate analyses of the some data in: Mathematics in the archeological and historical sciènces (Eds.) F.R. Hodson, D.G. Kendall and P. Tanta
University Press, Edinburgh, p. 138-149 (V.6.1.5.)

5122. Grabinski, T.; et al.: Einige numerische Forschungsmethoden der Struktur und der Dynamik von demograph. Prozessen am Beispiel der DDR
Intern. Konferenz Demographie, 1974, Dez., Berlin (V.6.1.6.)

5123. Grabinski, T.: Numeryczne metody periodyzacji rozwojn objektow gospodarczych
Prseglad Statystycsmy, 1975, 22, 3, 435-443 (V.6.1.)

5124. Grabinski, T.: Algorithm klasyfikacji zbiorow liniowo uporzadkowanych
Zeszyty Naukowe WSE Krakow, 1975 (V.1.)

5125. Grant, Ph.G.; Hoff, Ch.J.: The skin of primates: XLIV Numerical taxonomy of primate skin
Am. J. Phys. Anthropol., 1975, 42, 1, 151-166 (V.3.3./6.1.5.)

5126. Greber, F.; Bajon, R.: Application de l'analyse factorielle des correspondances à l'identification d'une population alpine silicole du Poacenisia All. (Graminees)
Actes du colleque sur la Flore et la végétation des chaines alpine et jurassienne, 1970 (V.3.3.)

5127. Green, R.H.: A multivariate statistical approach to the Hutschinsonian niche: Bivalve molluses of central Canada
Ecology, 1971, 52, 543-556 (V.3.5./3.3.)

5128. Greig-Smith, P.; Austin, M.P.: The application of quantitative methods to vegetation survey II. Some methodological problems of data from rain forest
J. Ecology, 1968, 56, 827-844 (V.3.2./3.5.)

5129. Griffith, J.G.: Numerical taxonomy and textual criticism of a classical Latin author
Nature, 1967, 215, 326
(V.6.6.)

5130. Groszek, T.; Zagorski, K.: Zastosowanie taksonomii wroclawskiej i analizy czynnikowy do badania struktury spoleczno - zawodowej ludosci
Wiadomósci statystyczne, 1972, 10, 26-32
(V.1./I.1.)

5131. Grumm, J.G.: A factor analysis of legislative behavior
Midwest Journal of Political Science, 1963, 7, 336-356 (V.1.6.2./I.6.2.)

5132. Gyllenberg, H.: A general method for deriving determination schemes for random collections of microbial isolates
Ann. Acad. Scient. Fenn., 1963, Ser. A. IV. 69, 23 (V.3.3.)

5133. Hall, A.V.: The peculiarity index, a new function for use in numerical taxonomy
Nature, 1965, 206, 952
(V.1.1.)

5134. Hall, A.V.: Studies in recently developed group-forming procedures in taxonomy and ecology
J.S. Afr. Bot., 1967, 33, 185-196
(V.3.2.)

5135. Hall, A.V.: Methods for demonstrating resemblance in taxonomy and ecology
Nature, 1967, 214, 830-831
(V.1.1./3.5.)

5136. Hall, A.V.: Methods for showing distinctness and aiding identification of critical groups in taxonomy and ecology
Nature, 1968, 218, 203-204
(V.1.1./3.5.)

5137. Hall, A.V.: Avoiding information distortion in automatic grouping programs
Syst. Zoology, 1969, 18, 318-329
(V.1.)

5138. Hamann, U.: Merkmalbestand und Verwandtschaftsbeziehungen der Farinosae. Ein Beitrag zum System der Monokotyledosen
Willdenowia, 1961, 2, 639-768
(V.3.3.)

5139. Harary, F.; Ross, I.C.: A procedure for clique detection using the group matrix
Sociometry, 1957, 20, 205-215
(V.6.2.)

5140. Harberd, D.J.: Association-analysis in plant communities
Nature, 1960, 185, 53-54
(V.3.2.)

5141. Harrison, G.A.; Cain, A.J.: An analysis of the taxonomist's judgement of affinity
Proceedings of the Zoological Society of London, 1958, 131, 85-98
(V.1./3.2.)

5142. Hawkes, R.K.: The multivariate analysis of ordinal measures
Amer. J. Sociol., 1971, 76, 5, 908-926
(V.1.)

5143. Howksworth, F.G.; et al.: Application of an information theory model for character analysis in the genus Arcenthobium (Viscaceae)
Taxon, 1968, 17, 605-619
(V.3.2.)

5144. Hagami, J.; Nakano, M.: A consideration on the numerical taxonomy in palaeontology, taking the Trigoniidae as an example
Ser. Rep. Fac. Sci., Kyushn Univ. Geol., 1968, 8, 191-236 (V.8.)

5145. Hayhoe, F.G.J.; et al.: The cytology and cytochemistry of acute leukaemias: A study of 140 cases
Spec. Rep. Med. Res. Counc., 1964, 304, 1-105 (V.4.)

5146. Heeler, R.M.; Day, G.S.: Using cluster analysis to improve marketing experiments
Journal of Marketing Research, 1971, 8, 340-347 (V.6.1.4./IV.6.1.4.)

5147. Heine, R.; Leuschner, D.: Klassische und statistische Fourieranalyse in der Taxometrie
Biometr. Zeitschrift, 1973, 15 (8), 579-588 (V.1.)

5148. Heine, R.; Leuschner, D.: Informationstheoretische Kriterien in der numerischen Taxonomie
Biometr. Zeitschrift, 1973, 15 (6)
1973, 15 (6), 393-401
(V.1.)

5149. Heiser, C.B.; et al.: A numerical taxonomic study of Solanum species and hybrids
Amer. Naturalist, 1965, 99, 471-488 (V.3.2.)

5150. Held, J.; Boggis, J.G.: Cluster analysis - a new tool in electricity usage studies
Journal of the Market Research Society, 1964, 13, 45-66 (V.6.1.4./IV.6.1.4.)

5151. Hellwig, Z.: Zastowanie metody taksonomicznej do typologicznego podzialu krajow ze wzgledu na poziom ich rozwojie oraz zasoby i structure wykwalifikowa nych kadr
Przeglad Stat., 1968, 4, 307-328 (V.1./6.2.)

5152. Hendrick, L.R.; Dupont, P.F.: Deoxyribonucleid acid base composition, and numerical taxonomy of yeasts in the genus trichosporon
J. Gen. Microbiol., 1971, 66, 349-359 (V.3.4.)

5153. Hendrickson, J.A.; Sokal, R.R.: A numerical taxonomic study of the genus Psorophora (Diptera: Culicidae)
Ann. Entomol. Soc. Amer., 1968, 61, 385-392 (V.3.3.)

5154. Hendrickson, J.A.; Moss, W.W.: Numerical taxonomy
Ann. Rev. Ent., 1973, 18, 227-258 (V.1.)

5155. Henry, A.F.: A method of classifying, non-scale response patterns in a Guttman scale
Public Opinion Quaterly, 1952, 16, 94-106 (V.6.2.)

5156. Herold, W.: Ein Verfahren zur Dekomposition einer Mischverteilung in zwei normale Komponenten mit unterschiedlicher Varianz
Biometrische Zeitschrift, 1971, 13, 314-328 (V.1.)

5157. Hill, L.R.: The Adansonian classification and taxonomy
J. General Microbiology, 1959, 6, 318 ff. (V.1.)

5158. Hill, M.O.: Correspondence analysis: A neglected multivariate method
Appl. Statist., 1974, 23, No. 3, 340-354 (V.1.)

5159. Hodkinson, I.D.: A community analysis of the benthic insect fauna of an abandoned beaver pond.
J. anim. ecol., 1975, 44, 2, 533-552
(V.3.3./3.5.)

5160. Hodson, F.R.; et al.: Some experiments in the numerical analysis of archaelogical data
Biometrika, 1966, 53, 311-324
(V.6.1.5.)

5161. Hoel, P.G.: On statistical coefficients of likeness
Univ. California Publ. Math., 1944, 2 (1), 1-8 (V.1.1.)

5162. Hoel, P.G.; Peterson, R.P.: A solution to the problem of optimum classification
Ann. Math. Statist., 1949, 20, 433-438
(V.1./IV.1.)

5163. Hoff, Ch.J.; Grant, Ph.G.: The skin of primatex: XLIV Numerical taxonomy of primate skin
Ann. J. Phys. Anthropol., 1975, 42, 1, 151-166 (V.3.3./6.1.5.)

5164. Holloway, J.D.; Jardine, N.: Two approaches to zoogeography: A study based on the distribution of butterflies, bords and bats in the Indo-Australian area
Proc. Linn. Soc. London, 1968, 179, 153-188 (V.3.2.)

5165. Hooper, E.T.: Classification in: John A. King (ed.) Biology of Peronyscus (Rodentin)
Amer. Soc. Manicial Special Publ. 2., S. 27-74 (V.3.3.)

5166. Hopkins, B.: Pattern in the plant community
J. Ecology, 1957, 45, 451-463
(V.3.5.)

5167. Householder, A.S.; Young, G.: Discussion of a set of points in terms of their mutual distances
Psychometrika, 1938, 3, 14-22
(V.1.)

5168. Householder, A.S.; Young, G.: Errata to: Discussion of a set of points in terms of their mutual distances
Psychometrika, 1938, 3, 126
(V.1.)

5169. Hoyle, W.G.: Automatic indexing and generation of classification systems by algorithm
Inform. Stor. Retr., 1973, 9, 233-242
(V.1./6.7.)

5170. Hubert, L.: Some extensions of Johnson's mens hierarchical clustering algorithms
Psychometrika, 1972, 37, 261-274
(IV.2.1./V.3.1.)

5171. Hughes, R.E.; et al.: Application of biometric methods to problems of classification in ecology
Nature, 1955, 175, 806-807
(V.3.5.)

5172. Huizinga, J.: From DD to D^2 and back. The quantitative expression of resemblance
Proc. K. Med. Akad. Wt., Ser. C., 1962, 65, 380-391 (V.1.1.)

5173. Huizinga, J.: Some more remarks on the quantitative expressions of resemblance (distance coefficients)
Proc. K. Ned. Akad. Wet. Ser. C, 1965, 68, 69-80 (V.1.1.)

5174. Huizinga, J.; Weiner, J.S. (eds.): The assessment of population affinities in man
Oxford, U.P., New York, 1972
(V.2.1.)

5175. Ihm, P.: Methoden der Taxometrie. In: V.F. Serbanesum (Hrsg.) Information Retrieval, IBM Symposium, Blaricaum, Holland, 1962
(V.1./6.7.)

5176. Ihm, P.: Automatic classification in anthropology
In: D. Hymes (Hrsg.) The use of computers in anthropology
Mouton and Co., London. The Hayge-Paris, 1965, 357-376 (V.6.1.5./8.)

5177. Ihm, P.; et al.: Taxonometrische Untersuchungen an Epilachna-Stichproben aus Zentralafrika
Biometrische Zeitschrift, 1967, 9, 159-179 (V.3.1.)

5178. Ihm, P. et al.: Linear algebraische Methoden in der numerischen Taxonomie
Biometrische Zeitschrift, 1971, 13, 161-202 (V.3.1.)

5179. Jacobson, E.; Weiss, R.S.: A method for the analysis of the structure of complex organizations
American Sociological Review, 1955, 20, 661-668 (V.6.2.)

5180. Jancey, R.C.: Numerical methods in taxonomy
Proceed. Linn. Soc. N.S.W., 1965, 90, 335-340 (V.1.)

5181. Jackson, R.C.; Crovells, T.J.: A comparison of numerical and biosystematic studies in Haplopappus
Brittonia, 1971, 23, 54-70 (V.3.2.)

5182. Jardine, N. .; et al.: The structure and construction of taxinomic hierarchies
Mathematical Biosciences, 1967, Vol. 1, 171-179 (V.1.)

5183. Jardine, N.; Holloway, J.D.: Two approaches to zoogeography: A study based on the distribution of butterflies, birds and bats in the Indo-Australian area
Proc. Linn. Soc. London, 1968, 179, 153-188 (V.3.2.)

5184. Jardine, N.; Sibson, R.: A model for taxonomy
Mathematical Biosciences, 1968, 2, 465-482 (V.1./3.1.)

5185. Jardine, N.: A logical basis for biological classification
Systematic Zoology, 1969, 18, 37-52 (V.3.1.)

5186. Jardine, N.; Sibson, R.: Quantitative attributes in taxonomic descriptions
Taxon, 1970, 19, 862-870 (V.3.2.)

5187. Jardine, N.: Patterns of differentiation between human local populations
Phil. Trans. Roy. Soc., 1971, 263, 1-33 (V.3.1.)

5188. Jardine, N.; Sibson, R.: Mathematical Taxonomy
J. Wiley and Sons, London, 1971 (V.1.)

5189. Jardine, N.: A personal report on the fifth annual numerical taxonomy conference Toronto, Nov. 1971
Systematic Zoology, 1972, 81, 231-236 (V.1.)

5190. Jeffers, J.N.R.: The study of variation in taxonomic research
Statistician, 1967, 17, 29-43 (V.1.)

5191. Jičin, R.; Vašiček, J.: The problems of the similarity of objects in numerical taxonomy
Journal of general microbiology, 1969, 58, 135-139 (V.1.1.)

5192. Jičin, R.; Vašiček, Z.: The problem of similarity of shape
Syst. Zool., 1971, 21, 91-96
(V.1./3.1.)

5193. Johnson, L.A.S.: Rainbow's end: The question for an optimal taxonomy
Syst. Zool., 1970, 19, 203-239
(V.3.3.)

5194. Jolicoeur, P.: Bilateral symmetry and asymmetry in limb bones of martes Americana and Man
Rev. Canad. Biol., 1963, 22, 409-432
(V.3.3.)

5195. Jolkina, L.N.: Programming Taksonomii AN CCCP, Sibirskoe otdelenie, Institut mathematike (Hrsg.)Wytschistitelnie sistemy
Sbornik trudov, vypusk 45, 1970, 3-47
(V.1./10.)

5196. Joyce, T.; Channon, C.: Classifying market survey respondents
Appl. Stat., 1966, 15, 3, 191-215
(V.6.1.4.)

5197. Katz, M.W.; Torres, A.M.: Numerical analyses of cespitose Zinnias
Brittonia, 1965, 17, 335-349
(V.3.2.)

5198. Kazimierz, Z.; Podolec, B.: Studium z zakresu ustalania rejonow konsumpczyjnych w polsce
Przeglad Stat., 1970, 17, 1, 51-71
(V.6.1.)

5199. Kendrick, W.B.; Proctor, J.R.: Unequal weighting in numerical taxonomy
Nature, 1963, 197, 716-717
(V.1.)

5200. Kendrick, W.B.; Proctor, J.R.: Computer taxonomy in the fungi imperfecti
Can. J. Bot., 1964, 42, 65-88
(V.3.3.)

5201. Kendrick, W.B.: Complexity and dependence in computer taxonomy
Taxon, 1965, 14, 141-154
(V.3.2.)

5202. Kendrick, W.B.; et al.: Attempting neo-Adansonian computer taxonomy at the ordinal level in the Basidiomycetes
Syst. Zool., 1966, 15, 307-329
(V.3.3.)

5203. Kershaw, K.A.: Classification and ordination of Nigerian Savanna vegetation
J. Ecology, 1968, 56, 467-482
(V.3.5.)

5204. Kilgore, D.L.; Rohwer, S.A.: Interbreeding in the aridland foxes vulpes velax and V. macrotis
Syst. Zool., 1973, 157-165
(V.3.3.)

5205. Kirkpatrick, J.B.: The numerical intraspecific taxonomy of Eucalyptus globulus Labill (Myrtaceae)
Bot. J. Linn. Soc., 1974, 69, 2, 89-104
(V.3.3.)

5206. Klein, S.P.: Using points of view and multidimensional scaling analyses to describe esthetic judgements
Proc. 76th, Annual Convention APA, 1968, 447-448
(III.2.1./V.2.1.)

5207. Kloosterman, B.; et al.: Grouping of lower Fraser Valley soils of British Columbia by numerical methods
Can. J. Soil. Sci., 1973, 53, 4, 435-443
(V.4./8.)

5208. Kockova-Kratochvilova, A.: Comparative taxonomy of the genus Torulepsis Berlese
J. Gen. Microbiol., 1973, 79, 2, 239-256
(V.3.3.)

5209. Kolonka, J.; et al.: Prosta metoda dyskryminacji zbiorow skończonych
Przeglad Statystyczny, 1970, 2
(V.1.)

5210. Koizuma, I.: Marine diatom flora of the phiocene Tatsunokuchi formation in Miyagi prefecture
Trans. proc. palaentol. soc. Jap. New Ser., 1973, 91, 126-136
(V.3.2.)

5211. Kreger-van Rej., N.J.L.; Lodder, J.: The yeast, a taxonomic study
North Holland Publ. Comp., Amsterdam, 1971, 713 p. (V.3.1.)

5212. Kuperstoch, V.L.; Mirkin, B.O.: Nekotorye zadaci klassifikacii in: Matematiceskie metody resenij zadac
Novisibirsk, "Nauka", 1971, 86-96 (V.1.)

5213. Lambert, J.M.; Williams, W.T.: Multivariate methods in plant ecology
J. Ecology, 1959, 47, 83-101 (V.3.5.)

5214. Lambert, J.M.; Williams, W.T.: Multivariate methods in ecology
VI. Comparison of information-analysis and association-analysis
J. Ecol., 1966, 54, 636-664 (V.3.5.)

5215. Lambert, J.M.; et al.: Axor and Monit two new polythetic divisive strategies for hierarchic classification
Taxon, 1973, 22 (213), 173-176 (V.1./3.2.)

5216. Lamp, J.: Untersuchungen zur numerischen Taxonomie von Böden
Dissertation, Agrarwiss. Fak. d. Universität Kiel, 1972 (V.5.)

5217. Lance, G.N.; Williams, W.T.: Logic of computer-based intrinsic classifications
Nature, 1965, 207, 159-201 (V.1.)

5218. Lange, R.T.; et al.: Experimental appraisal of certain procedures for the classification of data
Australian J. Biological Sciences, 1965, 18, 1289-1305 (V.1./3.1.)

5219. Larsen, K.R.; Tauner, W.W.: Numeric analysis of the lizard genus Sceloporus with special reference to cranial osteology
Great Basin Nat., 1974, 34, 1, 1-41 (V.3.1.)

5220. Lavarack, P.S.; Clifford, H.T.: The role of vegetative and reproductive attributes in the classification of the Orchidaceae
Biol. J. Linn. Soc., 1974, 6, 2, 97-110 (V.3.3.)

5221. Leach, S.V.; Wishart, D.: A multivariate study of platonic prose rhythm, Computer studies in the Humanities and verbal behavior 1971, 3 (2), 90-99 (V.6.6.)

5222. Lebeaux, M.D.; Forcade, A.: Etude sur les conditions du développement de la Colombie (Mission Economic et Humanisme) in Benzécri, Vol. 2, 397-460 (V.6.1.)

5223. Lefkovitch, L.P.; Baum, B.R.: A model for cultivar classification and identification with reference to oats (Avena) I. Establishment of the groupings by taximetric methods Can. J. Bot., 1972, 50, 121-130 (V.3.3.)

5224. Legendre, P.; et al.: Taximetric analysis of selected groups of Western North American SALMO with respect to phylogenetic divergences Systematic Zoology, 1972, 21, 292-307 (V.3.3.)

5225. Leuschner, D.: Numerische Taxonomie und algebraische Struktur Biometrische Zeitschrift, 1973, 15 (4), 271-275 (V.3.1.)

5226. Leuschner, D.; Heine, R.: Klassische und statistische Fourieranalyse in der Taxometrie Biometrische Zeitschrift, 1973, 15 (8), 579-588 (V.1.)

5227. Leuschner, D.; Heine, R.: Informationstheoretische Kriterien in der numerischen Taxonomie Biometrische Zeitschrift, 1973, 15 (6), 393-401 (V.1.)

5228. Leuschner, D.: Einführung in die numerische Taxonomie VEB Gustav Fischer Verlag, Jena, 1974 (V.1./3.1.)

5229. Le Quesne, W.J.: A method of selection of characters in numerical taxonomy Syst. Zool., 1969, 18, 201-205 (V.3.3.)

5230. Le Quesne, W.J.: Further studies based on the uniquely derived character concept Syst. Zool., 1972, 21, 281-288 (V.3.3.)

5231. Le Quesne, W.J.: The uniquely evolved character concept and its cladistic application
Systematic Zoology, 1974, 23, 4, 513-917
(V.3.3.)

5232. Lidecker, W.J.Jr.: A phenetic analysis of some new Guinea rodents
Syst. Zoology, 1973, 22, 36-45
(V.3.3.)

5233. Lingoes, J.C.: The multivariate analysis of qualitative data
Multivariate Behav. Res., 1968, 3, 61-94
(V.10.)

5234. Littler, M.M.; Murray, S.N.: Impact of sewage on the distribution, abundance and community structure of rocky intertidal macro-organisms
Mar. Biol. (Bel.), 1975, 30, 4, 277-292
(V.3.3.)

5235. Lockhart, W.R.; et al.: Formation of monothetic groups in quantitative bacterial taxonomy
J. Bacteriology, 1963, 85, 68-77
(V.3.3.)

5236. Lockhart, W.R.: Scoring of data and group-formation in quantitative taxonomy in:
Developments in Industrial Microbiology, 1964, 5, 162-168, Washington D.C.
(V.1./3.3.)

5237. Lodder, J.; Kreger-van Rej, N.J.W.: The Yeast, a taxonomic study
North Holland Publ. Comp., Amsterdam, 1971, 713 p. (V.3.1.)

5238. Lubischew, A.A.: Philosophical aspects of taxonomy
Ann. Rev. Entom., 1969, 14 (S. 19-39)
(V.1./6.3.)

5239. Maccacaro, G.A.; Rescigno, A.: The information content of biological classification, in C. Cherry (eds.) Symposium on Information theory, London, 1960, 437-446
(V.3.1.)

5240. MacNaughton-Smith, P.; et al.: Dissimilarity analysis - a new technique for hierarchical subdivision
Nature, London, 1966, 202, 1034
(V.1.)

5241. MacQueen, J.: Some methods for classification and analysis of multivariate observations, in: L.M. Le Cam and J. Neyman (eds.) Proceed. of the 5. Berkeley Symposium on Mathematical Statistics and Probability, Vol. 1, 281-297 Univ. of Calif., Press, Berkeley, 1967 (V.1.)

5242. Majumdar, D.N.; Rao, C.R.: Bengal anthropolometric survey 1945: A statistical study Sañkhya, Ser. A, 1958, 19, 201-408 (V.6.1.5.)

5243. Manischewitz, J.R.: A numerical phenetic study of the snake mites of the family ixodorhynchidae (Acari: Merostigmata) Ph.D.: Dissertation, The Ohio State Univ. Columb., 1971, Ohio (V.3.3.)

5244. Manischewitz, J.R.: Prediction and alternative procedures in numerical taxonomy Systematic Zoology, 1973, 22, 176-184 (V.3.3.)

5245. Mannetje, L.T.: A comparison of eight numerical procedures applied to the classification of some African Trifolium taxa based on Rhizobium affinities Aust. J. Bot., 1967, 15, 521-528 (V.3.2.)

5246. Manning, R.T.; Watson, L.: Signs, symptoms, and systematics J. Amer. Med. Assoc., 1966, 198, 1180-1188 (V.4.)

5247. Marschak, M.; Rabinowitsch, K.: siehe: Teil in russischer Sprache (kyrillische Schrift)

5248. Matsuda, K.; Rohlf, F.: Studies of relative growth in cerridac. (5) comparison of two population Growth, 1961, 25, 211-217 (V.3.3.)

5249. Mayr, E.: Principles of systematic Zoology McGraw-Hill Book Co., New York, 1969 (V.3.3.)

5250. McNeill, J.: The hierarchical ordering of characters as a solution to the dependent character problem in numerical taxonomy Taxon, 1972, 21, 71-82 (V.3.2.)

5251. McNeill, J.: The handling of character variation in numerical taxonomy
Taxon, 1974, 23 (5) (6), 699-705
(V.3.2.)

5252. McNeill, J.: A generic revision of Portulacaceae tribe Monticae using techniques of numerical taxonomy

Can. J. Bot., 1974 (V.3.2.)

5253. Michener, C.C.: A quantification of systematic relationships and phylogenetic trends
Proc. Xth. Intern. Congress of Entomology, 1957, 1, 409-415 (V.3.1.)

5254. Michener, C.D.; Sokal, R.R.: A quantitative approach to a problem in classification
Evolution, 1957, 11, 130-162
(V.1.)

5255. Michener, C.D.; Sokal, R.R.: A statistical method for evaluating systematic relationships
Univ. Kansas Sci. Bull., 1958, 38, 1409-1438 (V.1.)

5256. Michener, C.D.; Sokal, R.R.: The effects of different numerical techniques on the phenetic classification of bees of the Hoplitis complex (Megachilidae)
Proceedings of the Linnean Society of London, 1967, 178, 59-74
(V.3.3.)

5257. Michnenko, O.: Zu hierarchischen Gruppierungen
Vestnik Statistiki, 1975, 7, 33-36
(V.1.)

5258. Michnenko, O.: siehe: Teil in russischer Sprache (kyrillische Schrift)

5259. Michnenko, O.: siehe: Teil in russischer Sprache (kyrillische Schrift)

5260. Mikiewicz, J.: Confidence regions for dendrites (Polish)
Zastos Mat., 1969/70, 11, 391-421
(V.1./1.5.)

5261. Mikiewicz, J.: On levels of confidence in Wrocław taxonomy
Polska Akad. Nauk Zastos. Mat., 1963, 7, 1-40 (V.1./1.5.)

5262. Miller, J.; et al.: Computer revolution in systematics
Taxon, 1974, 23, 1, 21-101
(V.1./3.1.)

5263. Minkoff, E.C.: The effects on classification of slight alteration in numerical technique
Syst. Zool., 1965, 14, 196-213
(V.3.3.)

5264. Möller, F.: Quantitative methods in the systematics of Actimomycelates. The theory and application of a probabilistic diagnostic key
Giorn. Microbiol., 1962, 10, 29-47
(V.3.3.)

5265. Möller, F.; Peroni, C.: A classification of marine microorganisms by numerical taxonomy
Quality and Quantity, 1968, 2, 162-175
(V.3.3.)

5266. Moore, G.W.: A mathematical model for the construction of claclograms
Ph. D. Thesis, North Carolina State Univ., 1971
(V.3.1./1.)

5267. Morgan, J.N.; Sonquist, J.A.: The detection of interaction effects
Survey Res. Center, Inst. for Social research, Iniv. of Michigan, Ann Arbor, 1964
(V.1.)

5268. Morant, G.M.: A prelimanary classification of European races based on cranial measurements
Biometrika, 1928, 20 (B), 301-375
(V.3.1.)

5269. Morant, G.M.: The use of statistical methods in the investigation of problems of classifications in anthropology
I. The gereral nature of the material and the forms of intraracial distributions of metrical characters
Biometrika, 1939, 31, 72-98
(V.3.1.)

5270. Morishima, H.; Oka, H.: The pattern of interspecific variation in the genus Oryza: Its quantitative representation by statistical methods
Evolution, 1960, 14, 153-165
(V.3.1.)

5271. Moss, W.W.: Some new analytic and graphic approaches to numerical taxonomy, with an example from the Dermanyssida (Acari)
Syst. Zool., 1967, 16, 177-207
(V.3.3.)

5272. Moss, W.W.: Experiments with various techniques of numerical taxonomy
Systematic Zoology, 1968, 17, 31-47
(V.3.3.)

5273. Moss, W.W.; Webster, W.A.: A numerical taxonomic study of a group of selected strongylates (Nematoda)
Syst. Zool., 1969, 18, 423-426
(V.3.3.)

5274. Moss, W.W.; Hendrickson, J.A.: Numerical taxonomy
Ann Rev. Ent., 1973, 18, 227-258
(V.1.)

5275. Mukerji, H.K.; Nair, K.R.: Classification of natural and plantation teck (Tectona grandis) grown at different localities of India and Burma with respect of physical and mechanical properties
Sankhya, 1960, 22, 1-20
(V.3.3.)

5276. Murray, S.N.; Littler, M.M.: Impact of sewage on the distribution, abundance and community structure of rocky intertidal macro-organism
Mar. Biol. (Berl.), 1975, 30, 4, 277-292
(V.3.3.)

5277. Murty, B.R.; Govil, J.N.: Genetic divergence and nature of heterosis in grain sorghum
Indian J. Genet. Plant. Breed.
(V.3.7.)

5278. Muzio, G.B.: Su die un methode die classicazione numerica nel caso die variabili uni dimensionali
Statistica, 1969, 29, 4, 699-725
(V.1.)

5279. Naidin, D.P.; Reyment, R.A.: Biometric study of actinocamax versus S.L. from the upper-cretaceous of the Russian platform
Stockholm Contribut. Geol., 1962, 9, 147-206 (V.3.1./8.)

5280. Nair, V.R.; Mukerji, H.K.: Classification of natural and plantation teck (Tectona grandis) grown at different localities of India and Burma with respect of physical and mechanical properties
Sankhya, 1960, 22, 1-29
(V.3.3.)

5281. Nakano, M.; Hayami, I.: A consideration on the numerical taxonomy in palaeontology, taking the Trigoniidae as an example
Sc. Rep. Fac. Sci., Kynshu Univ. Geol., 1968, 8, 191-236 (V.8.)

5282. Nancy, G.S.; Ditt, D.H.: An analysis of the vegetation of Sphagum-dominated kettle-hole boys in relation to environmental gradients
Can. J. Bot., 1975, 53 (4), 332-359
(V.3.5.)

5283. Naouri, J.C.: Analyse factorielle des correspondances continues
Publ. Inst. Stat. Univ., Paris, 1970, 19, 1-100 (V.1.)

5284. Norton, Griffiths, M.: The numbers and distribution of large memmals in Ruaha national park, Tanzania
East afr. Wildl. J., 1975, 13, 2, 121-140
(V.3.5.)

5285. Obrebski, T.: Anwendung der Taxonomie bei der Untersuchung des Entwicklungsniveaus der polnischen Regionen in den Jahren 1960-1970
Ekonomista, 1975, 4, 815-833
(V.6.1./7.)

5286. Ofshe, R.; Ofshe, L.: A comparative study of two scaling models: Paired comparisons and scalogram analysis
Sociometry, 1970, 33, 409-426
(V.6.2./III.6.2.)

5287. Oka, H.; Morishima, H.: The pattern of interspecific variation in the Genus Oryza: Its quantitative representation by statistical methods
Evolution, 1960, 14, 153-165
(V.3.1.)

5288. Olson, E.L.; Miller, R.L.: A mathematical model applied to a study of the evolution of species
Evolution, 1951, 5, 256 ff.
(V.3.1.)

5289. Orloci, L.: Information analysis in phytosociology: Partition, classification and prediction
J. Theoret. Biol., 1968, 20, 271-284
(V.3.5.)

5290. Orloci, L.: Geometric models in ecology
J. Ecol., 1966, 54, 193-215
(V.3.5.)

5291. Orloci, L.: An agglomerative method for classification of plant communities
J. Ecol., 1967, 55, 193-205
(V.3.5.)

5292. Parniczky, G.: Az automatikus osztályozas modszerei
KSH ökonometriai Laboratorium
Laboratoriumi Munkaanyagok 165
Budapest, 1973 (V.1.)

5293. Parniczky, G.: Az automatikus osztályozas
Statisztikai szemle, 1973, 10, 999-1009
(V.1./IV.1./I.1.)

5294. Perkala, J.; Steinhausa, H.: Ogólna characterystyka metod taksonomieznych
Wiadmosci Statystyczne, 1971, 8
(V.1.)

5295. Perkel, J.: Taksonomia Wroclawska
Przeglad Antropologiczy, 1953, 19
(V.1.)

5296. Peroni, C.; Möller, F.: A classification of marine micro-organisms by numerical taxonomy
Quality and Quantity, 1968, 2, 162-175
(V.3.3.)

5297. Peterson, R.P.; Hoel, P.G.: A solution to the problem of optimum classification
Ann. Math. Statist., 1949, 20, 433-438
(V.1./IV.1.)

5298. Phipps, J.B.: Numerical taxonomy of Arundinelleae (Graminaece)
Ph. D. Thesis, University of Western Ontario, London, Ontario, 1968
(V.3.3.)

5299. Phipps, J.B.: Dendrogram topology
Syst. Zoology, 1971, 20, 306-308
(V.3.3.)

5300. Piasecki, Z.: Novan metoda taksonomicz a
Listy Biometryczne, 1971, 30-33
(V.3.1.)

5301. Pielou, E.C.: An introduction to mathematical ecology
J. Wiley, New York, 1969
(V.3.5.)

5302. Pielou, E.C.: The use of information theory in the study of the diversity of biological populations
In: L.M. Le Cam/J. Neyman (Hrsg.)
Proc. 5th Berkelex Symp. Math. Stat. Prob. Univ. California Press, Berkeley, 1967, IV, 163-177 (V.3.1.)

5303. Pielou, E.C.: Shannon's formula as a measure of specific diversity: its use and misuse
Amer. Natur., 1966, 100, 463-465
(V.1.1.)

5304. Pielou, E.C.: The measurement of diversity in different types of biological collections
J. Theoretical Biology, 1966, 13, 131-144
(V.1.1.)

5305. Pisz, Z.; Dittmann, P.: Eine Methode zur Untersuchung der räumlichen Differenzierung sozialökonomischer Erscheinungen in der Zeit
Wiadomosci statystyczne, 1975, 11, 27-28
(V.6.1./6.2.)

5306. Pluta, L.: Grafowa metoda klasyfikacju cech I.
Prace Naukowa WSE we, Wroclawiu, 215, 1969 (V.1.)

5307. Pluta, W.: Grafowa metoda klasyfikacju cech II.
Prace Naukowa WSE we, Wroclawiu, 1972, 35 S. (V.1.)

5308. Pluta, W.: O pewnej metodzie klasyfikacji predsiebiorstw
Przeglad Stat., 1972, 19, 1, 51-63
(V.1.)

5309. Pluta, W.: Zastsowanie metod taksonomicznych i analizy czynnikowej do kostruowania syntetyczngch wskaznikow techniczno-ekonomicznych
Przeglad Statystyczny, 1975, 22, 2, 291-304 (V.6.1.)

5310. Pohja, M.S.; et al.: Numerical taxonomy of micrococci of fermented meat origin
J. Applied Bacteriology, 1962, 25, 341-351
(V.1./3.3.)

5311. Prim, R.C.: Shortest connection matrix network and some generalizations
Bell Systems Techn. J., 1957, 36, 1389-1401 (V.1.)

5312. Proctor, J.R.; Kendrick, W.B.: Unequal weithting in numerical taxonomy
Nature, 1963, 197, 716-717
(V.1.)

5313. Proctor, J.R.; Kendrick, W.B.: Computer taxonomy in the fungi imperfecti
Can. J. Bot., 1964, 42, 65-88
(V.3.3.)

5314. Prokoph, J.: Programm der Rechenoperationen TAXO 9 zur Taxometrie und seiner Anwendung in der Schilddrüsendiagnostik
Schriftreihe IMBIS, Universität Marburg, Institut Med.-Biolog. Statistik und Dokument., No. L, 1973
(V.4./II.4.)

5315. Pociecha, J.: O metodzie okreslania jednorodnych zbiorow cech statystycznych
Folia Oeconomia Cracoviensa, 1975, 17
(V.6.1.)

5316. Podoloc, B.; Kazimierz, Z.: Studium z zakresu ustalania rejonow konsumpczyinych w polsce
Przeglad Stat., 1970, 17, 1, 51-71
(V.1.)

5317. Poljakov, M.; Rukina, T.: Hauptkomponentenanalyse der Arbeitsproduktivität in der Viehzucht
Vestnik Statistika (Russ.), Moskva, 1975, 12, 54-57 (II.5./V.5.)

5318. Poncet, S.: Taxonomie numérique du genre Kluyveromyces
Mycopathol. Mycol. Appl., 1973, 267-281
(V.3.5.)

5319. Poole, R.W.: Measuring the structural similarity of two communities composed of the same species
Res. popul. ecol. (Kyoto), 1974, 16, 1, 138-151 (V.3.5.)

5320. Potts, F.A.; Borradaile, L.A.: The invertebrata: A manual for the use of students
Cambridge U.P., London, 1970
(V.1.)

5321. Powers, D.A.; Rolhf, F.J.: A numerical taxonomic study of Caribbian and Hawaiian reef corals
Syst. Zool., 1972, 21, 53-64
(V.3.3.)

5322. Rabinowitsch, Marschak, M.: siehe: Teil in russischer Sprache (kyrillische Schrift)

5323. Ramon, S.: A numerical taxonomic study of certain taxa of Haplopappus, section Blepharodon
Univ. Kansas Sci. Bull., 1968, 47 (15), 863-890 (V.3.3.)

5324. Randoe, C.J.: Vingeroefeningen van Korton, T.H.M. in klassificatie-techniek. Een toepassing van taxonometrische klassificatie-methoden op enquêteresultaten
Marktonderzoek kwartaalschrift, 1971, 4, No. 213, 62-96 (V.6.1.4.)

5325. Rao, C.R.: The utilization of multiple measurements in problems of biological classifications
Journal of the Royal Statistical Society, Section B, 1948, 10, 159-203
(V.3.1.)

5326. Rao, C.R.: Some statistical methods for comparison of growth curves
Biometrics, 1958, 14, 1-17
(V.3.1.)

5327. Rao, C.R.; Majumdor, D.N.: Bengal anthropometric survey 1945: A statistical study
Sañkhya Ser. A, 1958, 19, 201-408
(V.6.1.5.)

5328. Rayner, J.H.: Classification of soils by numerical methods
J. Soil. Sci., 1966, 17, 79
(V.5.)

5329. Rescigno, A.; Maccacaro, G.A.: The information content of biological classification, in C. Cherry (ed.): Symposium on information theory, London, 1960, 437-446
(V.3.1.)

5330. Rex, M.A.; Sepkoski, J.J.: Distribution of freshwatermussels: Coastal rivers as biographic islands
Syst. Zoology, 1974, 23, 165-188
(V.3.5.)

5331. Reyment, R.A.; Brannstrom, B.: Certain aspects of the physiology of cypridopsis (ostracoda crustacea)
Geol. Foren./Stockholm Forhandl., 1962, 9, 207-242 (V.3.2.)

5332. Reyment, R.A.; Naidin, D.P.: Biometric study of actinocamak versus S.L. from the upper cretaceous of the Russian platform
Stockholm Contrib. Geol., 1962, 9, 147-206 (V.3.1./8.)

5333. Reyment, R.A.; Blackith, R.E.: Multivariate Morphometrics
Academic Press, London, 1974 (V.1./3.1.)

5334. Reynolds, K.A.: Numerical taxonomy and comparative elaborateness, with a speculation on unused genes
Nature, 1965, 206, 166-168 (V.3.4.)

5335. Reynolds, J.F.; Crawford, D.J.: A numerical study of the common narrow leaved taxa of Chenopodium occuring in the western United States
Brittonia, 1974, 26, 4, 398-410 (V.3.1.)

5336. Reyssac, J.; Roux, M.: Etude statistique de l'heterogeneite hydrologique et phytoplanctonique de la baie du Levrier
Ann. Inst. Oceanogr., 1975, 51 (1), 43-50 (V.3.3.)

5337. Rhodes, A.M.; et al.: A numerical taxonomic study of cucurbita
Brittonia, 1968, 20, 251-266 (V.3.2.)

5338. Ritsert, J.; Becker, E.: Grundzüge sozialwissenschaftlich-statistischer Argumentation - eine Einführung in statistische Methoden
Opladen, Westdeutscher Verl., 1971, 237 p. (V.1.)

5339. Roe, K.: A simple technique for measuring phenetic similarity in Solanuam using edgepunched cards
Taxon, 1974, 23 (5/6), 707-713 (V.3.2.)

5340. Rogers, D.J.: Taximetrics-new name, old concept
Brittonia, 1963, 15, 285-290
(V.1.)

5341. Rogers, D.J.; Fleming, H.: A computer program for classifying plants
II. A numerical handling of non-numerical data
Bioscience, 1964, 14, 15-28
(V.3.1./10.)

5342. Rogers, J.S.: Measures of genetic similarity and genetic distance
Univ. Texas Publ., 1972, 7213, 145-153
(V.3.4.)

5343. Rogers, D.J.; Estabrook, G.F.: A general method of taxonomic description for a computed similarity measure
Bioscience, 1966, 789-793
(V.1.1./3.1.)

5344. Rohlf, F.J.; Matsuda, K.: Studies of relative growth in cerridav. (5) comparison of two population
Growth, 1961, 25, 211-217
(V.3.3.)

5345. Rohlf, F.J.; Sokal, R.R.: The comparison of dendograms by objective methods
Taxon, 1962, 11, 33-40
(V.1.)

5346. Rohlf, F.J.; Sokal, R.R.: The description of taxonometric relationship by factor analysis
Systematic Zoology, 1962, 11, 1-16
(V.1./I.1.)

5347. Rohlf, F.J.; Sokal, R.R.: Multivariate methods in taxonomy Proc. IBM Scientific Computing Symposium on Statistics, White Plains, N.Y.: IBM, Data Processing Division, 1965, 3-14 (V.1./10.)

5348. Rohlf, F.J.; et al.: Numerical taxonomy system of multivariate statistical programs
The University of Kansas, Kansas, 1967
(V.1./10.)

5349. Rohlf, F.J.: Stereograms in numerical taxonomy
Syst. Zool., 1968, 17, 246-255
(V.1./3.1.)

5350. Rohlf, F.J.; Fisher, D.R.: Rubustness of numerical taxonomic methods and errors in homology
Systematic Zoology, 1969, 18, 33-36
(V.3.3./3.1.)

5351. Rohlf, F.J.: An empirical comparison of three ordination techniques in numerical taxonomy
Systematic Zoology, 1972, 21, 271-280
(V.3.3.)

5352. Rohlf, F.J.; Powers, D.A.: A numerical taxonomic study of Caribbean and Hawaiian reef Corals
Syst. Zool., 1972, 21, 53-64
(V.3.3.)

5353. Rohwer, S.A.: A multivariate assessment of interbreeding between the Meadowlarks, Sturnella
Systematic Zoology, 1972, 21, 313-338
(V.3.3.)

5354. Rohwer, S.A.; Kilgore, D.L.: Interbreeding in the aridland foxes vulpes velax and V.-macrotis
Syst. Zool., 1973, 157-165
(V.3.3.)

5355. Ross, J.C.; Harary, F.: A procedure for clique detection using the group matrix
Sociometry, 1957, 20, 205-215
(V.6.2.)

5356. Rother, P.; et al.: Faktoranalytische Untersuchungen zwischen Körpergröße, Hand- und Kopfmaßen
4. Biometrisches Kolloquium "Modellierung und Anwendung mathematisch-statistischer Verfahren", Sept. 1976, Berlin (I.4./V.4.)

5357. Roux, G.; Roux, M.: A propos de quelques méthodes de classification en phytosociologie
Revue de Statistique appliquée, 1967, 14, 59-72 (V.3.5.)

5358. Roux, M.; Reyssac, J.: Etude statistique de l'heterogeneite hydrologique et phytoplanctonique de la baie du Levrier
Ann. Inst. Oceanogr., 1975, 51 (1), 43-50 (V.3.3.)

5359. Rovira, A.D.; Brisbane, P.G.: A comparison of methods for classifying rhizosphere bacteria
J. General Microbiology, 1961, 26, 379-392 (V.3.3.)

5360. Rowell, A.J.: A numerical taxonomic study of the chonetacean brachiopods p. 113-140, 1967 In: Teichert and E.L.- Yochelson (eds.) Essays in paleontology in stratigraphy, Univ. Kansas Press, Lawrence
(V.3.2.)

5361. Rowell, A.J.: The contribution of numerical taxonomy to the genus concepts
Proc. N.A. Paleont. Convention, Chicago, 1969, vol. 1, part. C.: 264-293
(V.3.2.)

5362. Rubin, J.: Optimal taxonomy program
Program No. 7090-G.2- IBM-0026, IBM Program Information Dept., Hawthorne, N.Y., 1965 (V.1./10.)

5363. Rubin, J.: An approach to organizing data into homogenous groups
Systematic Zoology, 1966, 15, 169-183
(V.3.3.)

5364. Rubin, J.: Optimal classification into groups: An approach for solving the taxonomy problem
Journal of theoretical biology, 1967, 15, 103-144 (V.1.)

5365. Runemark, H.: Critical comments on the use of statistical methods in chemotaxonomy
Bot. Notser, 1968, 121, 29-43
(V.3.1.)

5366. Sanghvi, L.D.: Comparison of genetical and morphological methods for a study of biological differences
Amer. J. Phys. Anthrop., 1953, 11, 385-404 (V.1.)

5367. Sanghvi, L.D.; Balakrishnan, V.: Distance between populations on the basis of attribute data
Biometrics, 1968, 859-865
(V.3.2.)

5368. Sardar, P.K.; et al.: Selection of characteristics for numerical classification of soils
Proc. Soil. Sci. Soc. Amer., 1966, 30, 269-272 (V.5.)

5369. Schnell, G.D.: A phenetic study of the suborder Lari (Aves) I. Methods and results of principal components analyses
Systematic Zoology, 1970, 19, 35-57
II. 1970, 19, 264-302
(V.3.3./II.3.3.)

5370. Schnell, G.D.: A phenetic study of the suborder Lari (Aves) using various techniques of numerical taxonomy
Ph. D. Dissertation, The University of Kansas, Lawrence, 1969, 170 p.
(V.3.3.)

5371. Senner, J.W.; Sokal, R.R.: Analysis of dimorphism in natural population with consideration of methodological and epistemological problems
Syst. Zool., 1974, 23, 363-386
(V.3.1.)

5372. Sepkoski, J.; Rex, M.A.: Distribution of freshwater mussels: Coastal rivers as biographic islands
Syst. Zoology, 1974, 23, 165-188
(3.5.)

5373. Sepkoski, J.J. (Jr.): Quantified coefficients of association and measurement of similarity
Math. Geol., 1974, 6, 135-152
(V.8./1.1.)

5374. Sheals, J.G.: The application of computer technique to acarine taxonomy a preliminary examination with the species of the Hypoaspis-Androlaelaps complex (Acarina)
Proc. Linn. Soc. London, 1964, 175, 11-21
(V.3.3.)

5375. Sheals, J.G.: Computers in acarine taxonomy.
Symp. 2nd Int. Cong. Acarology, Sutton Bonington, 1967
Acaralogia, 1969, 11, 376-396
(V.3.1.)

5376. Shepard, J.H.: A phenetic analysis of the Luciliini (Diptera, Calliphoridae)
Syst. Zool., 1971, 20, 223-232
(V.3.3.)

5377. Sibson, R.; Jardine, N.: A model for taxonomy
Mathematical Biosciences, 1968, 2, 465-482 (V.1./3.1.)

5378. Sibson, R.; Jardine, N.: Mathematical taxonomy
J. Wiley and Sons, London 1970
(V.1.)

5379. Sibson, R.; Jardine, N.: Quantitative attributes in taxonomic descriptions
Taxon, 1970, 19, 862-870
(V.1.)

5380. Sibson, R.: A model for taxonomy II.
Mathematical Biosciences, 1970, 6, 405-430
(V.3.1.)

5381. Sibson, R.: Some observations on a paper by Lance and Williams
The computer journal, 1971, 14, 156-157
(V.1.)

5382. Silvestri, L.; et al.: A quantitative approach to the systematics of actinomycetes based on overall similarity
Microbiol. classification, 1962, 333-360
(V.3.3.)

5383. Simpson, G.G.: Principles of animal taxonomy
Columbia University Press, New York, 1961
(V.3.3.)

5384. Simpson, G.G.; et al.: Quantitative Zoology
Harcourt, Brace and Co., New York, 440 p.
(V.3.3.)

5385. Sims, R.W.: Numerical classification of meguscolicoid earthworms
Systematics Association, 1968, No. 8, London (V.3.3.)

5386. Slobodchikoff, C.N.: An operational approach to species classification
Syst. Zoology, 1974, 23, 239-247
(V.3.2.)

5387. Smirnow, N.V.: O postroenii doweritelnoj oblasti dja plotnosti raspredelnija clutsajnoj welitsinij
Doklady Akad. Nauk SSSR, 1950, 74, 189-191
(V.1.)

5388. Smirnow, E.S.: Taxonomic analysis of a genus
Zhurnal Obshenye Biologii, 1960, 21, 89-103 (V.3.1.)

5389. Smirnow, E.S.: On the expression of taxonomic affinity
Zhurnal Obshenye Biologii, 1966, 27, 191-195 (V.1./3.1.)

5390. Smirnow, E.S.: On exact methods in systematics
Systematic Zoology, 1968, 17, 1-13
(V.1.)

5391. Sneath, P.H.A.: Some thoughts on bacterial classification
Journal of general microbiology, 1957, 17, 187-200 (V.3.3.)

5392. Sneath, P.H.A.: The application of computers to taxonomy
J. Gen. Microbiol., 1957, 17, 201-226
(V.3.3./3.1.)

5393. Sneath, P.H.A.; Cowan, S.T.: An electro-taxonomic survey of bacteria
Journal of general microbiology, 1958, 19, 551-565 (V.1./3.3.)

5394. Sneath, P.H.A.: Recent developments in theoretical and quantitative taxonomy
Systematic Zoology, 1961, 10, 118-139
(V.3.1./1.)

5395. Sneath, P.H.A.: The construction of taxonomic groups
Microbiol. classification
12 Symposium of the society for general microbiology, 1963, 289-332
(V.3.3.)

5396. Sneath, P.H.A.: A method for curve seeking from scattered points
Computer J., 1965, 8, 383-391
(V.1.)

5397. Sneath, P.H.A.: A comparison of different clustering methods as applied to randomly spaced points
Classification Soc. Bull., 1966, 1, 2-18
(V.1.)

5398. Sneath, P.H.A.; Sokal, R.R.: Numerical taxonomy
Nature, 1962, 193, 855-860
(V.1.)

5399. Sneath, P.H.; Sokal, R.R.: Principles of numerical taxonomy
W.H. Freeman, San Francisco, London, 1964 (V.1.)

5400. Sneath, P.H.A.: Some statistical problems in numerical taxonomy
The Statistician, 1967, 17, 1-2
(V.1.)

5401. Sneath, P.H.A.: The future outline of bacterial classification
Classification Soc. Bull., 1968, 3, 28-45 (V.3.3.)

5402. Sneath, P.H.A.; Carmichael, J.N.: Taxonometric maps
Syst. Zool., 1969, 18, 402-415
(V.3.1.)

5403. Sneath, P.H.A.; Sokal, R.R.: Principles of numerical taxonomy
W.H. Freeman, London, 1973
(V.1.)

5404. Sokal, R.R.: Quantification of systematic relationships and of phylogenetic trends
Proc. X. Intern. Congr. Entomol., 1958, 1, 409-415 (V.1.)

5405. Sokal, R.R.: Distance as a measure of taxonomic similarity
Systematic Zoology, 1958, 10, 70-79
(V.1.1.)

5406. Sokal, R.R.; Michener, C.D.: A statistical method for evaluating systematic relationships
Kans. Univ. Sci. Bull., 1958, 38, 1409-1438 (V.1.)

5407. Sokal, R.R.; Rohlf, F.J.: The comparison of dendrograms by objective methods
Taxon, 1962, 11, 33-40
(V.1.)

5408. Sokal, R.P.; Sneath, P.H.A.: Numerical taxonomy
Nature, 1962, 193, 855-860
(V.1.)

5409. Sokal, R.R.; Rohlf, F.J.: The description of taxonometric relationships by factor analysis
Systematic Zoology, 1962, 11, 1-16
(V.1./I.1.)

5410. Sokal, R.R.; Sneath, P.H.A.: Principles of numerical taxonomy
New York: Freeman, 1964
(V.1.)

5411. Sokal, R.R.; Rohlf, F.J.: Multivariate methods in taxonomy
Proc. IBM Scientific Computing Symposium on Statistics. White Plains N.Y.: IBM, Data Processing Division, 1965, 3-14 (V.1./10.)

5412. Sokal, R.R.; Michener, C.D.: The effects of different numerical techniques on the phenetic classification of bees of the Hoplitis complex (Megachilidae)
Proceedings of the Linnean Society of London, 1967, 178, 59-74
(V.3.3.)

5413. Sokal, R.R.; Hendrickson, J.A.: A numerical taxonomic study of the genus Psorophora (Diptera: Culicidae)
Ann. Entolomol. Soc. Amer., 1968, 61, 385-392 (V.3.3.)

5414. Sokal, R.R.; Sneath, P.H.A.: Principles of numerical taxonomy
Freeman, London, 1973
(V.1.)

5415. Sokal, R.R.; Senner, J.W.: Analysis of dimorphismn in natural populations with consideration of methodological and epistemological problems
Syst. Zool., 1974, 23, 363-386
(V.3.3.)

5416. Solomon, H.: Numerical taxonomy
Techn. Rep. No. 167, 1970
Dept. of Statist., Standord Univ.
Stanford California (V.1.)

5417. Sonquist, J.A.; Morgan, J.N.: The detection of interaction effects
Survey, Res. Center, Inst. for Social research, Univ. of Michigan, Ann Arbor, 1964 (V.1.)

5418. Spilerman, S.: Structural analysis and the generation of sociograms
Behavioral Science, 1966, 11, 312-318
(V.6.2.)

5419. Sporne, K.R.: Correlation and classification in dicotyledons
Proc. Linn. Soc. London, 1948, 1960, 40-47 (V.3.2.)

5420. Staflen, F.A.: Taxonomic literature
Int. Soc. Pl. Taxon, Nomencl. Utrecht, 1967 (V.3.2.)

5421. Steczkowski, J.: Zasady i metody rejonizacji produkcji rolniczej
Warszawa 1966 (V.6.1.)

5422. Steinhausa, H.; Perkala, J.: Ogólna charakterystyka metod taksonomicznych
Wiadomosci Statystyczne, 1971, 8
(V.1.)

5423. Stokowski, F.: Metody taksonometryczne w analizie przestrzennogo zwoznicowania procesow demograficznych
Studia Demogr., 1971, 25, 75-107
(V.6.1.6.)

5424. Stone, J.F.: Polynology of the Almond formation (Upper cretaceous) Rock springs Uplift, Wyoming
Bull. Am. Paleontol., 1973, 64, 278, 1-135
(V.3.2.)

5425. Styczen, M.: Ogolna charakterystyka metod taksonomicznych
Wiadom. stat., 1971, 16, 8, 16-20
(V.1.)

5426. Szocz, Z.: The beechwoods of the Vertes mountains: III. An investigation of similarity of stands
Ann. Univ. Sc. Budap. Rolando Eothos nominatae sect. biol., 1972, 14, 179-184
(V.3.1.)

5427. Szymla, Z.: O metodzie klasyfikacji uprzemyslowienia powiatow
Gospodarka planowa, 1971, 26, 7, 437-440
(V.6.1.)

5428. Tabor, J.: Some remarks on distance in Natural sciences
Zastosowania matematyki, 1973, 3
(V.3.1.)

5429. Tanimoto, T.T.: An elementary mathematical theory of classification and prediction
The IBM taxonomy application, 1960, 30-39
(V.1.)

5430. Tanner, W.W.; Larsen, K.R.: Numeric analysis of the lizard genus Sceloporus with special reference to cranial osteology
Great Basin Nat., 1974, 34, 1, 1-41
(V.3.1.)

5431. Thien, L.B.; et al.: Floral odors and quantitative taxonomy of magnolia and liriodendron
Taxon, 1975, 24 (5/6), 557-568
(V.3.2.)

5432. Thornton, I.W.B.; Wong, S.Q.: A numerical taxonomic analysis of the Peripsocidae of the Oriental region and the Pacific basin
Syst. Zoology, 1967, 16, 217-240
(V.3.3.)

5433. Thornton, I.W.B.; Chui, V.W.D.: A numerical taxonomic study of the endemic Ptycta species of the Hawaiian islands (psocoptera: psocidae)
Syst. Zool., 1971, 20, 7-22
(V.3.2.)

5434. Turner, B.L.; Flake, R.H.: Numerical classification for taxonomic problems
J. Theoret. Biol., 1968, 20, 260-270
(V.1.)

5435. Tsypkin, Y.Z.; et al.: Controversy concerning the criteria for taxonometric strategies
Computer J., 1971, 14, 162-165
(V.1.)

5436. Tygstrup, N.; Winkel, P.: Classification of cirrhosis: the resolution of data modes and their recovery in an independent material
Comp. Biomed. Res., 1971, 4, 417-426
(V.3.1.)

5437. van Valen, L.: Are categories in different phyla comparable?
Taxon, 1973, 22 (4), 333-373
(V.3.2.)

5438. van Valen, L.: Multivariate structural statistics in natural history
J. Theor. Biol., 1974, 45 (1), 235-247
(V.3.1.)

5439. Valentine, J.W.: Numerical analysis of marine molluscan ranges on the extra tropical north-eastern Pacific shelf
Limnol. and Oceanogr., 1966, 11, 198-211
(V.3.3./8.)

5440. Valentine, P.C.: Climatic implication of a late plistocene ostracode assemblage from southeastern Virginia
U.S. Geol. Survey Prof. Paper 683-D: 1971, 1-28 (V.8.)

5441. Vašiček, Z.; Jičin, R.: The problem of the similarity of objects in numerical taxonomy
Journal of general microbiology, 1969, 58, 135-139 (V.1.1.)

5442. Vašiček, Z.; Jičin, R.: The problem of similarity of shape
Syst. Zool., 1971, 21, 91-96
(V.1./3.1.)

5443. Vitt, D.H.; Nancy, G.S.: An analysis of the vegetation of Sphagnum-dominated kettle-hole bogs in relation to environmental gradients
Can. J. Bot., 1975, 53 (4), 332-359
(V.3.5.)

5444. Wallace, C.S.; Boulton, D.M.: A program for numerical classification
The computer journal, 1970, 13, 63-69
(V.10.)

5445. Watson, L.; et al.: Angiosperm taxonomy a comparative study of some novel numerical techniques
The journal of the Linnaean Society of London (Botany), 1966, 59, 491-501
(V.3.2.)

5446. Watson, L.; Manning, R.T.: Signs, Symptoms, and systematics
J. Amer. Med. Assoc., 1966, 198, 1180-1188
(V.4.)

5447. Watson, L.; Young, D.J.: The classification of dicotyledous. A study of the upper levels of the hierarchy
Australian Journ. Bot., 1970, 18, 387-433
(V.3.2.)

5448. Webster, W.A.; Moss, W.W.: A numerical taxonomic study of a group of selected strongylates (Nematoda)
Syst. Zool., 1969, 18, 423-426
(V.3.3.)

5449. Weimarck, G.: On "numerical chemotaxonomy"
Taxon, 1972, 615-619
(V.1./3.2.)

5450. Weiner, J.S. (eds.); Huizinga, J.: The assessment of population. Affinities in man
Oxford, U.P., New York, 1972
(V.2.1.)

5451. Weiss, R.S.; Jacobson, E.: A method for the analysis of the structure of complex organizations
American Sociological Review, 1955, 20
661-668 (V.6.2.)

5452. Whiffin, T.: Analysis of a hybrid swarm between hetegocentron elegans and M. Glandulosum (Melastomataceae)
Taxon, 1973, 22 (4), 413-423
(V.3.2.)

5453. Wilkinson, C.: A numerical taxonomic study of some Indo-Australian Drepanidae: Lepidoptera
Paper read at XIIIth International Congress of Entomology, 1968, Moskau
(V.3.3./4.)

5454. Wilkinson, C.: On the taxonomy of Dipriodonta serica Warren (Lepidoptera: Drepanidae)
Proc. Toy. Ent. Soc., London, B., 1970, 39
(V.3.1.)

5455. Wilkinson, C.: Numerical taxonomic methods applied to some Indo-Australian Drepanidae: Lepidoptera
J. Nat. Hist., 1970, 4, 269-288
(V.3.3./4.)

5456. Williams, W.T.; Lambert, J.M.: Multivariate methods in plant ecology
J. Ecol., 1959, 47, 83-101
(V.3.5.)

5457. Williams, W.T.; et al.: An objective methods of weighting in similarity analysis
Nature, 1964, 201, 426
(V.1.)

5458. Williams, W.T.: Fundamental problems in numerical taxonomy
Advances in botanical research, 1965, 2, 35-68
(V.3.3.)

5459. Williams, W.T.; Lance, G.N.: Logic of computer-based intrinsic classifications
Nature, 1965, 207, 159-201
(V.1.)

5460. Williams, W.T.; Lambert, J.M.: Multivariate methods in ecology VI. Comparison of information-analysis and association-analysis
J. Ecolog., 1966, 54, 636-664
(V.3.5.)

5461. Williams, W.T.; et al.: Multivariate methods in plant ecology V. Similarity analysis and information-analyses
J. Ecol., 1966, 54, p. 427
(V.1./3.5.)

5462. Williams, W.T.: A general theory of classificatory sorting strategies
Computer Journal, 1967, 9
(V.1.)

5463. Williams, W.T.: Numbers, taxonomy and judgement
Bot. Rev., 1967, 334, 379-386
(V.1./3.1.)

5464. Williams, W.T.; et al.: Controversy concerning the criteria for taxonometric strategies
The computer journal, 1971, 14, 162-165
(V.1.)

5465. Williams, W.T.; et al.: Group-size dependence a rationale for choice between numerical classifications
Computer journal, 1971, 14, 157-162
(V.1.)

5466. Winkel, P.; Tygstrup, N.: Classification of cirrhosis: the resolution of data modes and their recovery in an independent material
Comp. Biomed. Res., 1971, 4, 417-426
(V.3.1.).

5467. Winkel, P.: Numerical taxonomic analysis of cirrhosis I. The effect of varying the number and type of variables used
Comput. Biomed. Res., Febr. 1974, 7, 100-110 (V.3.1.)

5468. Wishart, D.; Leach, S.V.: A multivariate study of platonic prose rhythm
Computer studies in the humanities and verbal behavior, 1971, 3 (2), 90-99
(V.6.6.)

5469. Wishart, D.: A numerical classification method for deriving natural classes
Nature, 1969, 221, 97-98
(V.3.1.)

5470. Wishart, D.; Crawford, R.M.M.: A rapid classification and ordination method and its application to vegetation mapping
J. Ecol., 1968, 56, 2, 384-404
(V.3.5.)

5471. Wishart, D.; Crawford, R.M.M.: A rapid multivariate method for the detection and classification of groups of ecologically related species
J. Ecol., 1967, 55, 2, 505-524
(V.3.5.

5472. Wong, S.K.; Thornton, I.W.B.: A numerical taxonomic analysis of the peripsocidae of the Oriental region and the Pacific basin
Syst. Zool., 1967, 16, 217-240
(V.3.3.)

5473. Wozniak, M.; Baranek, H.: Proba zastosowania taksonomicznej klasyfikacji w statystycznej analize kosztow przedsiebiorstwa budowlanego
Przeglad Statyst., 1969, 16, 2, 109-123
(V.6.1.)

5474. Young, D.J.; Watson, L.: The classification of dicotyledons: A study of the upper levels of the hierarchy
Australian Journ. Bot., 1970, 18, 387-433
(V.3.3.)

5475. Young, G.; Householder, A.S.: Errata to: Discussion of a set of points in terms of their mutual distances
Psychometrika, 1938, 3, 126
(V.1.)

5476. Young, G.; Householder, A.S.: Discussion of a set of points in terms of their mutual distances
Psychometrika, 1938, 3, 19-22
(V.1.)

5477. Zagorski, K.; Groszek, T.: Zastosowania taksonomii wrocławskiej i analizy czynnikowy do badania struktury spoleczno-zawodowej ludosci
Wiadomisci statystyczne, 1972, 10, 26-32
(V.1./I.1.)

VI. PATTERN RECOGNITION

(Zeichen- bzw. Mustererkennung)

5478. Abend, K.T.; et al.: Classification of binary randon patterns
IEEE Trans. Info. Theory, 1965, IT-11, 538-544 (VI.1./9.)

5479. Abend, K.T.: Compound decision procedures for pattern recognition
Proc. NEC, 1966, 22, 777-780 (VI.1./9.)

5480. Abend, K.T.; et al.: Comments on "On the mean accuracy of statistical pattern recognizers"
IEEE Trans. Information Theory, 1969, IT 15, 420-423 (VI.1./.9.

5481. Abramson, N.; Braverman, D.: Learning to recognize patterns in a random environment
IRE Trans. Information Theory, 1962, IT-8, 158-163 (VI.1.)

5482. Achmetow, K.: siehe: Teil in russischer Sprache (kyrillische Schrift)

5483. Adylowa, E.T.; Lutfuljajew, R.A.: siehe: Teil in russischer Sprache (kyrillische Schrift)

5484. Agrawala, A.K.; Ho, Y.C.: On pattern classification algorithms: introduction and survey
Proc. IEEE, 1968, 56, 2101-2114 (VI.10./IV.10.)

5485. Agrawala, A.K.: Learning with a probabilistic teacher
IEEE. Trans- Information theory, 1970, IT-16, 373-379 (VI.10)

5486. Agrawala, A.K.: Learning with various types of teachers
in: Proceedings of the FJC on Pattern recognition, Nov. 1973, Washington D.C., p. 453-461 (VI.10.)

5487. Agamalowna, M.A.; Akopjan, R.A.: siehe: Teil in russischer Sprache (kyrillische Schrift)

5488. Aizerman, M.A.; et al.: siehe: Teil in russischer Sprache (kyrillische Schrift)

5489. Aizerman, M.A.: Metoda funkcji potencjalnych w zagadnieniach uczenia urzadzen klasyfikacji sytuacji wejciowych bez udziatu trenera
"uczace sie automaty i biologiczne procesy percepcji", Warsczawa, 1966 (VI.3.1.)

5490. Aizerman, M.A.; et al.: siehe: Teil in russischer Sprache (kyrillische Schrift)

5491. Akatsuka, T.; et al.: Feature extraction of stomach radiograph
in: Second Intern. Joint Conference on Pattern Recognition, Aug. 1974, Kopenhagen, p. 324-328 (VI.4.)

5492. Akers (Jr.), S.B.; et al.: The use of threshold logic in character recognition
Proc. IEEE, Vol. 52, No. 8, 931-938, Aug. 1964 (VI.9.)

5493. Akers (Jr.), S.B.: Techniques of adaptive decision making
TIS R 65 ELS-12 (International Publication, General Electric Company), 1965 (VI.1./.9.)

5494. Akopjan, R.A.; Agamalowa, M.A.: siehe: Teil in russischer Sprache (kyrillische Schrift)

5495. Albert, A.E.: A mathematical theory of pattern recognition
Ann. Math. Statist., 1963, 34, 284-299 (VI.1.)

5496. Albuisson, M.; et al.: Pattern recognition of structure functions as an aid for understanding the morphology of two dimensional field data
in: Second International Joint Conference on Pattern Recognition, Aug. 1974, Kopenhagen, p. 460-461 (VI.1.)

5497. Alexandrowa, W.D.: siehe: Teil in russischer Sprache (kyrillische Schrift)

5498. Alijew, E.M.; Kamilow, M.M.: siehe: Teil in russischer Sprache (kyrillische Schrift)

5499. Al-Kibasi, K.T.; Taylor, W.K.: The UCLM3 programmable pattern recognition machine in:
Second International Joint Conference on Pattern Recognition, Aug. 1974, Kopenhagen, p. 241-243 (VI.10.)

5500. Allais, D.C.: The problem of too many measurements in pattern recognition and prediction
IEEE Int. Con. Rec., 1966, Part. 7, 124-130 (VI.1.)

5501. Alt, F.L.: Digital pattern recognition by moments, in: Optical character recognition,(eds.): G.L. Fisher;et al., 153-179 Spartan books, Washington D.C. (VI.1./8.)

5502. Alter, R.: Utilization of contextual constraints in automatic speech recognition IEEE Trans. Andio Electroacoust., 1968, AU-16, 6-11 (VI.6.6.)

5503. Amoss, J.O.; Breeding, K.J.: A pattern description language-PADEL Pattern Recognition, 1972, 4, 19-36 (VI.10.)

5504. Andersson, P.L.: Optical character recognition - A survey Datamation, 1969, 43-48 (VI.8.)

5505. Andersson, P.L.: OCR enters the practical stage Datamation, 1971, 22-27 (VI.8.)

5506. Andrews, F.M.: The revised multiple classification analysis program Ann Arbor, Michigan Institute for social research, 1963, 13 pp. (VI.10./IV.10.)

5507. Andrews, H.C.; Chen, C.K.: Nonlinear intrinsic dimensionality computations IEEE Trans. Comput., 1974, C-23, 178-184 (VI.1.)

5508. Andrews, H.C.: Computer techniques in image processing Academic Press, 1970, New York (VI.8./9.)

5509. Andrews, H.C.: Multidimensional rotations in feature selection IEEE Trans. computers, 1971, C-20, 1045-1051 (VI.1./9.)

5510. Andrews, H.C.: Introduction to mathematical techniques in Pattern recognition John Wiley, New York, 1972 (VI.1.)

5511. Andrews, D.R.; et al.: The IBM 1975 optical page reader. Part 3: Recognition logic development IBM Journal, 1968, 12, 334-371 (VI.8.)

5512. Aoyama, H.: A note on the classification of observation data
Ann. Statist. Math., Tokyo, 1950, 2, 17-19 (VI.1./IV.1.)

5513. Arcelli, C.; et al.: A grassfire transformation for binary digital pictures in:
Second International Joint Conference on Pattern Recognition, Aug. 1974, Copenhagen, p. 152-154
(VI.8.)

5514. Arkedev, A.G.; Braverman, E.M.: Computers and Pattern recognition
Thompson, Washington, D.C., 1966
(VI.1.)

5515. Arkadjew, A.G.; Braverman, E.M.: siehe: Teil in russischer Sprache (kyrillische Schrift)

5516. Avaneas, N.; Lainiotis, D.: Adaptive speech recognition and synthesis in:
Proceedings of the FIJC on Pattern recognition, Nov. 1973, Washington, D.C., p. 302 (VI.1.)

5517. Bacus, J.W.: An automated classification of the peripheral blood leukocytes by means of digital image processing
Ph. D. Thesis, Univ. of Illinois, Med. Centr. 1971 (VI.4.)

5518. Bacus, J.W.; Gose, E.E.: Leukocyte pattern recognition
IEEE Trans. Systems, Man and Cyb., 1972, 2, 513-526 (VI.4.)

5519. Bacus, J.W.: Design and performance of an automated leukocyte classifier in:
Second Intern. Joint Cinference on Pattern Recognition, Aug. 1974, Copenhagen, p. 374-375
(VI.4.)

5520. Baeuerle, R.: Vibrotaktile Informationsübertragung mit Folgen binärer Zeichen
Kybernetik, 1974, 15, 2, 85-90
(VI.9.)

5521. Bahl, L.R.; Jelinek, F.: Decoding for channels with insertions, deletion and substitutions, with applications to speech recognition to appear in:
IEEE Trans. Informat. Theory, 1975, JT-21, 4, 404-411 (VI.6.6.)

5522. Ball, G.H.: An invariant input for a pattern-recognition machine
Ph. D. Thesis, Department of Electrical Engineering, Stanford University, Stanford Calif., 1962
(VI.8.)

5523. Ball, G.H.: The application of integral geometry to machine recognition of visual patterns
WESCON Paper 6.3., 1962
(VI.8.)

5524. Ball, G.H.; Hall, D.J.: PROMENADE - An on-line pattern recognition system, Rep. No. RADC-TR-67-310, AD 822174
Stanford Res. Inst., Menlo Park, California, 1967 (VI.1.)

5525. Ballard, D.H.; Sklansky, J.: Hierarchic recognition of tumors in chest radiographs in: Proceedings of Second Joint Conference on Pattern Recognition, Aug. 13-15, 1974, Copenhagen, p. 258-263
(VI.4.)

5526. Bajczy, R.; Tavakoli, M.: Computer recognition of roads from satellite pictures in: Proceedings of Second Joint Intern. Conference on Pattern Recognition, Aug. 13-15, 1974, Copenhagen, p. 190-194
(VI.1./8.)

5527. Banerji, R.B.: Some linguistic and statistical problems in pattern recognition
Pattern recognition, 1971, 3, 409-419
(VI.6.6.)

5528. Bang, S.Y.: Analysis, decomposition, synthesis, and applications of higher rank relations
Thesis, Univ. Texas, Austin 1974, 124 pp. (VI.1.)

5529. Barabasch, Ju. L.: siehe: Teil in russischer Sprache (kyrillische Schrift)

5530. Barabasch, Ju. L.; et al.: siehe: Teil in russischer Sprache (kyrillische Schrift)

5531. Baraschko, A.S.; et al.: siehe: Teil in russischer Sprache (kyrillische Schrift)

5532. Batchelor, B.G.: Learning machines for pattern recognition
Ph. D. Thesis, University of Southampton, 1969 (VI.1.)

5533. Batchelor, B.G.: Automatic procedures for varying the complexity of a pattern classifier in: "Machine perception of patterns and pictures"
Institute of physics, conference series, 1972, No. 13, 317 (VI.8.)

5534. Batchelor, B.G.: Growing and pruning a pattern classifier
Information sciences, 1973, 6, 2, 97-122 (VI.9.)

5535. Batchelor, B.G.: Practical approach to pattern classification
Plenum, London, 1974 (VI.1./9.)

5536. Batchelor, B.G.; Hand, D.J.: A preliminary note on pattern classification using incomplete rectors in:
Second Internat. Joint Conference on Pattern Recognition, Aug. 13-15, 1974, Copenhagen (VI.1./IV.1.)

5537. Batchelor, B.G.: Artificial data for pattern recognition: generation and uses in:
Second International Joint Conference on Pattern Recognition, Aug. 1974, p. 10-10, Copenhagen (VI.1.)

5538. Bartels, P.H.; et al.: Cell recognition by neighborhood grouping techniques in TICAS
Acta Cytol., 1970, 14, No. 6, 313-324, AD 710844 (VI.4.)

5539. Barus, C.: An easily mechanized scheme for an adaptive pattern recognizer
IEEE Trans. Elec. Comp., 1966, EC-15, 385-387 (VI.8.)

5540. Baschkirow, O.A.; et al.: siehe: Teil in russischer Sprache (kyrillische Schrift)

5541. Bašarinow, A.E.: Asymptotically extremal procedures for the parametric recognition of forms (Russ.)
Radiotechnika, 1965, 10, 812-816 (VI.1./9.).

5542. Baudry, M.; Dupeyrat, B.: Temporal analysis of the voice signal automatic recognition of spoken words in:
Proceedings of, Second International Joint Conference on Pattern Recognition, Aug. 13-15, 1974, Copenhagen, 356-357
(VI.6.6./9.)

5543. Baumstein, J.R.; et al.: siehe: Teil in russischer Sprache (kyrillische Schrift)

5544. Baumstein, J.R.; et al.: siehe: Teil in russischer Sprache (kyrillische Schrift)

5545. Bechtel, F.K.; et al.: On difference detection, tradeoffs between detection probability and processing complexity
IEEE, Trans. Syst., Man and Cybern., 1975, Vol. SMC-5, No. 4, 446-452
(VI.9.)

5546. Becker, P.W.: The frequency of binary word techniques for recognition of patterns, TIS R66ELS-28
(International publication, General Electric Company), June 1966
(VI.9.)

5547. Becker, P.W.; et al.: A pattern recognizer for the spoken digits, TIS R66 ELS-21
(International Publication, General Electric Company), May 1966
(VI.8./9.)

5548. Becker, P.W.; et al.: Pattern recognition applied to automated testing
IEEE Conference publication No. 91, 82-86, Sept. 1972 (VI.9.)

5549. Becker, P.W.; et al.: Pattern recognition using dynamic pictorial information
IEEE Trans. On Systems, Man and Cybernetics, Vol. SMC. 2, No. 3, 85-87, July 1972 (VI.8./9.)

5550. Becker, P.W.: An introduction to the design of pattern recognition devices
Springer-Verlag, New York - Wien, 1972
(VI.8.)

5551. Becker, P.W.: Recognition of patterns using the frequencies of occurence of binary words
2, revised edition, 1974
Springer-Verlag, Wien, New York
(VI.8./9.)

5552. Beisner, H.M.: A recursive Bayesian approach to pattern recognition
Pattern recognition, 1968, 1, 13-31
(VI.1.)

5553. Bell, D.A.: Decision trees in pattern recognition
Ph. D. Thesis, University of Southampton, 1973 (VI.1.)

5554. Bell, D.A.: Decision trees made easy in:
Second International Joint Conference on Pattern Recognition, Aug. 1974, p. 18-21, Copenhagen
(VI.1.)

5555. Bennett, R.S.: The instrinsic dimensionality of signal collections
Ph. D. Thesis, The John Hopkins Univ. Baltimore, Md. 1965 (VI.9.)

5556. Bennett, J.R.; MacDonald, J.S.: On the measurement of curvature in a quantized environment
IEEE Transactions on computers, 1975, C-24, 8, 803-820 (VI.1.)

5557. Berthod, M.; Maroy, J.P.: Morphological features and sequential information in real time handprinting recognition in:
Second Intern. Joint Conferences on Pattern Recognition, Aug. 13-15, 1974, Copenhagen, p. 358-363
(VI.6.6./9.)

5558. Bhargava, B.K.: Free systems for syntactic pattern recognition
Ph. D. Thesis, Purdue Univ. Lafayette, 1974, 107 pp. (VI.9.)

5559. Bisignani, W.T.: Automated loaded transmission-line testing using pattern recognition techniques
IEEE Trans. Instrum. and Meas., 1975, IM-24, 1-4 (VI.9.)

5560. Blackwell, F.W.: Combining mathematical and structural pattern recognition in:
Second International Joint Conference on Pattern Recognition, Aug. 1974, Copenhagen, p. 78-80
(VI.1.)

5561. Blaydon, C.C.: On a pattern classification result of Aizerman, Braverman, and Rozonoer
IEEE Trans. Info. theory, 1966, ST-12, 82-83 (VI.1./9.)

5562. Blaydon, C.C.; Ho, Y.C.: On the abstraction problem in pattern classification
Proc. NEC, 1966, 22, 857-862
(VI.1.)

5563. Blaydon, C.C.: Recursive algorithms for pattern classification
Techn. Report No. 520, 1967, Harvard Univ., Cambridge, Massachusetts
(VI.1.)

5564. Blaydon, C.C.; Kashyap, R.C.: Recovery of functions from noisy measurements taken at randomly selected points and its application to pattern classification
Proc. IEEE, 54, 1127-1129, 1972
(VI.1.)

5565. Bledsoe, W.W.; Browning, I.: Pattern recognition and reading by machine
Proc. Eastern Joint Computer Conf., 1959, 225-237 (VI.1./6.6.)

5566. Bledsoe, W.W.: Further results on the n-tuple pattern recognition method
IRE Trans. Electro. Comput., 1961, 10, 1-6 (VI.8.)

5567. Bledsoe, W.W.: Some results on multicategory pattern recognition
J. Assoc. computing Machinery, 1966, 13, 304-316 (VI.10.)

5568. Blesser, B.; et al.: A theoretical approach for character recognition based on phenomenological attributes in:
Proceedings, of the FIJC on Pattern recognition, Nov. 1973, Washington D.C., p. 33-40 (VI.6.6.)

5569. Blesser, B.; et al.: Characters recognition based on phenomenological attributes - visible language VIII, 3, 1973
(VI.6.6./9.)

5570. Blin, J.M.; Whinston, A.B.: Combinatorial optimation and preference pattern aggregation
Lecture notes in computer science, Vol. 4 Springer Verlag, Berlin, 1964
(VI.10.)

5571. Blin, J.M.: Patterns and configurations in economic science
D. Reidel Publ. Comp., Dordrecht-Holland, Boston-USA, 1973 (VI.6.1.)

5572. Block, U.; Tasto, M.: Locating objects in complex scenes using a spatial distance measure in:
Proceedings of Second Joint Conference on Pattern Recognition, Aug. 13-15, 1974, Copenhagen, p. 336-340
(VI.4.)

5573. Blum, J.R.: Multidimensional stochastic approximation processes
Ann. Math. Stat., 1954, 25, 463-483
(VI.1.)

5574. Blyumin, S.L.: Selecting a potential function (Russ.)
Avtom. and Telemech., 1974, 35 (9), 167-169 (VI.1./9.)

5575. Bomba, J.S.: Alpha-numeric character recognition using local operations
Proc. East. Joint Comput. Conf., 1959, 16, 218-224 (VI.6.6./9.)

5576. Bongard, M.: Pattern recognition
Spartan books, Washington, D.C., 1970
(VI.1./9.)

5577. Bonner, R.E.: Pattern recognition with three added requirements
IEEE Trans. Electr. Comp., Vol. EC-15, No. 5, 770-781, oct. 1966
(VI.1./8.)

5578. Booth, A.L.: Cloud type pattern recognition using environmental satellite data in:
Proceedings of the FIJC on Pattern recognition, Nov. 1973, Washington D.C., p. 526-533 (VI.8.)

5579. Borriello, L.; Fusco, L.: Matched Filters for signal detection in noisy images in:
Second Internat. Joint Conference on Pattern Recognition, Aug. 13-15, 1974, Copenhagen, p. 517 (VI.8.)

5580. Borriello, L.; et al.: Land and urban area analysis by multispectral satellite's images in:
Second Joint Conference on Pattern Recognition, Aug. 1974, Copenhagen, p. 517 (VI.8.)

5581. Borselino, A.; Gamba, A.: An outline of a mathematical theory of PAPA
Nuovo Cimento Suppl., 1961, 20, 221-231
(VI.1./9.)

5582. Boulton, D.M.; Wallace, C.S.: An information measure for classification
Computer J., 1968, 11, 185-194
(VI.1.1.)

5583. Bowker, J.K.: Edge vector image analysis in:
Second International Joint Conference on Pattern recognition, Aug. 1974, Copenhagen, p. 520-524
(VI.9.)

5584. Braverman, E.M.: siehe: Teil in russischer Sprache (kyrillische Schrift)

5585. Braverman, E.M.; Abramson, N.: Learning to recognize patterns in a random environment
IRE Trans. Information Theory, 1962, IT-8, 58-63 (VI.1.)

5586. Braverman, E.M.: Learning filters for optimum pattern recognition
IRE Trans. Information theory, 1962, IT-8, 280-285 (VI.1./9.)

5587. Braverman, E.M.; Dorofejuk, A.A.: siehe: Teil in russischer Sprache (kyrillische Schrift)

5588. Braverman, E.M.: siehe: Teil in russischer Sprache (kyrillische Schrift)

5589. Braverman, E.M.; Arkedev, A.G.: Computers and Pattern recognition
Thompson, Washington, D.C., 1955
(VI.1.)

5590. Braverman, E.M.; et al.: siehe: Teil in russischer Sprache (kyrillische Schrift)

5591. Braverman, E.M. (Hrsg.): siehe: Teil in russischer Sprache (kyrillische Schrift)

5592. Braverman, E.M.: siehe: Teil in russischer Sprache (kyrillische Schrift)

5593. Braverman, E.M.; et al.: siehe: Teil in russischer Sprache (kyrillische Schrift)

5594. Braverman, E.M.; Arkadjew, A.G.: siehe: Teil in russischer Sprache (kyrillische Schrift)

5595. Breeding, K.J.; Amors, J.O.: A pattern description language PADEL
Pattern Recognition, 1972, 4, 19-36
(VI.10.)

5596. Breeding, K.J.: Review of "computer-oriented approaches to pattern recognition
IEEE Trans. comput., 1973, C-22, 429
(VI.9.)

5597. Bremermann, H.J.: Pattern recognition, functionals, and entropy
IEEE Trans. on Bio-Medical Engineering vol. BME-15, No. 3, 201-207, July 1968
(VI.9./8.)

5598. Brice, C.R.; Fennema, C.L.: Scene analysis using regions
Artificial intelligence, 1970, 1, 205-226
(VI.1.)

5599. Bridle, J.W.; Gregersen, R.J.: CMSR - A personnel information system
Comp. J., 1972, 14 (4), 338-343
(VI.1.)

5600. Brill, E.L.: Character recognition via Fourier descriptor
WESCON Techn. Papers, 1968, session 25, Los Angeles, California
(VI.6.6./9.)

5601. Brill, E.L.; et al.: Some approaches to character recognition for postal address reader Applications
Proc. Auto. Pattern Recogn., pp. 19-40 (Nat. Security Industrial Asso.) Washington, D.C., May 1962
(VI.8./9.)

5602. Broadbent, D.E.: The sixth annual fairy lecture: Waves in the eye and ear
J. Sound Vib., 1975, 41, 1, 113-126
(VI.8.)

5603. Brogan, W.; Edison, A.R.: Automatic classification of grains via pattern recognition techniques
Pattern recognition, London, New York 1974, 6, 2, 97-103 (VI.1./V.1.)

5604. Browning, J.; Bledsoe, W.W.: Pattern recognition and reading by machine
Proc. Eastern Joint Computer Conf., 1959, 225-237 (VI.1./6.6.)

5605. Bugaez, A.N.; et al.: siehe: Teil in russischer Sprache (kyrillische Schrift)

5606. Bugaez, A.N.; et al.: siehe: Teil in russischer Sprache (kyrillische Schrift)

5607. Bugaez, A.N.; et al.: siehe: Teil in russischer Sprache (kyrillische Schrift)

5608. Bugaez, A.N.; et al.: siehe: Teil in russischer Sprache (kyrillische Schrift)

5609. Burkhard, J.H.; Penny, S.J.: Multidimensional correlation lattices as an aid to three dimensional pattern recognition
Spring Joint Comp. Conf. Proc., 1966, 449-456 (VI.1.)

5610. Cady, L.D.; et al.: A method for electrodiagram wave pattern recognition
Circulation Research, 1961, 9, 1078-1082 (IV.8.)

5611. Caianiello, E.R.: A calculus for hierarchical systems in:
Proceedings of the FIJC on pattern recognition, Nov. 1973, Washington, D.C., p. 1-2 (VI.1.)

5612. Calabi, L.; Hartnett, W.E.: Shape recognition, Prairie fires, convex deficiencies and skeletons
Amer. Math. Monthly, 1968, 75, 335-342 (VI.1.8.)

5613. Calvert, T.W.: Projections of multidimensional data for use in man computer graphics
Proc. FJCC, 1968, 227-231
Thompson Book Co., Washington, D.C. (VI.8.)

5614. Calvert, T.W.; Young, T.Y.: Randomly generated non-linear Transformation for pattern recognition
IEEE Trans. Systems Science and Cybernetics, 1969, SSC-5, 266-273 (VI.1.)

5615. Calvert, T.W.: Nonorthogonal projections for feature extraction in pattern recognition
IEEE Trans. Computers, 1970, C-19, 447-452 (VI.8.)

5616. Carne, E.B.: Artificial intelligence techniques
Washington, D.C.: Spartan Division (Books, Inc.), 1965 (VI.1.9.)

5617. Casparsson, T.; et al.: Chromosome identification
New York: Academic Press; Stockholm,
1973 (VI.3.4.)

5618. Casrey, R.L.; Coates, C.L.: Machine recognition of
handprinted characters
Hawai Congress, 1973, 150-153
(VI.6.6./9.)

5619. Chandrasekaran, B.; Kanal, L.: On dimensionality and
sample size in statistical pattern
classification
Proc. Nat. Electronics Conf., 1968, 24,
2-7 (VI.1./IV.1.)

5620. Chandrasekaran, B.; Harley, T.J. (Jr.): Comments
"On the mean accuray of statistical
pattern recognizers"
IEEE Trans. Info. Theory, 1969, IT-15,
421-423 (VI.9.)

5621. Chandrasekaran, B.: Independence of measurements and
the mean recognition accuracy
IEEE Trans. Information theory, 1971,
IT-17, 452-456 (VI.9.)

5622. Chandrasekaran, B.; Jain, A.K.: Distance functions
for independent measurements and finite
sample size in:
Proceedings of Second International
Joint Conference on Pattern Recognition,
Aug. 13-15, 1974, Copenhagen, p. 41-42
(VI.1.)

5623. Chang, J.K.; Dwyer, S.J.: New multiclass classification
method: Modified maximum likelihood
decision rule in:
Proceedings of the FIJC on Pattern
recognition, Nov. 1973, Washington, D.C.,
p. 334-339 (VI.1.)

5624. Chang, J.K.; Dwyer, S.J. III: New approach to
measurement selection in pattern
recognition in:
Proceedings of Second Intern. Joint
Conference on Pattern Recognition,
Aug. 13-15, 1974, Copenhagen. p. 35-40
(VI.1.)

5625. Chang, Y.H.; Chien, R.T.: Recognition of curved
objects and object assemblies in:
Proceedings of the Second Joint Intern.
Conference on Pattern Recognition, Aug.
13-15, 1974, Copenhagen, p. 496-501
(VI.1.)

5626. Charkewitsch, A.A.: siehe: Teil in russischer Sprache (kyrillische Schrift)

5627. Charkewitsch, A.A.: siehe: Teil in russischer Sprache (kyrillische Schrift)

5628. Chateauneuf, F.; Roche, C.: Reconnaissance de la parole par l'algorithme d'apprentissage d'opérateurs 5 ème journeés d'études sur la parole du groupement des acousticiens de langue française
Orsay, May 1974 (VI.8.)

5629. Chen, C.H.: A computer searching criterian for best feature set in character recognition
Proc. IEEE, 1965, vol. 53, No. 12, 2118-2129 (VI.9./6.6.)

5630. Chen, C.H.: A note on a sequential decision approach to pattern recognition and machine learning
Information and control, sec. 1966, vol. 9, No. 6, 549-562
(VI.9.)

5631. Chen, C.H.: A theory of Bayes learning systems
IEEE Trans. Systems science and cybernetics, 1969, SSC-5: 30-37
(VI.1./9.)

5632. Chen, C.H.; Andrews, H.C.: Nonlinear intrinsic dimensionality computations
IEEE Trans. Comput., 1974, C-23, 178-184
(VI.1.)

5633. Chen, C.H.; Siy, P.: Fuzzy logic for handwritten numerical character recognition
IEEE Trans. Syst. Man and Cybernetics, New York SMC-4, 1974, 6, 570-575
(VI.6.6./9.)

5634. Chen, C.H.: Feature extraction and computational complexity in seismological pattern recognition
Paper in SIJCPR, 1974
(VI.8.)

5635. Chen, C.H.: On the complexity and recognition rates in feature selection in:
Proceedings of the FIJC on Pattern recognition, Nov. 1973, Washington, D.C., p. 340 (VI.1./8.)

5636. Chen, C.H.: Theoretical comparison of statistical feature selection criteria for realtime Pattern Recognition
U.S. Gov. Repts. Announce, 1973, Vol. 73, No. 9, 12 pp. (VI.1.)

5637. Chen, C.H.: Feature extraction and computational complexity in seismological pattern recognition in:
Second International Joint Conference on Pattern Recognition, Aug. 1974, Copenhagen, p. 294-300
(VI.8.)

5638. Chernoff, H.: Metric conside-rations in cluster analysis
Proc. of the Sixth Berkeley Symposium on Math. Stat. and Prob., 1970
(VI.1./IV.1.)

5639. Chien, C.H.: On class of computationally efficient feature selection criteria
Pattern recognition, 1975, 7 (1-2), 87-94 (VI.1./8.)

5640. Chien, R.T.; Chang, Y.K.: Recognition of curved objects and object assemblies in:
Proceedings of the Second Joint Intern. Conference in Pattern Recognition, Aug. 13-15, 1974, Copenhagen, p. 496-501
(VI.1.)

5641. Chien, Y.T.; Fu, K.S.: A modified sequential recognition machine using time-varying stopping boundaries
IEEE Trans. Information Theory, 1966, IT-12, 206-214 (VI.10.)

5642. Chien, Y.T.; Fu, K.S.: Sequential recognition using a nonparametric ranking procedure
IEEE Trans. Information Theory, 1967, IT-13, 484-492 (VI.1./9.)

5643. Chien, Y.T.; Fu, K.S.: On Bayesian learning and stochastic approximation
IEEE Trans. Systems Science and Cybernetics, 1967, SSC-3, 28-38
(VI.1./9.)

5644. Chien, Y.T.: Preprocessing and feature extraction of picture patterns
Ph. D. Thesis, Purdue Univ. Lafayette, 1974, 162 pp. (VI.1./9.)

5645. Chien, Y.T.; et al.: Recognition of X-ray picture patterns
IEEE Trans. on systems. man, and cybernetics, March 1974, vol. SMC-4, No. 2, 145-156 (VI.8.)

5646. Chitavichius, R.; et al.: Word recognition by using explicit structural relation
Technical cybernetics
Proceedings of the Academy of sciences of USSR, 1973, No. 2
(VI.9.)

5647. Chitavichius, R.; et al.: Automatic recognition of reduced set of words by using implicit structural relations
The acoustical journal
Proceedings of the Academy of sciences of USSR, 1973, vol. XIX.
(VI.8./9.)

5648. Chitavichius, R.; et al.: Word recognition on the basis of structural properties of speech signal in:
Second Intern. Joint Conference on Pattern Recognition, Aug. 1974, Copenhagen, p. 382-383 (VI.6.6./9.)

5649. Cho, Y.E.: The generating properties of context free picture grammars in:
Second Internat. Joint Conference on Pattern Recognition, Aug. 1974, Copenhagen, p. 90-94 (VI.6.6.)

5650. Chornoshtan, E.P.: Procedure for forming an hierarchic system for finding the characteristic parameters describing images II. (Russ.)
Prob. Bioniki, 1975, 14, 135-144
(VI.8.)

5651. Chow, C.U.: An optimum character recognition system using decision functions
IRE Trans. Electronic Computers, 1957, ED-6: 247-253 (VI.8./1.)

5652. Chow, C.K.: A recognition method using neighbor dependence
IRE Trans. Elec. Comp., 1962, EC-11, 683-690 (VI.1.)

5653. Chow, C.K.: Statistical independence and threshold functions
IEEE Trans. on computers, EC-14, 1965, 66-68 (VI.1.)

5654. Chow, C.K.; Liu, C.N.: An approach to structure adaptation in pattern recognition
IEEE Trans. Sys. Sci. Cyb., 1966, SSC-2, 73-80 (IV.1./9.)

5655. Chow, C.K.: A class of nonlinear recognition procedures
IEEE Trans. Sys. Sci. Cyb., 1966, SSC-2, 101-109 (VI.1./9.)

5656. Chow, C.K.: On optimum recognition error and reject tradeoff
IEEE Trans. Information theory, 1970, JT-16: 41-46 (VI.1./9.)

5657. Christensen, R.A.: A general approach to pattern discovery
Technical report No. 20, 1970
Univ. of California computer center (VI.1.)

5658. Christov, P.: Some aspects of vowel recognition by the waveform
The 6th International congress on acoustics, Paper B-4-8, Tokyo, Japan, Aug. 21-28, 1968 (VI.8.)

5659. Chu, J.T.: Optimal decision functions for computer character recognition
J. Assoc. Computing Machinery, 1965, 12, 213-226 (VI.1.)

5660. Chu, J.T.; Chueh, J.C.: Error probability in decision functions for character recognition
J. Assoc. Computing Machinery, 1967, 14, 273-280 (VI.6.6./9.)

5661. Chu, J.T.: Some new error bounds and approximations for pattern recognition
IEEE Transactions on computers, 1974, C-23, 2, 194-198 (VI.1./9.)

5662. Chu, K.C.: Applications of artificial intelligence to chemistry: Use of pattern recognition and cluster analysis to determine the pharmacological activity of some organic compounds
Anal. Chem., 1974, 46 (9), 1181-1187 (VI.4./8./IV.4./8.)

5663. Chu, K.C.; et al.: Pattern recognition and structure-activity relationship studies: Computer-assisted prediction of antitumor activity in structurally diverse drugs in an experimental mouse brain tumor system
J. Med. Chem., 1975, 18, 6, 539-545
(VI.4./IV.4.)

5664. Chueh, J.C.; Chu, J.T.: Error probability in decision functions for character recognition
J. Assoc. Computing Machinery, 1967, 14, 173-280 (VI.6.6./9.)

5665. Clapper, G.L.: Automatic word recognition
IEEE Spectrum, 1971, vol. 8, No. 8, 57-69
(VI.6.6./9.)

5666. Clark, W.A.; Farley, B.G.: Generalization of pattern recognition in a selforganizing system
Proc. West. Joint Comput. Conf., 1955, 86-91 (VI.9.)

5667. Clemens, J.K.; Mason, S.J.: Character recognition in an experimental reading machine for the blind in: Recognizing patterns, pp. 156-167, P.A. Kolers and M. Eden, eds.
MIT Press, Cambridge, Mass., 1968
(VI.6.6./9.)

5668. Clowes, M.B.: The use of multiple autocorrelation in character recognition
Opt. char. Rec., Spartan books, 1962
(VI.6.6.)

5669. Coates, C.L.; Casrey, R.L.: Machine recognition of handprinted characters
Hawai Congress, 1973, 150-153
(VI.6.6./9.)

5670. Cochran, W.G.; Hopkins, C.E.: Some classification problems with multivariate qualitative data
Biometrics, 1961, 17, No. 1, 10-32
(VI.1./V.1.)

5671. Cohen, P.S.; Mercer, R.L.: The phonological component of an automatic speech-recognition system in: Proc. IEEE Symp. Speech recognition, 1974, 177-188 (VI.6.6.)

5672. Connor, D.J.: Lateral inhibition and the area operator in visual pattern Recognition
Ph. D. Dissertation, Dep. Elec. Eng., Univ. British Columbia, Vancouver, B.C., June 1969 (VI.8.)

5673. Constantinescu, P.: The classification of a set of elements with respect to a set of properties
Computer journal, 1966, 8, 352-357
(VI.10.)

5674. Cooper, D.B.; Cooper, P.W.: Nonsupervised adaptive signal detection and pattern recognition
Information and Control, 1964, 7, 416-444
(VI.9.)

5675. Cooper, D.B.; Freeman, J.H.: On the asymptotic improvement in the outcome of supervised learning provided by additional non-supervised learning
IEEE Trans. Computer, 1970, C-18, 1055-1063 (VI.9.)

5676. Cooper, D.B.: Feature selection and super data compression for pictures occuring in remote conference and classroom, Communication in:
Second International Joint Conference on Pattern Recognition, Aug. 1974, Copenhagen, p. 111-115
(VI.9.)

5677. Cooper, P.W.: The hypersphere in pattern recognition
Information and Control, 1962, 5, 324-346
(VI.9.)

5678. Cooper, P.W.: The hyperplane in pattern recognition
Cybernetica, 1962, 5, 215-238
(VI.9.)

5679. Cooper, P.W.: Some topics on nonsupervised adaptive detection for multivariate normal destributions. In: Computer and information sciences II (ed.): J.T. Tou, 123-146, 1971
Academic Press (VI.9.)

5680. Cooper, P.W.: Quadratic discriminant functions in pattern recognition
IEEE Trans. Information theory, 1965, IT-11, 313-315 (VI.9.)

5681. Cover, T.M.: Geometrical and statistical properties of linear inequalities with applications in pattern recognition
IEEE Trans. Electron. Comput., 1965, EC-14, 326-334 (VI.8.)

5682. Cover, T.M.; Hart, P.E.: Nearest neighbor pattern classification
IEEE Trans. Information theory, 1967, IT-13, 21-27 (VI.1./V.1.)

5683. Cover, T.M.: Estimation by the nearest neighbor rule
IEEE Trans. Information Theory, 1968, IT-14, 50-55 (VI.1.)

5684. Cover, T.M.: Rates on convergence of nearest neighbor decision procedures
Proc. First Annual Hawaii conference on Systems Theory, 1968, 413-415 (VI.1.)

5685. Cover, T.M.: Learning in pattern recognition in: Methodologies of pattern recognition, pp. 111-132, S. Watanabe (ed.)
Academic Press, New York, 1969 (VI.1./9.)

5686. Cover, T.M.: A complexity foundation for pattern recognition and inference in:
Second International Joint Conference on Pattern Recognition, Aug. 1974
Copenhagen, p. 517 (VI.9.)

5687. Cowan, S.T.: The philosophy of classification
The journal of general microbiology, 1955, 12, 314-319 (VI.6.3./V.6.3./IV.6.3.)

5688. Cox, C.; et al.: The application of type for analysis to automatic character recognition in:
Second Internat. Joint Conference on Pattern Recognition, Aug. 1974, Copenhagen, p. 517 (VI.6.6./9.)

5689. Cruse, H.: An application of the cross-correlation coefficient to pattern recognition of honey bees
Kybernetik, 1974, 15, 2, 73-84 (VI.3.1.)

5690. Csivi, S.: Results of Soviet-Hungarian research on information theory, recognition problems and in developing computer techniques for heart and circulation system examination (Ungarisch)
Meres and Autom., 1974, 22 (12), 457-461 (VI.4.)

5691. Cuadra, C.A.: A feasibility study for automated fingerprint identification
Tech. Memorandum, TM-3007, Syst. Dev. Corp., 1966 (VI.9.)

5692. Cupta, J.N.; Winth, P.A.: Computer Processing algorithm for locating boundaries in digital pictures
in: Second International Joint Conference on Pattern Recognition, Aug. 13-15, 1974 Copenhagen, p. 155 (VI.1.)

5693. Dagbert, M.; David, M.: Pattern recognition and geochemical data: An application to Monteregian Hills
Can. J. Earth Sc., 1974, 11 (11), 1577-1585 (VI.8.)

5694. Dammann, J.E.; Mattson, R.C.: A technique for determining and coding subclasses in pattern recognition problems
IBM Journal of research and development, 1965, 9, 294-302 (VI.1.)

5695. Dasarathy, B.V.: A new non-parametric feature selection criterion - "EFFECT"
J. Indian Inst. Sci., 1974, 56 (1), 1-9 (VI.8.)

5696. Dasarathy, B.V.; Lakshminarasimhan, A.L.: A unified approach to feature selection and learning in unsupervised environments
IEEE Transactions on computers, 1975, C-24, 9, 948-952 (VI.1.)

5697. David, M.; Dagbert, M.: Pattern recognition and geochemical data: An application to Monteregian Hill
Can. J. Earth Sc., 1974, 11 (11), 1577-1585 (VI.8.)

5698. Davis, W.A.; Smith, M.W.: A new algorithm for edge detection in:
Second Intern. Joint Conference on Pattern Recognition, Aug. 13-15, 1974, Copenhagen, p. 150-151 (VI.8.)

5699. Deckers, C.: Theoretical study of the influence of partial coherence on pattern recognition
Opt. acta, 1975, 22 (6), 479-483 (VI.8.)

5700. Degtyar, V.K.; Finkel'shteyn, M.Ya.: Classification algorithms based on construction of convex hulls of sets (Russ.)
Tekh. Kibern., 1974, 12 (2), 192-197 (VI.9.)

5701. Deeming, T.J.: Stellar spectral classification
Monthly Notices Roy. Astronom. Soc., 1964, 127, 493-516 (VI.8.)

5702. Demirem, F.: Multivariate procedures and FORTRAN IV program for evaluation and improvement of classifications
Comput. Contrib., 31, State Geol. survey, Univ. of Kansas, Lawrence, Kansas, 1969 (VI.10./IV.10.)

5703. Deutsch, J.A.: A theory of shape recognition
Brit. J. Psychol., 1955, 46, 30-37 (VI.2.)

5704. Deutsch, J.A.: The structural basis of behavior
Chicago: University of Chicago, Press 1960 (VI.2.1.)

5705. Deutsch, S.: Conjectures on mammalian neuron networks for visual pattern recognition
IEEE Trans. on systems science and cybernetics, 1966, SSC-2, 81-85 (VI.9.)

5706. Devijver, P.A.: On an asymptotic property of the least-mean-square-error design criterion in pattern recognition
Philips Res. Rep., 1973, Vol. 28, 37-49 (VI.9.)

5707. Devijver, P.A.: Relationships between statistical risks and the least-mean-square-error design criterion in pattern recognition in:
Proceedings of the FIJC on pattern recognition, Nov. 1973, Washington, D.C., p. 139-148 (VI.1.)

5708. Devijver, P.A.: On a new class of bounds on Bayes risk in multihypothesis pattern recognition
IEEE Trans. Comput., 1974, C-23, 70-80 (VI.9./1.)

5709. Devijver, P.A.: On a generalization of the Bayesian distance in:
Second Intern. Joint Conference on Pattern Recognition, Aug. 1974, Copenhagen, p. 52-55 (VI.1.)

5710. Diday, E.: Analyse factorielle typologique
Rapport Labor., 1973, No. 27, IRIA Rocquencourt (VI.1./IV.1.)

5711. Diday, E.: Optimization in non-hierarchical clustering
Pattern recognition, New York 1974, 6, 1, 17-33 (VI.1./IV.1.)

5712. Diday, E.: Recent progress in distance and similarity in:
Second Intern. Joint Conference on Pattern Recognition, Aug. 1974, Copenhagen, p. 534-539 (VI.1.1./IV.1.1.)

5713. Diday, E.: Classification automatique sequentielle pour grands tableaux in:
Second International Joint Conferene on Pattern Recognition, Aug. 1974, Copenhagen, p. 331-335 (VI.1./IV.1.)

5714. Diday, E.: Classification automatique séquentielle pour grands tableaux
Rev. franc. automat. inform. rech. opér., 1975, 1, 29-69 (VI.1./IV.1.)

5715. Dimitrov, V.: Multilayered stochastic languages for pattern recognition in:
Proceedings of the FIJC on Pattern recognition, Nov. 1973, Washington, D.C., p. 413-415 (VI.6.6./9.)

5716. Dinnean, G.P.: Programming pattern recognition
Proc. W.J. CC, 1955, 94-100 (VI.1.)

5717. Dinstein, I.; Haralick, R.M.: A spatial clustering procedure for multi-image data
IEEE Trans. Circuits and Syst., 1975, CAS-22, No. 5, 440-450 (VI.9.)

5718. Dirilten, H.: Applications of group theory to pattern recognition
Ph. D. Thesis, Texas Techn. Univ. Lubbock, 1974, 86 pp. (VI.8.)

5719. Dixon, N.R.: Some problems in automatic recognition of continous speech and their implications for pattern recognition in:
Proceedings of the FIJC on Pattern recognition, Nov. 1973, Washington, D.C., p. 303-306 (VI.6.6.)

5720. Dmitriew, A.N.; et al.: siehe: Teil in russischer Sprache (kyrillische Schrift)

5721. Dolby, J.L.: Some statistical aspects of character recognition
Technometrics, 1970, 12, 231-245 (VI.6.6./.9.)

5722. Donaldson, R.N.; Toussaint, G.T.: Algorithm for recognizing contour-traced handprinted characters
IEEE Trans. on Comp., 1970 (VI.8.)

5723. Dorofejuk, A.A.; Braverman, E.M.: siehe: Teil in russischer Sprache (kyrillische Schrift)

5724. Dorofejuk, A.A.: siehe: Teil in russischer Sprache (kyrillische Schrift)

5725. Dorofejuk, A.A.: siehe: Teil in russischer Sprache (kyrillische Schrift)

5726. Dorofejuk, A.A.; Torgowitzkij, I.Sch.: siehe: Teil in russischer Sprache (kyrillische Schrift)

5727. Dorofejuk, A.A.: siehe: Teil in russischer Sprache (kyrillische Schrift)

5728. Dorofejuk, A.A.; et al.: siehe: Teil in russischer Sprache (kyrillische Schrift)

5729. Dorofejuk, A.A.: siehe: Teil in russischer Sprache (kyrillische Schrift)

5730. Dorofejuk, A.A.; Torgowitzkij, J.Sch.: siehe: Teil in russischer Sprache (kyrillische Schrift)

5731. Dorofejuk, A.A.; et al.: siehe: Teil in russischer Sprache (kyrillische Schrift)

5732. Dowling, G.R.; Hall, P.A.V.: Elastic template matching in speech recognition, using linguistic information in:
Second Intern. Joint Conference on Pattern Recognition, Aug. 1974, Copenhagen, p. 249-250 (VI.6.6.)

5733. Doyle, W.: Recognition of sloppy, hand-printed characters
Proc. WJCC, 1960, 133-142 (VI.8.)

5734. Doyle, L.B.: Breaking the cost barrier in automatic classification
Prof. Pap., SP-2516, AD 636837, Systems Develop. Corp., Santa Monica, California, 1966 (VI.8.)

5735. Drewes, B.: Learning class description of line patterns in:
Second International Joint Conference on Pattern Recognition, Aug. 1974, Copenhagen, p. 116-117 (VI.9.)

5736. Drewes, B.: Pattern recognition using graph representation and models of memory
Proc. 7th Int. Cybernetics Congress, Namur, Belgium 1973 (VI.1./9.)

5737. Dubes, R.C.: Information compression, structure analysis and decision making with a correlations matrix, AD 720811, 1970
Michigan, State Univ., East Lansing, Michigan (VI.9.)

5738. Dubes, R.C.; Hung, A.Y.: An introduction to multiclass pattern recognition in unstructured situations
Interim. Sci. Rep. No. 12, AD 720812, Div. of Eng. Res., Michigan State Univ., East Lansing, Michigan, 1971
(VI.9.)

5739. Duda, R.O.; Singleton, R.C.: Training a threshold logic unit with imperfectly classified patterns
WESCON Paper 32., 1964
(VI.1.)

5740. Duda, R.O.; Hart, P.E.: Experiments in the recognition of handprinted text: Part II - context analysis
Proc. FJCC, 1968, 33, 1139-1149
(VI.6.6.)

5741. Duda, R.O.; Hart, P.E.: Pattern recognition and scene analysis
John Wiley, New York, 1973
(VI.1./8.)

5742. Dudani, S.A.: An experimental study of moment methods for automatic identification of three-dimensional objects from television images
Ph. D. Thesis, The Ohio State University, Columbus, Ohio, Aug. 1973
(VI.9.)

5743. Dudani, S.A.: The distance-weighted k-nearest neighbor decision rule in: Second Internat. Joint Conference on Pattern Recognition, Aug. 1974, Copenhagen, p. 58-59 (VI.1.)

5744. Duewer, D.L.; et al.: Source identification of oil spills by pattern recognition analysis of natural elemental composition Anal. Chem., 1975, 47, 9, 1573-1583 (VI.3.1./8.)

5745. Duin, R.P.W.; van Haersma Buma, C.E.: Some methods for the selection of independent binary features in: Second Intern. Joint Conference on Pattern Recognition, Aug. 13-15, 1974, Copenhagen, p. 65-70 (VI.1.)

5746. Dunn, J.C.: Continous group averaging and pattern classification problems SIAM J. Comput., 1973, Vol. 2, 253-272 (VI.1.)

5747. Dupeyrat, B.; Bandry, M.: Temporal analysis of the voice signal automatic recognition of spoken words in: Proceedings of Second Internat. Joint Conference on Pattern Recognition, Aug. 13-15, 1974, Copenhagen, 356-357 (VI.6.6./9.)

5748. Dwyer, S.J.; Chang, J.K.: New multiclass classification method: Modified maximum likelihood decision rule in: Proceedings of the FIJC on Pattern recognition, Nov. 1973, Washington, D.C., p. 334-339 (VI.1.)

5749. Dwyer, S.J.III; Chang, J.K.: New approach to measurement selection in pattern recognition in: Proceedings of Second Intern. Joint Conference on Pattern Recognition, Aug. 13-15, 1974, Copenhagen, p. 35-40 (VI.1.)

5750. Dykema, C.A.: A computer simulation study of the application of contextual constraints to character recognition M.A.Sc. Thesis, University of British Columbia, 1970 (VI.6.6./9.)

5751. Eddy, R.P.: Class membership criteria and pattern recognition, Rep. 2524, AD 834208 Naval Ship Res. and Develop. Center, Washington, D.C. (VI.1./IV.1.)

5752. Eden, M.; Mermelstein, P.: A system for automatic recognition for handwritten words AFIPS, 1964 (VI.6.6.)

5753. Eden, M.; Mermelstein, P.: Experiments on computer recognition of connected handwritten words Info. and control, 1964, 7, 250-270 (VI.6.6.)

5754. Eden, M.; Yoshida, M.: Handwritten chinese character recognition by an analysis - by - synthesis method in: Proceedings of the FIJC on Pattern recognition, Nov. 1973, Washington, D.C., p. 197-206 (VI.6.6.)

5755. Edgar, A.M.: A system of pattern recognition independent of displacement, scale and orientation Royal aircraft Est., Tech. Rept., No. 66367, Nov. 1966 (VI.8.)

5756. Edie, J.; Sebestyen, G.S.: An algorithm for non-parametric pattern recognition IEEE Trans. Electronic Computers, 1966, EC-15, 908-915 (VI.10.)

5757. Edison, A.R.; Brogan, W.: Automatic classification of grains via pattern recognition techniques Pattern recognition, London, New York 1974, 6, 2, 97-103 (VI.1./V.1.)

5758. Edwing, G.D.; Taylor, J.F.: Computer recognition of speech using zerocrossings information IEEE Trans., 1969, Vol. AV 17, A, 37-40 (VI.6.6./9.)

5759. Eganow, E.A.; Woronin, Ju.A.: siehe: Teil in russischer Sprache (kyrillische Schrift)

5760. Ehrich, R.W.; Riseman, E.M.: Contextual word recognition using binary diagrams IEEE Trans. Comput., 1971, C-20, 397-403 (VI.6.6.)

5761. Ehrich, R.W.: A contextual post-processor for cursive script recognition-summary in: Proceedings of the FUJC on Pattern recognition, Nov. 1973, Washington, D.C., p. 169-171 (VI.6.6.)

5762. Eklundh, J.O.: Objects selection in SEM images in: Second Intern. Joint Conference on Pattern Recognition, Aug. 1974, Copenhagen, p. 364-365 (VI.1.)

5763. Eleccion, M.: Automatic fingerprint identification IEEE Spectrum, 1973, Vol. 10, No. 9, 36-45 (VI.8.)

5764. Ellson, D.G.: A method for identifying pattern clusters in test score profiles American Psychologist, 1947, 2, 425 (VI.2.1.)

5765. Elsmann, G.: Automatische Auswertung von Biosignalen mit speziellen Mustererkennungsverfahren Acta Biol. Med. Ger., 1974, 55-67 (VI.3.1.)

5766. Endeladse, E.L.; Pawlenko, W.W.: siehe: Teil in russischer Sprache (kyrillische Schrift)

5767. Endou, H.; et al.: An experimental hardware for two-dimensional pattern data processing in: Proceedings of the FIJC on Pattern recognition, Nov. 1973, Washington, D.C., p. 274 (VI.10.)

5768. Evans, F.C.; Tucker, N.D.: A two-step strategy for character recognition using geometrical moments in: Second Intern. Joint Conference on Pattern Recognition, Aug. 13-15, 1974, Copenhagen, p. 223-225 (VI.6.6.)

5769. Evans, T.G.: A grammar controlled pattern analyser Information processing, 68 - North Holland Publ. Company - Amsterdam, 1969 (VI.6.6./9.)

5770. Evans, T.G.: Grammatical inference techniques in pattern analysis in: Software engineering, Vol. 2, pp. 183-202, J.T. Tou (ed.), Academic Press, New York 1971 (VI.6.6./9.)

5771. Farley, B.G.; Clark, W.A.: Generalization of pattern recognition in a self-organizing system
Proc. West. Joint Comput. Conf., 1955, 86-91 (VI.9.)

5772. Farley, B.G.; et al.: Computer techniques for the study of patterns in the electro-encephalogram
Techn. Rept., No. 337, 1957, MIT, Lincoln Lab. (VI.4.)

5773. Feigenbaum, E.A. ;Feldman, J. (ed.): Computers and thought
McGraw-Hill, New York, 1963
(VI.1.)

5774. Feinberg, E.L.; Gershmam, S.G.: On the measurement of the correlation coefficient
Soviet Phys. Acoust., 1955, 1, 340-352
(VI.1.1./IV.1.1.)

5775. Feldbaum, A.A.: siehe: Teil in russischer Sprache (kyrillische Schrift)

5776. Feldman, J.; Feigenbaum, E.A. (eds.): Computers and thought
Mc-Graw-Hill, New York, 1963
(VI.1.)

5777. Feng, H.-Y.F.; et al.: Decomposition of polygons in to simpler components - feature generation for syntactic pattern recognition
IEEE Trans. Comput., 1975, C-24, No. 6, 635-650 (VI.9.)

5778. Fennema, C.L.; Brice, C.R.: Scene analysis using regions
Artifical intelligence, 1970, 1, 205-226
(VI.1.)

5779. de Figueiredo, R.J.P.: Optimal linear and nonlinear feature extraction based on the minimization of the increased risk of misclassification in:
Second Intern. Joint Conference on Pattern Recognition, Aug. 1974, Copen-hagen, p. 517 (VI.1./IV.1.)

5780. Finkel'shteyn, M.Ya.; Degtyar, V.U.: Classification algorithms based on construction of convex hulls of sets (Russ.)
Tekh. Kibern., 1974, 12 (2), 192-197
(VI.9.)

5781. Firschein, O.; Fischler, M.: Automatic subclass determination for pattern recognition applications
IEEE Trans. Electronic Comput., 1963, EC-12, 137-141 (VI.1.)

5782. Fisher, G.L.; et al.: Optical character recognition
Spartan books, Washington, D.C., 1962
(VI.8.)

5783. Fischer, F.P.; Patrick, E.A.: A generalization of the k-nearest neighbor rule
Information and Control, 1970, 16, 128-152
(VI.1./IV.1.)

5784. Fischler, M.; Firschein, O.: Automatic subclass determination for pattern recognition applications
IEEE Trans. Electronic Comput., 1963, EC-12, 137-141 (VI.1.)

5785. Foley, D.H.; Sammon, J.W.: An optimal set of discriminant vectors
IEEE Transactions on computers, 1975, C-24, 3, 281-289 (VI.1.)

5786. Foote, R.H.: Moving target discriminator
USA Patent No. 3507992, 1970
(VI.8.)

5787. Forgie, J.W.; Forgie, C.D.: Results obtained from a vowel recognition computer program
J. Acoust. Soc. Amer., 1959, 31, 1480-1484 (VI.6.6.)

5788. Forney, G.D., Jr.: The Viterbi algorithm
Proc. IEEE, 1973, Vol. 61, 268-278
(VI.10.)

5789. Foster, D.H.: An approach to the analysis of the underlying structure of visual space using a generalized notion of visual pattern recognition
Biol. Cybern., 1975, 17, 2, 77-80
(VI.3.1./9.)

5790. Fram, J.R.; et al.: On the quantitative evaluation of edge detection schemes and their comparison with human performance
IEEE Trans. Comput., 1975, C-24, 6, 616-628 (VI.2.1./9.)

5791. Fralick, S.C.: Synthesis of machines which learn without teacher
Stanford Elect. Lab., Tech. Rept. No. 6103-8, April 1964
(VI.8.)

5792. Fralick, S.C.: Learning to recognize patterns without a teacher
IEEE Trans. Information Theory, 1967, IT-13: 57-64 (VI.9.)

5793. Freedman, M.D.: Optical character recognition
IEEE Spectrum, 1972, Vol. 11, No. 3, 44-52 (VI.8.)

5794. Freeman, H.: On the digital computer classification of geometric line patterns in:
Proc. Nat. Electron. Conf., 1962, Vol. 18, 312-324 (VI.8.)

5795. Freeman, H.; Gerder, L.: A pictorial jigsaw puzzles: The computer solution of a problem in pattern recognition
IEEE Trans. Electron. Comput., 1964, EC-13, 118-127 (VI.8./VI.1.)

5796. Fritz, J.: Distribution - free exponential error bound for nearest neighbor pattern classification
IEEE Trans. Inf. Theory, 1975, IT-21 (5), 552-557 (VI.1.)

5797. Fritzsche, D.L.: A systematic method for character recognition
Anntenna Lab., Ohio State Univ. Res. Foundation, Columbus, Ohio, Rep. 1222-4 (AD-268,360) prepared under Contract AF 33 (616) - 7843 for Aeronautical Syst. Div., Wright Patterson AFB, Ohio, Nov. 15, 1961 (VI.6.6.)

5798. Fu, K.S.: A sequential decision model for optimum recognition
Biological Prototypes and Synthetic Systems, vol. 1, Plenum, New York, 1962 (VI.3.1.)

5799. Fu, K.S.; Nikolic, Z.J.: Algorithm for learning without external supervision and its application to learning control
IEEE Trans. Automatic Control, 1966, AC-11, 414-422 (VI.1./.9.)

5800. Fu, K.S.; Chien, Y.T.: A modified sequential recognition machine using time-varying stopping boundaries
IEEE Trans. Information Theory, 1966, IT-12, 206-214 (VI.10.)

5801. Fu, K.S.; Chien, Y.T.: On Bayesian learning and stochastic approximation
IEEE Trans. Systems Science and Cybernetics, 1967, SSC-3, 28-38
(VI.1./9.)

5802. Fu, K.S.; Chien, Y.T.: Sequential recognition using a nonparametric ranking procedures
IEEE Trans. Information Theory, 1967, IT-13, 484-492 (VI.1./9.)

5803. Fu, K.S.; et al.: A dynamic programming approach to sequential pattern recognition
IEEE Trans. Electronic Computers, 1967, EC-16, 790-803 (VI.1./9.)

5804. Fu, K.S.: Sequential methods in pattern recognition and machine learning
Academic Press, New York 1968
(VI.1./9.)

5805. Fu, K.S.; Wee, W.G.: An adaptive procedure for multiclass pattern classification
IEEE Trans. on computers, 1968, vol. C-17, No. 2, 178-182 (VI.1.)

5806. Fu, K.S.; Henrichson, E.G.: On mode estimation in pattern recognition
Proc. 7th Symp. Adaptive Processes UCLA, 3-a-1, 1968 (VI.1.)

5807. Fu, K.S.; et al.: Feature selection in pattern recognition
IEEE Trans. System science and cybernetics, 1970, SSC-6, 33-39 (VI.9.)

5808. Fu, K.S.; Mendel, J.M.: Adaptive, learning and pattern recognition systems
Academic Press, New York 1970
(VI.1./10.)

5809. Fu, K.S. (ed.): Special issue on syntactic pattern recognition
Pattern recognition, 1971, 3, No. 4
(VI.6.6./9.)

5810. Fu, K.S.; Swain, P.H.: On syntactic pattern recognition in:
Software engineering, Vol. 2, pp. 155-182, J.T. Tou (ed.), Academic Press, New York, 1971 (VI.6.6./9.)

5811. Fu, K.S.: Special issue on syntactic pattern recognition
Pattern recognition, 1972, 6, No. 1
(VI.6.6./9.)

5812. Fu, K.S.; Swain, P.H.: Stochastic programmed grammars for syntactic pattern recognition
Pattern recognition, 1972, 4, 83-100
(VI.6.6.)

5813. Fu, K.S. (ed.): Proceedings of the first international joint conference on pattern recognition
30. Okt. - 1. Nov. 1973, pp. 553, Washington, D.C. (VI.1.)

5814. Fu, K.S.; Morayer, B.: A syntactic approach to fingerprint pattern recognition in:
Proceedings of the FIJC on Pattern recognition, Nov. 1973, Washington, D.C., p. 423-432 (VI.8.)

5815. Fu, K.S.; Fung, L.W.: Stochastic syntactic classification of noisy patterns in:
Proceedings of the Second Joint Internat. Conference on Pattern Recognition, Aug. 13-15, 1974, Copenhagen, p. 102-103
(VI.1./10.)

5816. Fu, K.S.: Syntactic methods in pattern recognition
New York: Academic Press, 1974
(VI.9./6.6.)

5817. Fu, K.S.: Recent progress in linguistic methods applied to pattern recognition
Second in: Intern. Joint Conference on Pattern Recognition, Aug. 1974, Copenhagen, p. 517 (VI.1.)

5818. Fu, K.S.; Morayer, B.: A syntactic approach to fingerprint pattern recognition
Pattern recognition, 1975, 7 (1-2), 1-23
(VI.1.)

5819. Fu, K.S.; Fung, L.-W.: Stochastic syntactic decoding for pattern classification
IEEE Trans. Comput., 1975, C-24, No. 6, 662-667 (VI.10.)

5820. Fujwara, R.; Tsuji, S.: Linguistic segmentation of scenes into regions in:
Proceedings of the Second Joint Intern. Conference on Pattern Recognition, Aug. 13-15, 1974, Copenhagen, p. 104-108
(VI.6.6.)

5821. Fukunaga, K.; Krile, T.F.: Calculation of Bayes recognition error for two multivariate Gaussian distributions
IEEE Trans. Computers, 1969, C-18, 220-229 (VI.1.)

5822. Fukunaga, K.; Koontz, W.L.G.: Application of the Karhunen-Loève expansion to feature selection and ordering
IEEE Trans. computers, 1970, C-19, 311-318 (VI.1.)

5823. Fukanaga, K.; Hostetler, L.D.: The estimation of the gradient of a density function and its applications in pattern recognition in: Proceedings of the FIJC on Pattern recognition, Nov. 1973, Washington, D.C., p. 149-158 (VI.1.)

5824. Fung, L.W.; Fu, K.S.: Stochastic syntactic classification of noisy patterns in: Proceedings of the Second Joint Intern. Conference on Pattern Recognition, Aug. 13-15, 1974, Copenhagen, p. 102-103 (VI.1./10.)

5825. Fung, L.-W.; Fu, K.-S.: Stochastic syntactic decoding for pattern classification
IEEE Trans. Comput., 1975, C-24, No. 6, 662-667 (VI.10.)

5826. Fusco, L.; Boriello, L.: Matched filters for signal detection in noisy images in: Second Intern. Joint Conference on Pattern Recognition, Aug. 13-15, 1974, Copenhagen, p. 517 (VI.8.)

5827. Fursin, G.J.; Rybak, V.J.: Recognition of handwritten symbols in the process of writing (Russ.)
Kibernetika, 1975, 8 (2), 104-112 (VI.9.)

5828. Furai, S.; et al.: Talker recognition by statistical features of speech sounds
Electron. and Commun. Jap., 1973, 56 (11), 62-71 (VI.6.6./9.)

5829. Gaier, E.L.; Lee, M.C.: Pattern analysis: the configural approach to predictive measurement
Psychological bulletin, 1953, 50, 140-148 (VI.1./2.1.)

5830. Gaillat, G.: An on-line character recognizer with learning capabilities in: Second Intern. Joint Conference on Pattern Recognition, Aug. 1974, Copenhagen, p. 305-306 (VI.6.6./9.)

5831. Gamba, A.; et al.: Further experiments with PAPA
Nuovo Cimento, 1961, Suppl. No. 2,
112-115 (VI.1./9.)

5832. Garvey, T.D.; Tenenbaum, J.M.: On the automatic
generation of programs for locating
objects in office scenes in:
Second Intern. Joint Conference on
Pattern Recognition, Aug. 13-15, 1974,
Copenhagen, p. 162-168
(VI.1.)

5833. Genchi, H.; et al.: Recognition of handwritten
numerical characters for automatic
letter sorting
Proc. IEEE, 1968, 56, 1292-1301
(VI.8.)

5834. Gennari, N.; Stringa, L.: A multifont optical
character recognition evaluation of
three versions of the template matching
technique versus an optimum classifier
Alta Frequenza, 1974
(VI.8./6.6.)

5835. Gerder, L.; Freeman, H.: A pictorial jigsaw puzzles:
The computer solution of a problem in
pattern recognition
IEEE Trans. Electron. Comput., 1964,
EC-13, 118-127 (VI.1.)

5836. Gerin, P.; Pernier, J.: Temporal patterns analysis
of spontaneous unit activity in the
neocortex
Biol. Cybern., 1975, 18, 3/4, 123-136
(VI.4./3.1.)

5837. Gershman, S.G.; Feinberg, E.L.: On the measurement
of the correlation coefficient
Soviet Phys. Acoust., 1955, 1, 340-352
(VI.1.1.)

5838. Gilmartin, A.J., Numerical taxonomy - an eclectic
viewpoint
Taxon, 1967, 16, 8-12
(VI.1./V.1./3.3.)

5839. Gillespie, R.C.: Pattern recognition analysis of
coal miners vectorcardiograms
Ph. D. dissertation, West, Virginia
Univ. Morgantown, 1972
(VI.4.)

5840. Gilmour, W.D.: Sound recognition apparatus
United States Patent office, Nr. 3541259, Nov. 17, 1970 (VI.8.)

5841. Gitman, J.; Levine, M.D.: An algorithm for detecting unimodal fuzzy sets and its application as a cluster technique
IEEE Trans. Comput., 1970, C-19
(VI.1./IV.1.)

5842. Glezer, V.D.; et al.: Studies on visual pattern recognition in man and animals
Vision Res., 1974, 14, 7, 555-583
(VI.3.1./4.)

5843. Glucksman, H.A.: A paraprogation pattern classifier
IEEE Trans. on Electr. Comp., 1965, vol. EC-14, No. 3, 434-443
(VI.9./8.)

5844. Golay, M.J.E.: Hexagonal parallel pattern transformation
IEEE Trans. Elec. Computer, 1969, C-18, 733-740 (VI.8./1.)

5845. Gold, B.: Machine recognition of hand-sent morse code
IRE Trans. on Info. Theory, 1959, vol. IT-5, No. 2, 17-24 (VI.9.)

5846. Goldman, R.S.; Titov, M.S.: Recognition of objects in the basis of reflected signals
Tekh. Kibern., 1974, 12 (2), 197 ff.
(VI.9.)

5847. Golshan, N.; Hsu, C.C.: A recognition algorithm for handprinted arabic numerals
IEEE Trans. on SSC, 1970
(VI.6.6.)

5848. Gonzalez, R.C.; Tou, J.T.: Automatic recognition handwritten characters via features extraction and multi-level decision
IJC IS, 1972, vol. 1
(VI.6.6.)

5849. Gonzalez. R.C.; Thomason, M.G.: Classification on imperfect syntactic pattern structures in: Proceedings of the Second Joint Intern. Conference on Pattern Recognition, Aug. 13-15, 1974, Copenhagen, p. 88-89
(VI.1.)

5850. Gonzalez, R.C.; Tou, J.T.: Pattern recognition principles
Reading, Mass. USA, Addison-Wasley, 1974, 377 pp. (VI.1.)

5851. Gorenkow, E.W.; et al.: siehe: Teil in russischer Sprache (kyrillische Schrift)

5852. Gorelik, A.A.: siehe: Teil in russischer Sprache (kyrillische Schrift)

5853. Gorzelak, G.: Prüfung statistischer Methoden. Zur Abgrenzung ökonomischer Regionen
Wiadomosei statystyczne, Warszawa, 1975, 20, 11, 41-45 (VI.7.)

5854. Gose, E.E.; Mucciardi, A.N.: A comparison of seven techniques for choosing subsets of pattern recognition properties
IEEE Trans. Computers, 1970, C-20, 1023-1031 (VI.1.)

5855. Gose, E.E.; Mucciardi, A.N.: An automatic clustering algorithm and its properties in high-dimensional spaces
IEEE Trans. Systems. Man and Cybernetics, 1972. SMC-2, 247-254
(VI.1./IV.1.)

5856. Gose, E.E.; Wu, F.B.H.: Feature selection and re-selection in:
Second Intern. Joint Conference on Pattern Recognition, Aug. 13-15, 1974, Copenhagen, p. 354-355
(VI.1.)

5857. Grasselli, A. (ed.): Automatic interpretation and classification of images
Academic Press, New York, 1969
(VI.1./9.)

5858. Granlund, G.H.: Fourier preprocessing for handprint character recognition
IEEE Trans. computers, 1972, C-21: 195-201 (VI.6.6./9.)

5859. Granlund, G.H.: Statistical analysis of chromosome characteristics
Pattern recognition, 1974, 6, 2, 115-126
(VI.3.4.)

5860. Gray, P.J.: Optical readers and OCR
Modern Data, 1971, Jan. 66-82
(VI.8.)

5861. Greanias, E.C.; et al.: The recognition of handwritten numerals by contour analysis
IBM Journ. of Res. and Dev., 1963, 7, 14-21 (VI.1./6.6.)

5862. Grebnjew, W.N.; Schlesinger, M.I.: siehe: Teil in russischer Sprache (kyrillische Schrift)

5863. Green, D.M.; Marill, T.: Statistical recognition functions and the design of pattern recognizer
IRE Trans. Electronic Computers, 1960, EC-9, 472-477 (VI.1.)

5864. Green, D.M.; Marill, T.: The effectiveness of receptors in recognition systems
IEEE Trans. on Information Theory, 1963, vol. JI-9, No. 1, 11-17
(VI.6.1.)

5865. Greenhouse, S.C.: On-line recognition of speekers by machine in:
Proceedings of the FIJC on Pattern recognition, Nov. 1973, Washington, D.C., p. 307 (VI.6.6.)

5866. Gregersen, R.J.; Bridle, J.W.: CMSR - A personnel information systems
Computer Journal, 1972, 14 (4), 338-343
(VI.1.)

5867. Grenander, K.: Foundations of pattern analysis
Quarterly of applied Math., 1969, 27, 2-55 (VI.1.)

5868. Gresser, J.Y.; Vives, R.: A similarity index between strings of symbols application to automatic word and language recognition in:
Proceedings of the FIJC on Pattern recognition, Nov. 1973, Washington, D.C., p. 308-317 (VI.6.6.)

5869. Grimsdale, R.L.; et al.: A system for the automatic recognition of patterns
Proc. Inst. Electr. Engineers, 1959, 106 (Pt.B.), 210-221
(VI.8./9.)

5870. Grimsdale, R.L.: Automatic pattern recognition - New morphological system using a digital computer
Wirless World, 1959, 65, 499-501
(VI.1.)

5871. Grimsdale, R.L.; et al.: A system for the automatic recognition of patterns
Proc. IEE, 1959, Vol. 106, Part. B, No. 26, 210-221 (VI.1.)

5872. Grinold, R.C.: Comment on Pattern classification design by linear programming
IEEE Trans. Comp., 1969, C-18, 378-379 (VI.1.)

5873. Gritsyk, V.V.: Computer - aided image classification (Russ.)
Otbor and Peredacha Inf., 1974, 42, 21-25 (VI.1.)

5874. Gritsyk, V.V.: Image classification algorithm (Russ.)
Otbor and Peredacha Inf., 1974, 42, 12-16 (VI.1./10.)

5875. Gromyko, G.L.: Statisticeskie rjady v ekonomiceskich i ekonomiko-geograficeskich isledovanijach (Russ.)
Moskva: Izd. Moskovskogo Universiteta, 1974, 264 S. (VI.7.)

5876. Groner, G.F.; Koford, J.S.: The use of an adaptive threshold element to design a linear optimal pattern classifier
IEEE Trans. Info. Theory, 1966, IT-12, 42-50 (VI.1.)

5877. Grunza, E.F.; Scott, P.B.: Speech recognition in operational high-noise environments in: Proceedings of the FIJC on Pattern recognition, Nov. 1973, Washington, D.C., p. 327 (VI.1.)

5878. Guertin, W.H.: The search for recurring patterns among individual profiles
Educational and psychological measurement, 1966, 26, 151-165 (VI.2.1.)

5879. Guljamow, D.Ch.; Shurawljew, Jn.I.: siehe: Teil in russischer Sprache (kyrillische Schrift)

5880. Guzman, A.: Computer recognition of three-dimensional objects in a visual scene
Ph. D., MIT, Cambridge, 1968 (VI.8.)

5881. Györfi, L.: A suboptimal solution of linear classification problem of minimal error probability in: Second Intern. Joint Converence on Pattern Recognition, Aug. 1974, Copenhagen, p. 511-512 (VI.1.)

5882. Györfi, L.: On some estimation problems in pattern recognition Problems of control and information theory, 1974 (VI.1.)

5883. Hadeler, K.P.: On the theory of lateral inhibition Kybernetik, 1974, 14, 3, 161-165 (VI.9.)

5884. van Haersma Buma, C.E.; Duin, R.P.W.: Some methods for the selection of independent binary features in: Second Intern. Joint Conference on Pattern Recognition, Aug. 13-15, 1974, Copenhagen, p. 65-70 (VI.1.)

5885. Hager, K.: Experience with sequential polynomial patterns classifiers in: Second International Joint Conference on Pattern Recognition, Aug. 1974, Copenhagen, p. 210-214 (VI.9./1.)

5886. Hager, K.: Ein dynamisch organisierter mikroprogrammierter Zeichenklassifikator Elektron. Rechenanlagen, 1974, 16, 3 (VI.10./5.)

5887. Hall, D.J.; Ball, G.H.: PROMENADE - An on-line pattern recognition system Rep. No. RADC-TR-67-310, AD 822174 Stanford Res. Inst. Menlo Park, California, 1967 (VI.1.)

5888. Hall, D.J.; et al.: Promenade - An interaction graphics pattern-recognition system Standard research Institute report, 14. June 1968, Menlo Park California (VI.1./10.)

5889. Hall, A.V.: Avoiding informational distortions in automatic grouping programs Syst. Zool., 1969, 18, No. 3, 318-329 (VI.10./IV.10.)

5890. Hanakata, K.: Feature selection for compact pattern recognition in:
Proceedings of the FIJC on Pattern recognition, Nov. 1973, Washington, D.C., p. 416-422 (VI.9.)

5891. Hanakata, K.: A descriptive data structure for interactive pattern recognition in:
Second Intern. Joint Conference on Pattern Recognition, Aug. 1974, Copenhagen, p. 421-423 (VI.1.)

5892. Hancock, J.C.; Patrick, E.A.: Nonsupervised sequential classification and recognition of patterns
IEEE Trans. Information Theory, 1966, JT-12, 362-372 (VI.1.)

5893. Hand, D.J.; Batchelor, B.G.: A preliminary note on pattern classification using in complete vectors in:
Second Intern. Joint Conference on Pattern recognition, Aug. 13-15, 1974, Copenhagen, p. 15-17
(VI.1./IV.1.)

5894. Hanson, A.R.; et al.: Context in word recognition
Report COINS-TR-74-6, Univ. Massach. Amherst, 1974, 37 pp.
(VI.6.6.)

5895. Hanson, A.R.; Riseman, E.M.: System design of an integrated pattern recognition system in:
Proceedings of the FIJC on Pattern recognition, Nov. 1973, Washington, D.C., p. 342 (VI.1.)

5896. Hanson, A.R.; et al.: Context in word recognition
Univ. of Massachusetts COINS Technical Report, 74, C-6, 1974
(VI.6.6./9.)

5897. Harada, E.; Watanabe, S.: A dynamical model of clustering in:
Second Intern. Joint Conference on Pattern recognition, Aug. 13-15, 1974, Copenhagen, p. 413-415
(VI.1./IV.1.)

5898. Haralick, R.M.; Kelly, G.L.: Pattern recognition with measurement space and spatial clustering for multiple images
Proc. IEEE, 1969, 57, 654-665
(VI.1./8.)

5899. Haralick, R.M.; Dinstein, J.: A spatial clustering procedure for multiimage data
IEEE Trans. Circuits and Syst., 1975, CAS-22 No. 5, 440-450
(VI.9.)

5900. Harley, T.J. (Jr.); Chandrasekran, B.: Comments "On the mean accuracy of statistical pattern recognizers"
IEEE Trans. Info. Theory, 1969, JT-15, 421-423 (VI.1.)

5901. Harmon, L.D.: Automatic recognition of print and script
Proc. IEEE, 1972, vol. 60, No. 10, 1165-1176 (VI.6.6./9.)

5902. Harmon, L.D. (ed.): Digital Pattern Recognition
Proceedings of the IEEE v. 60, No. 10, Oct. 1972, New York
(in russischer Sprache: Moskva 1974, ed. "Mir") (VI.1./10.)

5903. Hart, P.E.; Cover, T.M.: Nearest neighbor pattern classification
IEEE Trans. Information Theory, 1967, JT-13, 21-27 (VI.1./V.1.)

5904. Hart, P.E.; Duda, R.O.: Experiments in the recognition of handprinting text: Part II - context analysis
Proc. FJCC, 1968, 33, 1139-1149
(VI.6.6.)

5905. Hart, P.E.; Duda, R.O.: Pattern recognition and scene analysis
John Wiley, New York, 1973
(VI.1./8.)

5906. Hartnett, W.E.; Calabi, L.: Shape recognition, Prairi fires, convex deficiences and skeletons
Amer. Math. Monthly, 1968, 75, 335-342
(VI.1./8.)

5907. Hawkins, J.K.: Image processing principles and techniques in Advances in Information Systems
Plenum Press, New York and London, 1970
Vol. 3, 113-214, J.T. Tou (ed.)
(VI.1.)

5908. Hayes-Roth, F.: An optimal network representation and other mechanismus for the recognition of structural events in: Second International Joint Conference on Pattern recognition, Aug. 1974, Copenhagen, p. 95-181 (VI.1.)

5909. Hayes-Roth, F.: A structural approach to pattern learning and the acquisition of classificatory power in: Proceedings of the FIJC on Pattern recognition, Nov. 1973, Washington, D.C., p. 343-355 (VI.1.)

5910. Hellmann, M.E.: The nearest neighbor classification rule with a reject option IEEE Trans. Systems Science and Cybernetics, 1970, SSC-6, 179-185 (VI.9.)

5911. Henderson, C.: A multistage pattern classifier for health testing applications in: Second Intern. Joint Conference on Pattern Recognition, Aug. 1974, Copenhagen, p. 253-257 (VI.4.)

5912. Henrichson, E.G.; Fu, K.S.: On mode estimation in pattern recognition Proc. 7th Symp. Adaptive Processes, UCLA, 3-a-1, 1968 (VI.1.)

5913. Heywood, V.H.: Modern methods in plant taxonomy London, New York, 1968 (VI.3.4./V.3.4.)

5914. Highleyman, W.H.; et al.: Comments on a character recognition method of Bledsoe and Browning IRE Trans. Electron. Comput., 1960, 9, 263 (VI.6.6./9.)

5915. Highleyman, W.H.: Linear decision functions, with applications to pattern recognition Proc. IRE, 1962, 50, 1501-1514 (VI.1.)

5916. Highleyman, W.H.: The design and analysis of pattern recognition experiments Bell system technical journal, 1962, 41, 723-744 (VI.8.)

5917. Hilborn, G.G. (Jr.); Lainiotis, D.G.: Unsupervised learning minimum risk pattern classification for dependent hypotheses and dependent measurements
IEEE Trans. Systems Science and Cybernetics, 1965, SSC-5, 109-115
(VI.1.)

5918. Hilborn, G.G. (Jr.); Lainiotis, D.G.: Optimal unsupervised learning multicategory dependent hypotheses pattern recognition
IEEE Trans. Information Theory, 1968, JT-14, 468-470 (VI.1./9.)

5919. Hill, W.J.; Norton-Wayne, L.: The automatic classification of defects on moving surfaces in:
Second Intern. Joint Conference on Pattern Recognition, Aug. 13-15, 1974, Copenhagen, p. 476-478
(VI.1./8.)

5920. Hirakawa, H.; et al.: Speaker and spoke digit simultaneous recognition in:
Second Intern. Joint Conference on Pattern Recognition, Aug. 1974, Copenhagen, p. 251-252 (VI.6.6./9.)

5921. Ho, Y.C.; Blaydon, C.C.: On the abstraction problem in pattern classification
Proc. NEC, 1966, 22, 857-862
(VI.1.)

5922. Ho, Y.S.; Agrawala, A.: On pattern classification algorithms: introduction and survey
Proc. IEEE, 1968, 56, 2101-2114
(VI.10./IV.10.)

5923. Höhne, H.D.: Wahrscheinlichkeitsdichte-Approximation mit Hilfe von Momenten zur Zeichenerkennung und Prozeßbeschreibung
Technischer Bericht Nr. 163, 1973, 55-84, Heinrich-Hertz-Institut, Berlin-Charlottenburg (VI.1.)

5924. Höhne, H.D.: An adaptive algorithm for approximation of sampling-distributions, based upon the method of moments in:
Second International Joint Conference on Pattern Recognition, Aug. 1974, Copenhagen, p. 307-309
(VI.1.)

5925. Hofstadter, R.F.: A pattern recognition approach to the classification of nonlinear stochastic Systems
Thesis, Purdue Univ., Lafayette, Ind., 1974, 185 p. (VI.1.)

5926. Holle, M.; Hughes, G.W.: Of the recognition of speech by machine in:
Information Processing, pp. 252-256, Paris: UNESCO, 1960 (VI.6.6.)

5927. Hollister, L.E.; Overall, J.E.: Computer procedures for psychiatric classification
J. Amer. Med. Assoc., 1964, 187, 115-120 (VI.2.1./IV.2.1.)

5928. Holm, R.W.; Johnson, M.P.: Numerical taxonomic studies in the genus Sarcostemma R.Br. (Asdepiadaceae) in:
V.H. Heywood: Modern methods in plant taxonomy, London, New York, 1968, 199-217 (VI.3.3./V.3.3.)

5929. Hopkins, C.E.; Cochran, W.G.: Some classification problems with multivariate qualitative data
Biometrics, 1961, 17, No. 1, 10-32 (VI.1./V.1.)

5930. Horowitz, S.L.: A general peak detection algorithm with applications in the computer analysis of electrocardiograms in:
Second International Joint Conference on Pattern Recognition, Aug. 1974, Copenhagen, p. 465-470 (VI.4.)

5931. Horwitz, L.P.; et al.: Pattern recognition using autocorrelation
Proc. IRE, 1961. vol. 49, No. 1, 175-185 (VI.1.)

5932. Hostetler, L.D.; Fukunaga, K.: The estimation of the gradient of a density function and its applications in pattern recognition in:
Proceedings of the FIJC on Pattern recognition, Nov. 1973, Washington, D.C., p. 149-158 (VI.1.)

5933. Hough, P.V.C.: Method and means for recognizing complex patterns
U.S. Patent 3069654, 18.12.1962 (VI.1./9.)

5934. Howarth, R.J.: The impact of pattern recognition methodology in geochemistry in: Second Intern. Joint Conference on Pattern Recognition, Aug. 1974, Copenhagen, p. 411-412 (VI.8.)

5935. Hsu, C.C.; Golshan, N.: A recognition algorithm for handprinted arabic numerals IEEE Trans. on SSC, 1970 (VI.6.6.)

5936. Hu, C.C.; Rintala, W.M.: A feature detection program for patterns with overlapping cells IEEE Trans. Syst. Sci. Cybern., 1968, SSC-4, 16-23 (VI.4./9.)

5937. Hu, M.K.: Visual pattern recognition by moment invariants IEEE Trans. Information theory, 1962, JT-8, 179-187 (VI.9.)

5938. Huang, T.S.; et al.: Image processing Proc. IEEE, 1971, 59, 1586-1609 (VI.9.)

5939. Hubac, M.J.-M.: Taxonomie expèrimentale - Etude comparée de deux méthodes de taxonomie numéraire appliquées à la systématique du Campanula rotundifolia L.C.R. Acad. Science, Paris, 1967, 264, Ser. D, 577-580 (VI.3.2./V.3.2.)

5940. Hughes, G.F.: On the mean accuray of statistical pattern recognizers IEEE Trans. Information theory, 1968, JT_14, 55-63 (VI.1./9.)

5941. Hughes, G.W.; Holle, M.: On the recognition of speech by machine in: Information Processing, Paris: UNESCO, 1960, pp. 252-256 (VI.6.6.)

5942. Hung, A.Y.; Dubes, R.C.: A introduction to multi-class pattern recognition in unstructured situations Interim Sci. Rep. No. 12, 1971, AD 720812, Div. of Eng. Res., Michigan State Univ., East Lansing, Michigan (VI.1.)

5943. Hussain, A.B.S.: Sequential decision schemes for statistical pattern recognition problems with dependent and independent hypotheses Ph. D. thesis, Univ. British Columbia, 1972 (VI.1.)

5944. Ichikawa, T.; et al.: On-line recognition of hand-printed characters with associative read-out of patterns in a memory in:
Second International Joint Conference on Pattern Recognition, Aug. 1974, Copenhagen, p. 206-207
(VI.6.6./9.)

5945. Ihm, P.: Automatic classification in anthropology
Use Comput. Anthropol. (Hymes), 1965, 357-376 (VI.1./V.6.1.6.)

5946. Ihm, P.; et al.: Linear algebraische Methoden in der mumerischen Taxonomie
Biometr. Zeitschrift, 1971, 13, 161
(VI.1./V.3.1.)

5947. Ingram, M.; et al.: Automatic analysis of blood cells
Scientific American, Nov. 1970, 72-82
(VI.4.)

5948. Irani, K.B.: A finite-memory adaptive pattern recognizer
IEEE Trans. on systems, science and cybernetics, 1968, vol. SSC-4, No. 1, 2-11 (VI.9.)

5949. Isomichi, Y.: Floating disk method - a model of self-learning in:
Proceedings of the FIJC on Pattern recognition, Nov. 1973, Washington, D.C., p. 245-246 (VI.1.)

5950. Isomichi, Y.: Self-learning of finite-mixture distribution by using stochastic approximation method in:
Proceedings of the FIJC on Pattern recognition, Nov. 1973, Washington, D.C., p. 247 (VI.1.)

5951. Isomichi, Y.: Learning of predicting function and mechanism of improving recognition rate using context
Syst. Comput. Control, 1973, 4 (6), 68-72 (VI.1.)

5952. Isomichi, Y.; et al.: Pattern matching by using dynamic programming
J. Inf. Process Soc. Jap., 1975, 16 (1), 15-22 (VI.1./9.)

5953. Ito, T.: Approximate error bounds in pattern recognition in:
Machine Intelligence, vol. 7, Edinburgh, Univ. Press, Nov. 1972, 369-376
(VI.1./10.)

5954. Ito, T.: Approximate bounds of misrecognition and their computational evaluation in: Second Intern. Joint Conference on Pattern Recognition, Aug. 1974, Copenhagen, p. 76-77 (VI.1./10.)

5955. Ito, T.: An algebraic theory of pattern manipulation in: Second International Joint Conference on Pattern Recognition, Aug. 1974, Copenhagen, p. 81-85 (VI.1.)

5956. Ivancevic, N.S.: Stereometric pattern recognition by artifical touch Pattern recognition, 1974, 6, 2, 77-83 (VI.1./8.)

5957. Ivanović, B.V.: Nov maćin odre-divanja otstojanja izmedu višedimenzionalnih statistiǒkih skupova sa primenom u problemu klasifikcije srezova FNRJ prema stepenn ekonomske rasvijenosti Statist. Rev. Beograd, 1957, 7, 125-154 (VI.1./IV.6.1.)

5958. Iwachnenko, A.G.: siehe Teil in russischer Sprache (kyrillische Schrift)

5959. Izkowitsch, E.L.: siehe: Teil in russischer Sprache (kyrillische Schrift)

5960. Izutskiver, M.J.: Algorithm for the initial processing of an ensemble of symbols in the recognition process Autom. and Remote Control, 1974, 35, 8/1, 53-101 (VI.1.)

5961. Jain, A.K.: Some aspects of dimensionality and sample size problems in statistical pattern recognition Communication and control systems laboratory report, The Ohio State Univ. Columbus, Ohio, 1973 (VI.9.)

5962. Jain, A.K.; Chandresekan, B.: Distance functions for independent measurements and finite sample size in: Proceedings of Second Intern. Joint Conference on Pattern Recognition, Aug. 13-15, Copenhagen, 1974, p. 41-42 (VI.1.)

5963. Jakowatz, C.V.; et al.: Adaptive waveform recognition
In Proc. 4th London Symp. in Information
Theory, ed. C. Cherry Butterworths,
Washington, D.C. (VI.1./9.)

5964. Jambu, M.: Techniques de classification automatique
appliquées à des données "sciences
humaines"
Diss. 3e cycle Statist.-Math., Paris,
1972, 272 p. (VI.1./IV.1./6.1./
6.2.)

5965. Jambu, M.: Sur les critéres d'agrégation utilisés
en classification automatique
Consommation, Dez. 1974, 21 (4), 81-106
(VI.1./IV.1.)

5966. Jardine, N.: A new approach to pattern recognition
Nature, 1971, 234, 526-528
(VI.1./IV.1.)

5967. Jelinek, F.; Bahl, L.R.: Decoding for channels with
insertions, deletions and substitutions,
with applications to speech recognition
to appear in:
IEEE Trans. Informat. Theory, 1975,
JT-21, 4, 404-411 (VI.6.6.)

5968. Jelinek, F.; et al.: Design of a linguistic statistical
decoder for the recognition of continous
speech
IEEE Transactions on Information Theory,
1975, JT-21, 3, 250-256
(VI.6.6.)

5969. Jijima, T.; et al.: A theory of character recognition
by pattern matching method in:
Proceedings of the FIJC on Pattern
Recognition, Nov. 1973, Washington, D.C.,
p. 50-56 (VI.6.6.)

5970. Johnson, M.P.; Holm, R.W.: Numerical taxonomic studies
in the genus Sarcostemma R. Br.
(Asclepiadaceae) in:
V.H. Heywood: Modern methods in plant
taxonomy, London, New York, 1968, 199-217
(VI.3.3./V.3.3.)

5971. Jolkina, W.N.; Sagoruiko, N.G.: siehe: Teil in russischer Sprache (kyrillische Schrift)

5972. Jolkina, W.N.; et al.: siehe: Teil in russischer
Sprache (kyrillische Schrift)

5973. Jolkina, W.N.; et al.: siehe: Teil in russischer Sprache (kyrillische Schrift)

5974. Jolkina, W.N.; Sagoruiko, N.G.: siehe: Teil in russischer Sprache (kyrillische Schrift)

5975. Jolkina, W.N.; Sagoruiko, N.G.: siehe: Teil in russischer Sprache (kyrillische Schrift)

5976. Jolkina, W.N.; Sagoruiko, N.G.: siehe: Teil in russischer Sprache (kyrillische Schrift)

5977. Jordan, S.; Uhr, L.: The learning of parameters for generating compound characterizers for pattern recognition
Proc. 1st. Int. Joint. Conf. on Artificial Intell., 1969, 381-415
(VI.1./10.)

5978. Jordan, S.R.: Learning to use contextual patterns in language processing
Ph. D. Thesis University of Wisconsin, 1971 (VI.6.6./10.)

5979. Joseph, R.D.: On predicting perceptron performance
IRE Intern. Con. Rec., 1960, 8 (Pf. 2), 71-77 (VI.2.6.)

5980. Joynson, G.E.; Mundy, J.L.: Application of unitary transforms to visual pattern recognition in:
Proceedings of the FIJC on Pattern recognition, Nov. 1973, Washington, D.C., p. 390-395 (VI.1.)

5981. Junusow, R.: siehe: Teil in russischer Sprache (kyrillische Schrift)

5982. Junusow, R.; Shurawljew, J.I.: siehe: Teil in russischer Sprache (kyrillische Schrift)

5983. Jurs, P.C.; Stuper, A.J.: Classification of psychotropic drugs as sedatives of tranquilizers using pattern recognition techniques
J. Am. Chem. Soc., 1975, 97, 1, 182-187
(VI.4./8.)

5984. Kailath, T.: The divergence and Bhattacharyya distance measures in signal selection
IEEE Trans. Communication technology, 1967, vol. COM-15, 52-60
(VI.1.)

5985. Kamensky, L.A.; Liu, C.N.: A theoretical and experimental study of a model for pattern recognition
Comput. information sci., 1964, 194-218
(VI.1./9.)

5986. Kamilow, M.M.: siehe: Teil in russischer Sprache (kyrillische Schrift)

5987. Kamilow, M.M.; et al.: Teil in russischer Sprache (kyrillische Schrift)

5988. Kamilow, M.M.; Tuljaganow, Sch.J.: siehe: Teil in russischer Sprache (kyrillische Schrift)

5989. Kamilow, M.M.; Alijew, E.M.: siehe: Teil in russischer Sprache (kyrillische Schrift)

5990. Kamilow, M.M.; Kim, A.N.: siehe: Teil in russischer Sprache (kyrillische Schrift)

5991. Kamilow, M.M.; et al.: siehe: Teil in russischer Sprache (kyrillische Schrift)

5992. Kamilow, M.M.: siehe: Teil in russischer Sprache (kyrillische Schrift)

5993. Kamilow, M.M.; et al.: siehe: Teil in russischer Sprache (kyrillische Schrift)

5994. Kanal, L.; et al.: Basic principles of some pattern recognition systems
Proc. NED, 1962, 18: 279-295
(VI.1.)

5995. Kanal, L.N.; Randall, N.C.: Recognition system design by statistical analysis
ACM, Proc. 19th Nat. Conf., 1964, D 2.5-1-D 2.5-10 (VI.1.)

5996. Kanal, L.N.(ed.): Pattern recognition
Thompson, Washington, D.C., 1968
(VI.1.)

5997. Kanal, L.; Chandrasekaran, B.: On dimensionality and sample size in statistical pattern classification
Proc. Nat. Electronics Conf., 1968, 24, 2-7 (VI.1./IV.1.)

5998. Kanal, L.N.; Stockman, G.C.: An experimental waveform parsing system in:
Second Intern. Joint Conference on Pattern Recognition, Aug. 13-15, 1974, Copenhagen, p. 450-459
(VI.8.)

5999. Kanal, L.N.: Recent progress in interactive pattern recognition in:
Second Intern. Joint Conference on Pattern Recognition, Aug. 1974, Copenhagen, p. 517 (VI.1.)

6000. Kashyap, R.L.; Blaydon, C.C.: Recovery of functions from noisy measurements taken at randomly selected points and its application to pattern classification
Proc. IEEE, 1972, 54, 1127-1129 (VI.1.)

6001. Kassler, M.; Thomas, R.B.: Character recognition in context
Information and control, 1967, vol. 10, No. 1, 43-64 (VI.6.6.)

6002. Kasvand, T.: Histogramming of nerve fibre cross-sections and water droplets by methods of pattern recognition
Nat. Res. Council Rep., 1968 (VI.4.)

6003. Kasvand, T.: Pattern recognition applied to the counting of nerve fibre cross-sections
Nat. Res. Council Rep., 1969 (VI.4.)

6004. Kasvand, T.: Pattern recognition applied to the counting of nerve fibre cross-sections and water droplets in Methodologies of Pattern recognition
S. Watanabe, Ed., New York, Academic Press, 1969, 333-339 (VI.4.)

6005. Katsuragi, E.; et al.: Recognition of handwritten numeral using decision graph
Int. Joint conf. on artificial Intelligence, Washington, 1969 (VI.6.6.)

6006. Katys, G.P.; Schirokow, W.B.: siehe: Teil in russischer Sprache (kyrillische Schrift)

6007. Katys, G.P.; et al.: siehe: Teil in russischer Sprache (kyrillische Schrift)

6008. Katys, G.P.; Schirokow, W.B.: siehe: Teil in russischer Sprache (kyrillische Schrift)

6009. Katys, G.P.; Sdor, S.E.: siehe: Teil in russischer Sprache (kyrillische Schrift)

6010. Katys, G.P.; et al.: siehe: Teil in russischer Sprache (kyrillische Schrift)

6011. Kazmierczak, H.: The potential field as an aid to character recognition in: Proc. Int. Conf. Inform. Processing, Paris, 1959, 244-247 (VI.6.6./9.)

6012. Kazmierczak, H.; Steinbuch, K.: Adaptive systems in pattern recognition IEEE Trans. on Elec. Comp., 1963, EC-12, 822-835 (VI.1.)

6013. Keehn, D.G.: A note on learning for Gaussian properties IEEE Trans. Information theory, 1965, JT-11, 126-132 (VI.1.)

6014. Kejkula, J.: Möglichkeiten der Anwendung von Methoden der mehrdimensionalen Analyse in ökonomischen Berechnungen Ekonomicko-matematicky obzor, Praha, 1975, 11, 1, 1-10 (I.6.1./VI.6.1./IV.6.1.)

6015. Keller, H.B.: Finite automata, pattern recognition and perceptrons J. Assoc. Comput. Mach., 1961, 8, 1-20 (VI.10.)

6016. Kelly, F.: Classification of the London Boroughs GLS Intelligence Unit Research Report, No. 9, Greater London Council, 1971 (VI.7.)

6017. Kelly, G.L.; Haralik, R.M.: Pattern recognition with measurement space and spatial clustering for multiple images Proc. IEEE, 1969, 57, 654-665 (VI.1./IV.1.)

6018. Kelmans, G.K.; Zypkin, J.S.: siehe: Teil in russischer Sprache (kyrillische Schrift)

6019. Kim, A.N.; Kamilow, M.M.: siehe: Teil in russischer Sprache (kyrillische Schrift)

6020. Kirsch, R.A.: Computer interpretation of English text and picture patterns IEEE Trans. Elec. Comp., 1964, EC-13, 363-376 (VI.6.6.)

6021. Kiselewskij, F.N.; Schirotschkin, W.A.: siehe: Teil in russischer Sprache (kyrillische Schrift)

6022. Kittler, J.; Young, P.C.: A new approach to feature selection based on the Karhunen-Loève expansion
Pattern recognition, 1973, 4, 335
(VI.1.)

6023. Kittler, J.: A method of feature selection for high dimensional pattern recognition problems
in:
Second International Joint Conference on Pattern Recognition, Aug. 1974, Copenhagen, p. 48-51 (VI.8.)

6024. Kittler, J.: Development and application of pattern recognition techniques
Ph. D. Thesis, Cambridge University, 1974 (VI.8.)

6025. Kittler, J.: A comparative study of five locally sensitive clustering techniques
Proc. Int. Comp. Symp. 75, North Holland, Amsterdam, 1975 (VI.1./IV.1.)

6026. Kittler, J.: A locally sensitive method for cluster analysis
Pattern recognition, 1976, 8, 23-33
(VI.1./IV.1.)

6027. Klinger, A.: Data structures and pattern recognition
in:
Proceedings of the FIJC on Pattern recognition, Nov. 1973, Washington, D.C., p. 497-498 (VI.1.)

6028. Klix, F.; et al. (Hrsg.): Erkennungs- und Klassifizierungsprozesse
Berlin: Dt. Verlag d. Wiss., 1974 (Kybernetik Forschung Heft 4)
(V.1./VI.1.)

6029. Knoll, A.L.: Experiments with characteristic loci for recognition of handprinted characters
IEEE Trans. Comput., 1969, C-18, 366-372
(VI.6.6./9.)

6030. Knuth, D.E.; et al.: Fast pattern matching in strings
Report STAN - CS-74-440, 1974, 35 pp.
(VI.10.)

6031. Koffmann, E.B.: Learning through pattern recognition applied to a class of games
Ph. D. Thesis, Case Inst. Techn., 1967
(VI.2.3.)

6032. Koffmann, E.B.: Learning games through pattern recognition
IEEE Trans. Systems science and cybernetics, 1968, SSC-4, 12-16
(VI.2.3.)

6033. Koford, J.S.; Groner, G.F.: The use of an adaptive threshold element to design a linear optimal pattern classifier
IEEE Trans. Info. Theory, 1966, JT-12, 42-50 (VI.1.)

6034. Kohonen, J.; et al.: Adaptation of a linear system for a finite set of patterns occurring in an arbitrarly varying order
Acta Polytechn. Scand., 1974, May 25, 7-15 (VI.8.)

6035. Kolers, R.A.: Some psychological aspects of pattern recognition in Recognizing Patterns, pp. 4-61, P.A. Kolers and M. Eden (eds.)
MIT Press Cambridge, Mass., 1968
(VI.2.1.)

6036. Koontz, W.L.G.; Fukunaga, K.: Application of the Karhunen-Loève expansion to feature selection and ordering
IEEE Trans. computers, 1970, C-19, 311-318 (VI.1.)

6037. Kortman, C.M.: Redundancy reduction - A practical method of data compression
Proc. IEEE, 1967, Vol. 55, No. 3
(VI.1./IV.1.)

6038. Kosenkova, S.; Voloskin, G.: On the optimization of a sequential recognition procedure in: Second Intern. Joint Conference on Pattern recognition, Aug. 13-15, 1974, Copenhagen, p. 517 (VI.1.)

6039. Kowalewskij, W.A.: siehe: Teil in russischer Sprache (kyrillische Schrift)

6040. Kowalewskij, W.A.: siehe: Teil in russischer Sprache (kyrillische Schrift)

6041. Kowalewskij, W.A.: siehe Teil in russischer Sprache (kyrillische Schrift)

6042. Kowalewskij, W.A.: The problem of character recognition from the point of view of mathematical statistics, in: Character readers and pattern recognition, New York: Spartan, 1968
(VI.1.)

6043. Kozlov, V.N.: Reflexes, models of behavior and pattern recognition
Probl. Kibern., 1974, No. 28, 223-238
(VI.2.1./1.)

6044. Kramer, H.P.; Mathews, M.V.: A linear coding for transmitting a set of correlated signals
IRE Trans. Information Theory, 1956, IT-2, 41-46 (VI.1.)

6045. Kramer, H.P.; et al.: The recognition of handwritten symbols and its relation to formal languages in: Proceedings of the FIJC on Pattern recognition, Nov. 1973, Washington, D.C., p. 57-58 (VI.6.6./10.)

6046. Kramer, H.P.; et al.: Iterations of a non-linear transformation for enhancement of digital images
Pattern recognition, 1975, 7 (1-2), 53-58 (VI.1.)

6047. Krause, P.; et al.: Two modifications of a recognition system with pattern series expansion and Bayes classifier in: Second Intern. Joint Conference on Pattern Recognition, Aug. 1974, Copenhagen, p. 215-219 (VI.1.)

6048. Krieger, A.J.; Reichert, F.A.: Quantitative certainly in differential diagnosis in: Proceedings of Second Intern. Joint Conference on Pattern Recognition, Aug. 13-15, 1974, Copenhagen, p. 434-437
(VI.4.)

6049. Krile, T.F.; Fukunaga, K.: Calculation of Bayes recognition error for two multivariate Gaussian distributions
IEEE Trans. Computers, 1969, C-18, 220-229 (VI.1.)

6050. Krishnan, R.K.; Tuteur, F.B.: Pattern recognition of evoked responses in: Proceedings of Second Joint Intern. Conference on Pattern Recognition, Aug. 13-15, 1974, Copenhagen, p. 281-283
(VI.4.)

6051. Kullback, S.: An application of information theory to multivariate analysis I.
Ann. Math. Statist., 1952, 23, 88-102 (VI.1./9.)

6052. Kuipers, B.J.: An hypothesis-driven recognition system for the blocks world in:
Second Intern. Joint Conference on Pattern Recognition, Aug. 1974, Copenhagen, p. 169-173 (VI.1.)

6053. Kuperschtoch, W.L.; Mirkin, B.G.: siehe: Teil in russischer Sprache (kyrillische Schrift)

6054. Kvitashvili, A.: A heuristic approach to the design of minimum adaptive recognition network in:
Proceedings of the FIJC on Pattern recognition, Nov. 1973, Washington, D.C., p. 248-253 (VI.1.)

6055. Kyle, M.C.; et al.: Pattern classification of the externally recorded brachial arterial pulse wave in hypertensive and normal subjects in:
Proceedings of the FIJC on Pattern recognition, Nov. 1973, Washington, D.C., p. 220-226 (VI.4.)

6056. Kynnap, E.: Recognition of the vowel waveforms in:
Second Intern. Joint Conference on Pattern Recognition, Aug. 1974, Copenhagen, p. 525-526 (VI.6.6.)

6057. Laffan, A.W.; Scott, R.C.: A new tool for automatic pattern recognition: a context-free grammer for plane projective geometry in:
Proceedings of the Second Joint Conference on Pattern Recognition, Aug. 13-15, 1974, Copenhagen, p. 301-302 (VI.6.6.)

6058. Lainiotis, D.G.; Hilborn, C.G. (Jr.): Optimal unsupervised learning multicategory dependent hypotheses pattern recognition
IEEE Trans. Information Theory, 1968, JT-14, 468-470 (VI.1./9.)

6059. Lainiotis, D.G.; Hilborn, C.G. (Jr.): Unsupervised learning minimum risk pattern classification for dependent hypotheses and dependent measurements
IEEE Trans. Systems Science and Cybernetics, 1969, SSC-5, 109-115 (VI.1.)

6060. Lainiotis, D.G.: Sequential structure and parameter-adaptive pattern recognition - part I: supervised learning
IEEE Trans. Info. theory, 1970, JT-16, 548-556 (VI.1./9.)

6061. Lainiotis, D.G.; Avaneas, N.: Adaptive speech recognition and synthesis in:
Proceedings of the FIJC on Pattern Recognition, Nov. 1973, Washington, D.C., p. 302 (VI.1.)

6062. Lainiotis, D.: Intersymbol interference elimination: Adaptive pattern recognition approaches in:
Proceedings of the FIJC on Pattern Recognition, Nov. 1973, Washington, D.C., p. 463 (VI.1.)

6063. Lainiotis, D.: Adaptive pattern recognition: Partitioned algorithms in:
Proceedings of the FIJC on Pattern recognition, Nov. 1973, Washington, D.C., p. 462 (VI.1.)

6064. Lakshminarasimhan, A.L.; Dasarathy, B.V.: A unified approach to feature selection and learning in unsupervised environments
IEEE Transactions on computers, 1975, C-24, 9, 948-952 (VI.1.)

6065. Lawton, W.H.; Sylvester, E.A.: Self modeling curve resolution
Technometrics, 1971 (13), 617-633 (VI.8.)

6066. Lee, M.C.; Gaier, E.L.: Pattern analysis: The configural approach to predictive measurement
Psychological bulletin, 1953, 50, 140-148 (VI.1./2.1.)

6067. Lee, R.C.T.; Hagle, J.R.: Applications of game tree searching techniques to sequential pattern recognition
Comm. ACM., 1971, 14, 103-110 (VI.1.)

6068. Lee, R.C.T.: A sub-minimal spanning tree approach for large data clustering in:
Second Intern. Joint Conference on Pattern Recognition, Aug. 1974, Copenhagen, p. 517 (VI.1./IV.1.)

6069. Ledley, R.S.; et al.: FIDAC: film input to digital automatic computers and associated syntax-directed pattern recognition programming system
In Optical and Electro-optical Information Processing J. Tippet, et al. (eds.), chapt. 33, MIT Press, Cambridge, Massas. 1965, 591-613
(VI.1./8.)

6070. Ledley, R.S.; et al.: Pattern recognition studies in the biomedical sciences
AF/PS Confer. Proceedings, 1966, 28, 411-430 (VI.4.)

6071. Ledley, R.S.: Some clinical applications of pattern recognition in:
Proceedings of the ˥IJC on Pattern recognition, Nov. 1973, Washington, C.D., p. 89-112 (VI.4.)

6072. Lendaris, G.G.; Stanley, G.L.: An opticalogical self-organizing recognition system in optical and electro-optical Information processing, pp. 535-550, J.T. Tippett et al. (eds.)
MIT Press, Cambridge, Mass., 1965
(VI.8./9.)

6073. Lendaris, G.G.; Stanley, G.L.: Diffraction - pattern sampling for automatic pattern recognition
Proc. IEEE, 1970, 58, 198-216
(VI.1.)

6074. Levine, M.D.; Gitman, J.: An algorithm for detecting unimodal fuzzy sets and its application as a cluster technique
IEEE Trans. Comput., 1970, C-19
(VI.1./IV.1.)

6075. Lewis, P.M.: The characteristic selection problem in recognition systems
IRE Trans. Info. Theory, 1962, JT-8, 171-178 (VI.1.)

6076. Lin, C.A.; Shelton, G.L. (Jr.): An experimental investigation of a mixedfont print recognition system
IEEE Trans. Electron computers, 1966, EC-15, 916-925 (VI.1.)

6077. Lin, W.C.: An adaptive pattern recognition machine using neuron-like elements
Ph. D. Thesis, Purdue Univ., Lafayette, Ind., Aug. 1965, see: Dissertation Abstracts, 1966/67, Order No. 66-5283, 178 B, Vol. 27, No. 1
(VI.1.)

6078. Lin, W.C.; Scully, Th.L.: Computer identification of constrained handprinted characters with a high recognition
IEEE Trans. Syst. Man and Cybernetics, New York, SMC-4, 1974, 6, 497-504
(VI.6.6./8.)

6079. Lindgren, N.: Machine recognition of human language, part 1, 2, 3
IEEE Spectrum, 1965, vol. 2, No. 3, 114-136, No. 4, 44-59, No. 5, 104-116
(VI.6.6.)

6080. Ling, T.T.; Yau, S.S.: On the upper bound of the probability of error of a linear pattern classifier for probabilistic pattern classes
Proc. IEEE, 1968, vol. 56, No. 3, 321-322
(VI.1./9.)

6081. Linnemann, G.: Maximal decision tables for character reading and their influence on alphabetic information content (in Deutsch)
Wiss. Z. Techn. Hochschule Ilmenau, 1974, 20 (4-5), 109-123
(VI.6.6.)

6082. Linnik, Yu.V.: Approximately minimax detection of a vector signal in Gaussian noise
Theory Prob. Appl., 1966, 11, 497-512
(VI.1.)

6083. Litofsky, B.: Utility of automatic classification systems for information storage and retrieval
Ph. D. Thesis, 1969, Univ. of Pennsylvania, Philadelphia
(VI.1./V.1.)

6084. Liu, C.N.; Chow, C.K.: An approach to structure adaptation in pattern recognition
IEEE Trans. Syst. Sci. Cyb., 1966, SSC-2, 73-80 (VI.1.)

6085. Liu, C.N.; Kamensky, L.A.: A theoretical and experimental study of a model for pattern recognition
Comput. information sci., 1964, 194-218
(VI.1./.9.)

6086. Logan, I.G.; Macleod, J.E.S.: An application of pattern recognition algorithms to the automatique inspection of strip metal surfaces in:
Second Intern. Joint Conference on Pattern Recognition, Aug. 13-15, 1974, Copenhagen, p. 286-289
(VI.8.)

6087. Londé, D.; Simmons, R.: NAMER: A pattern recognition system for generating sentences about relations between line drawings
Proc. Assoc. Comput. Mach. 20th National Conf., 1965, 162-175
(VI.6.6.)

6088. Lowitz, G.E.: Structural classification descriptors in pattern recognition
Bionics symposium, Dayton 1966
(VI.1.)

6089. Lowitz, G.E.: A linearization method around cardinal points of the geometrical distortions of image, in:
Second International Joint Conference on Pattern Recognition, Aug. 1974, Copenhagen, p. 319-323
(VI.1.)

6090. Lumelskij, W.Ja.; Semenowa, L.K.: siehe Teil in russischer Sprache (kyrillische Schrift)

6091. Lumelskij, W.Ja.: siehe Teil in russischer Sprache (kyrillische Schrift)

6092. Lumelskij, W.Ja.: siehe Teil in russischer Sprache (kyrillische Schrift)

6093. Lutfuljajew, R.A.; Adylowa, E.T.: siehe Teil in russischer Sprache (kyrillische Schrift)

6094. Ma, Y.-L.: The pattern recognition of chinese characters by Markov chain procedure
IEEE Trans. on Systems, Man, and Cybernetics, 1974, vol. SMC - 4, No. 2, 223-228 (VI.6.6.)

6095. Macleod, J.E.S.; Logan, I.G.: An application of pattern recognition algorithms to the automatique inspection of strip metal surfaces in:
Second Intern. Joint Conference on Pattern Recognition, Aug. 13-15, 1974, Copenhagen, p. 268-289
(VI.8.)

6096. MacDonald, J.C.; et al.: Pattern recognition applied to glucose-6-phosphate - dehydrogenase deficiency using APL
Am. Lab., 1975, 7 (2), 11-12
(VI.4.)

6097. MacDonald, J.S.; Bennett, J.R.: On the measurement of curvature in a quantized environment
IEEE Transactions on computers, 1975, C-24, 8, 803-820 (VI.1.)

6098. MacKay, P.H.: Mind - like behavior in artefacts
Brit. J. Philos. Sci., 1951, 2, 105-121
(VI.1.)

6099. Mancillas, R.G.: Machine recognition in pathology and the molecular origin of cancer
Ph. D. Thesis, Strathdyde Univ., 1970, Glasgow, Scotland (VI.4.)

6100. Mancillas, R.G.; Word, A.: Machine recognition in pathology in:
Proceedings of Second Joint Conference on Pattern Recognition, Aug. 13-15, 1974
Copenhagen, p. 270-275
(VI.4.)

6101. Marill, T.; Green, D.M.: Statistical recognition functions and the design of patterns recognizer
IRE Trans. Electronic computers, 1960, EC-S, 472-477
(VI.1.)

6102. Marill, T.; Green, D.M.: The effectiveness of receptors in recognition systems
IEEE Trans. on Info. Theory, 1963, vol. IT-G., No. 1, 11-17 (VI.1.)

6103. Marill, T.; et al.: Cyclops-I: a second-generation recognition system
AFIPS Conf. Proc., 1963, 24, 27-34
(VI.1.)

6104. Maroy, J.P.; Berthod, M.: Morphological feature and sequential information in real time handprinting recognition in:
Second Intern. Joint Conference on Pattern Recognition, Aug. 13-15, 1974, Copenhagen, p. 358-363
(VI.6.6./9.)

6105. Masnikosa, V.: Practical realization of a pattern recognition algorithm on a digital computer
Eng. Cybern. (Sowjetunion), 1968, No. 1
(VI.1.)

6106. Mason, S.J.; Clemens, J.K.: Character recognition in an experimental reading machine for the blind in:
Recognizing patterns, pp. 156-167, P.A. Kolers and M. Eden (eds.), MIT Press, Cambridge, Mass., 1968
(VI.6.6./9.)

6107. Masuda, I.: Assessment of handprinted character quality and its application to machine recognition in:
Second Intern. Joint Conference on Pattern Recognition, Aug. 1974, Copenhagen, p. 202-205 (VI.6.6.)

6108. Masuda, D.: Assessment of handprinted character quality and its applications to machine recognition
Paper in SIJCPR., 1974
(VI.6.6.)

6109. Mathews, M.V.; Kramer, H.P.: A linear coding for transmitting a set of correlated signals
IRE Trans. Information Theory, 1956, IT-12, 41-46 (VI.1.)

6110. Mathews, J.D.; et al.: Pattern recognition in medicine: A place for the use of principal component analysis and factor analysis
Aust. NZ. J. Med., 1974, 4, 5, 509-515
(VI.4./I.4./II.4.)

6111. Mattson, R.C.; Dammann, J.E.: A technique for determining and coding subclasses in pattern recognition problems
IBM Journal of research and development, 1965, 9, 294-302 (VI.1.)

6112. Mazlack, L.J.: Macro vs. micro pattern development in: Second International Joint Conference on Pattern Recognition, Aug. 1974, Copenhagen, p. 448-449
(VI.1.)

6113. McEven, J.A.; et al.: Monitoring the level of anesthesia by automatic analysis of spontaneous EEG activity
IEEE Trans. Biomed. Eng., 1975, BME-22, No. 4, 299-305 (VI.4.)

6114. McFerran, J.B.: Feature extraction in pattern recognition
Ph. D. Thesis, Purdue University, Aug. 1970, 252 p. (VI.1.)

6115. McMaster, G.W.: A measurement of the pattern of normal and malignant cervical cells
Acta cytologica, 1968, 12, 9-14
(VI.4.)

6116. Mori, S.; et al.: Recognition of handprinted characters in:
Second International Joint Conference on Pattern Recognition, Aug. 1974, Copenhagen, p. 233-237 (VI.6.6./9.)

6117. McNichol, D.A.: A primer of signal detection theory
Allen and Unwin, London, 1972
(VI.9.)

6118. Meerson, Y.A.; et al.: On some peculiarities of recognition of symbol letters by their fragmentory designs in the norm and in cerebral pathology in:
Proceedings of the FIJC on Pattern recognition, Nov. 1973, Washington, D.C. p. 227-230 (VI.4.)

6119. Meisel, W.S.: Computer oriented approaches to Pattern Recognition
Academic Press, New York, 1970
(VI.1.)

6120. Mendel, J.M.; Fu, K.S.: Adaptive, learning and pattern recognition systems
Academic Press, New York 1970
(VI.1./10.)

6121. Mercer, R.L.; Cohen, P.S.: The phonological component of an automatic speech-recognition system in:
Proc. IEEE Symp. Speech Recognition, 1974, 177-188 (VI.6.6.)

6122. Mermelstein, P.; Eden, M.: Experiments on computer recognition of connected handwritten words
Inform. and Control, 1964, 7, N. 2
(VI.6.6.)

6123. Mermelstein, P.; Eden, M.: A system for automatic recognition of handwritten words
AFIPS, 1964 (VI.6.6.)

6124. Mermelstein, P.; Eden, M.: Experiments on computer recognition of connected handwritten words
Info. and control, 1964, 7, 250-270
(VI.6.6.)

6125. Meyer-Brötz, G.; Schürmann, J.: Methoden der automatischen Zeichenerkennungs-Verfahren der Datenverarbeitung
R. Oldenburg München und Wien, 1970
(VI.1.)

6126. Meyer, R.F.; et al.: Analytic approximation and translational invariance in character recognition
Opt. Char. Rec. (ed.) Fischer, et al., Spartan books, Wash., D.C., 1962
(VI.1.)

6127. Michalski, R.S.: A QVAL/1 computer implementation of a variable-valued logic system VL_1 and examples of its application to Pattern recognition in:
Proceedings of the FIJC on Pattern recognition, Nov. 1973, Washington, D.C., p. 3-17 (VI.1.)

6128. Michalski, R.S.: A variable decision space approach for implementing a classification system in:
Second International Joint Conference on Pattern Recognition, Aug. 1974, Copenhagen, p. 71-75
(VI.1.)

6129. Midet, L.: Speech recognition: Phonetic constraints in French words in:
Second Intern. Joint Conference on Pattern Recognition, Aug. 1974, Copenhagen, p. 247-248 (VI.6.6.)

6130. Middleton, D.: Noise and nonlinear communication problems
Symp. appl. antorcorrel. Anal. Phys. Problems, 1950, 24-44
(VI.9.)

6131. Miki, N.; et al.: Speech feature extraction by a modulated fourier function
Electron and Commun. Jap., 1974, 57 (1), 56-63 (VI.6.6.)

6132. Milenkij, A.W.: siehe Teil in russischer Sprache (kyrillische Schrift)

6133. Miller, M.N.: Design and clinical results of Hematrak, an automated differential counter in: Second Intern. Joint Conference on Pattern Recognition, Aug. 1974, Copenhagen, p. 517 (VI.4.)

6134. Miller, G.M.: On-line recognition of hand-generated symbols FJCC, 1969 (VI.1.)

6135. Miloslavskaya, N.K.: Choice of an algorithm for the recognition of handwritten characters Otbor and Peredacha Inf., 1974, 42, 16-21 (VI.6.6./9.)

6136. Minneman, M.J.: Handwritten character recognition employing topology, cross correlation, and decision theory IEEE Trans. Symp. Sc. and Cyb., 1966, Vol. SSC-2, No. 2, 86-96 (VI.6.6./9.)

6137. Minot, O.N.: Automatic devices for recognition of visible two-dimensional patterns: A survey of the field USN Electron. Lab. Rep., 1959, No. TM 364 (VI.1./8.)

6138. Minsky, M.: Steps toward artificial intelligence Proc. IRE, 1961, 45, 8-30 (VI.1.)

6139. Mirkin, B.G.; Kuperschtok, W.L.: siehe Teil in russischer Sprache (kyrillische Schrift)

6140. Montanari, U.: Recent progress in picture processing and scene analysis in: Second Intern. Joint Conference on Pattern Recognition, Aug. 1974, Copenhagen, p. 513-516 (VI.1./9.)

6141. Montanari, U.: Scene analysis (in Italienisch) Autom. and Strum., 1975, 23 (2), 79-81 (VI.1./9.)

6142. Moore, D.J.H.; Parker, D.J.: Analysis of global pattern features Pattern Recognition, 1964, 6, 314, 149-164 (VI.1.)

6143. Morayer, B.; Fu, K.S.: A syntactic approach to fingerprint pattern recognition in: Proceedings of the FIJC on Pattern Recognition, Nov. 1973, Washington, D.C., p. 423-432 (VI.1./9.)

6144. Morayer, B.; Fu, K.S.: A syntactic approach to fingerprint pattern recognition Pattern recognition, 1975, 7 (1-2), 1-23 (VI.1./9.)

6145. Mori, S.; et al.: Field effect method for feature extraction from patterns in: Proceedings of the FIJC on Pattern Recognition, Nov. 1973, Washington, D.C., p. 389 (VI.1./9.)

6146. Morishita, J.; Takanuki, R.: Steady-state behavior of a non-supervised learning algorithm for multicategory pattern classification IEEE Trans. Systems. Man and Cybernetics, SMC-2, 1972, 49-58 (VI.9.)

6147. Mucciardi, A.N.; Gose, E.E.: A comparison of seven techniques for choosing subsets of pattern recognition properties IEEE Trans. Computers, 1970, C-20, 1023-1031 (VI.1.)

6148. Mucciardi, A.N.; Gose, E.E.: An automatic clustering algorithm and its properties in high-dimensional spaces IEEE Trans. Systems, Man and Cybernetics, 1972, SMC-2, 247-254 (VI.1./IV.1.)

6149. Muller, F.J.; Taylor, W.K.: A comparative study of electronic and neural networks involved in Pattern Recognition J. Theor. Biol., 1973, 41, 97-118 (VI.4./9.)

6150. Muller, F.J.; Taylor, W.K.: A parallel processing model for the study of possible pattern recognition mechanismus in the brain Pattern Recognition, 1976, vol. 8, 47-52 (VI.1./4.)

6151. Mundy, J.L.; Joynson, G.E.: Application of unitary transforms to visual pattern recognition in: Proceedings of the FIJC on Pattern Recognition, Nov. 1973, Washington, D.C., p. 390-395 (VI.1.)

6152. Munson, J.H.; et al.: Experiments with Highleyman's data
IEEE Trans. Comput., 1968, 14, 399-401
(VI.9.)

6153. Munson, J.H.: Experiments in the recognition of handprinted text, Part. I - character recognition
Proc. FJCC, 1968, 33, 1125-1138
(VI.6.6./9.)

6154. Mutschnik, J.B.: siehe Teil in russischer Sprache (kyrillische Schrift)

6155. Mutschnik, J.B.; Sawalischin, N.W.: siehe Teil in russischer Sprache (kyrillische Schrift)

6156. Nadler, M.: An analog-digital character recognition system
IEEE Trans. on Elec. Comp., Dec. 1963, 814 (VI.1.)

6157. Nadler, M.: Sequentially local picture operators in: Second International Joint Conference on Pattern Recognition, Aug. 1974, Copenhagen, p. 131-135
(VI.8.)

6158. Nagao, M.; et al.: Automatic model generation and recognition of simple three dimensional bodies in:
Proceedings of the FIJC on Pattern Recognition, Nov. 1973, Washington, D.C. p. 499-503 (VI.8.)

6159. Nagao, M.; et al.: An interactive picture processing system on a minicomputer in:
Second Intern. Joint Conference on Pattern Recognition, Aug. 1974, Copenhagen, 148-149 (VI.10./8.)

6160. Nagel, R.N.: Steps toward handwritten signature verification in:
Proceedings of the FIJC on Pattern Recognition, Nov. 1973, Washington, D.C., p. 58-66 (VI.6.6./9.)

6161. Nagy, G.: State of the art in pattern recognition
Proc. IEEE, 1968, No. 5, 836-862
(VI.1.)

6162. Nakano, Y.: Improvement of chinese character recognition using projection profiles in:
Proceedings, of the FIJC on Pattern Recognition, Nov. 1973, Washington, D.C., p. 172-178 (VI.1.)

6163. Narasimhan, R.; et al.: BUBBLE TALK the structure of a program for on-line conversation with Illiac II
Digital Computer Lab. Un. of Illinois, File No. 604, July 1964
(VI.8./10.)

6164. Narasimhan, R.: Syntax-directed interpretation of classes of pictures
Commun. Assoc. Comput. Med., 1966, 9, 3, 166-173 (VI.9.)

6165. Narasimhan, R.; Reddy, V.S.N.: A syntax-aided recognition sheme for handprinted English letters
Pattern recognition, 1971, 3, 345-362
(VI.6.6.)

6166. Naylor, W.G.: Some logical and numerical aspects of pattern recognition and artificial intelligence
AFIPS Conf. Proc., 1969, 34, 95-102
(VI.1.)

6167. Neimark, Ju.I.; et al.: siehe Teil in russischer Sprache (kyrillische Schrift)

6168. Neisser, U.; Selfridge, O.G.: Pattern recognition by machines and men
Scient. American, 1960, 203, 60-68
(VI.10.)

6169. Neisser, U.; Weene, P.: A note on human recognition of handprinted characters
Inf. Control., 1960, 2, 191
(VI.6.6./9.)

6170. Neyman, J.; Scott, E.L.: Contribution to the study of the abundance of multiple galaxies
Stud. Math. Anal. related topics (Polya volume), 1962, 262-269
(VI.8.)

6171. Niemann, H.; Winkler, G.: Eine Theorie zur quantitativen Beschreibung und Erkennung von Mustern
NTZ, 1968 (2), 94-100
(VI.1.)

6172. Niemann, H.: Begründung und Anwendung einer Theorie zur quantitativen Beschreibung und Erkennung von Mustern
Dissertation, Hannover, 1969
(VI.1.)

6173. Niemann, H.: Mustererkennung mit orthonormalen Reihenentwicklungen
NTZ, 1970 (6), 308-313
(VI.1.)

6174. Nikolic, Z.J.; Fu, K.S.: Algorithm for learning without external supervision and its application to learning control
IEEE Trans. Automatic control, 1966, AC-11, 414-422 (VI.1./9.)

6175. Nilsson, N.J.: Learning machines
McGraw-Hill, New York, 1965
(VI.1.)

6176. Nilsson, N.J.: Problem solving methods in artificial intelligence
McGraw-Hill, New York, 1971
(VI.1.)

6177. Noguchi, S.; et al.: Some approaches to nonsupervised parameter estimation and classification in:
Proceedings of the FIJC on Pattern Recognition, Nov. 1973, Washington, D.C., p. 166 (VI.1.)

6178. Noguchi, S.; Tomita, S.: On a self-classification of pattern by the Karhunen-Loéve orthogonal system in:
Second Intern. Joint Conference on Pattern Recognition, Aug. 13-15, 1974, Copenhagen, p. 60-63
(VI.1./IV.1.)

6179. Northouse, R.A.; Fromm, F.R.: Some results of nonparametric clustering on large data problems in:
Proceedings of the FIJC on Pattern Recognition, Nov. 1973, Washington, D.C., p. 18-21 (VI.1./IV.1.)

6180. Noskow, W.N.: siehe Teil in russischer Sprache (kyrillische Schrift)

6181. Norton, D.: A theory of visual pattern recognition
IEEE SSCG, 1970, 4, 349-357
(VI.8.)

6182. Norton-Wayne, L.; Hill, W.J.: The automatic classification of defects on moving surfaces in:
Second Intern. Joint Conference on Pattern Recognition, Aug. 13-15, 1974, Copenhagen, p. 476-478
(VI.1./8.)

6183. Noguchi, S.; Tomita, S.: Recognition of handwritten katakana characters
Electron. Commun. Japan, J. Inst. Electron. Commun Eng. Japan, 1967, 50, 174-183 (VI.6.6./9.)

6184. Novikoff, A.B.J.: Integral geometry asa tool in pattern perception
Proc. Bionics symposium, 1960, pp. 247-262, Dayton, Ohio, Wright Air development Division, Tech. Rep. 60-600, 1960
(VI.1.)

6185. Novikoff, A.B.J.: Integral geometry as a tool in pattern perception, in: principles of self-organization von Forrester and Zopf (eds.)
Pergamon Press., 1962, 347-368
(VI.1.)

6186. Nuriev, F.N.; et al.: Application of pattern recognition to nondestructive testing of mechanical properties (Russ.)
Defektoskopiya, 1974, 10 (2), 119-127
(VI.8.)

6187. O'Callaghan, J.F.: Pattern recognition using some principles of the Organism-environment interaction
Ph. D. Thesis, Australian National University Canberra, 1968
(VI.3.1.)

6188. Ogawa, H.; et al.: Recognition of Chinese characters by means of hierarchical pattern representation
Technol. Rep. Osaka Univ., 1974, 24, No. 1191-1229, 603-615
(VI.6.6.)

6189. Ohteru, S.; et al.: Automated fingerprint classifier in:
Second Intern. Joint Conference on Pattern Recognition, Aug. 1974, Copenhagen, p. 185-187
(VI.6.6./9.)

6190. Oka, M.; et al.: Pattern feature detection system
Hitachi Ltd. Patent USA 3863218, 26. Jan. 1975 (VI.1./8.)

6191. Okajima, M.; et al.: Computer pattern recognition techniques: Some results with real electrocardiographic data
IEEE Trans. Bio.-Medical Electronics BME-10, 1963, 106-114
(VI.4.)

6192. Okada, N.; et al.: An analysis and classification of non-simple matter concepts for natural language and picture interpretation
Syst. Comput. Control., 1973, 4 (5), 64-72 (VI.6.6.)

6193. Ott, R.: On feature selection by means of principle axis transform and nonlinear classification in:
Second International Joint Conference on Pattern Recognition, Aug. 1974, Copenhagen, p. 220-222 (VI.1.)

6194. Overall, J.E.; Hollister, L.E.: Computer procedures for psychiatric classification
J. Amer. Med. Assoc., 1964, 187, 115-120 (VI.2.1./IV.2.1.)

6195. Ozawa, K.; Tanaka, K.: Character recognition using correlation techniques on spatial complex-frequency plane in:
Second Intern. Joint Conference on Pattern Recognition, Aug. 13-15, 1974, Copenhagen, p. 409-410
(VI.1.)

6196. Paan, Ju.A.: siehe Teil in russischer Sprache (kyrillische Schrift)

6197. Page, J.: Recognition of patterns in jet engine vibration signals digest of the first annual
IEEE Computer conference, 1967, New York. IEEE Publ. No. 16 C 51, 102-105
(VI.8.)

6198. Pakvasa, N.; Watanabe, S.: Subspace method in pattern recognition in:
Proceedings of the FIJC on pattern recognition, Nov. 1973, Washington, D.C., p. 25-32 (VI.1.)

6199. De Palma, G.T.; Yau, S.S.: Fractionally fuzzy grammars with application to pattern recognition
Fuzzy sets and their applications to cognitive and decision theory
(Proc. U.S.-Japan Sem., Univ. Calif., Berkeley, Calif.) 1974, pp. 329-351
Academic Press, New York, 1975
(VI.1./10.)

6200. Pan, L.F. (ed.): Topics in pattern recognition
Copenhagen, 1973, 159 p.
(VI.1.)

6201. Pan, L.F.: Diagnosis of equipment failures by pattern recognition
IEEE Trans. Reliability, Aug. 1974 (VI.8.)

6202. Pan, L.F.: Adaptive on-line failure diagnosis and predictive pattern recognition in:
Second International Joint Conference on Pattern Recognition, Aug. 1974, Copenhagen, p. 6-9 (VI.1.)

6203. Parker, D.J.; Moore, D.J.H.: Analysis of global pattern features
Pattern Recognition, 1974, 6, 314, 149-164 (VI.1.)

6204. Parks, J.R.; et al.: An articulate recognition procedure applied to handprinted numerals in:
Second International Joint Conference on Pattern Recognition, Aug. 1974, Copenhagen, p. 416-420 (VI.6.6./9.)

6205. Patrick, E.A.; Hancock, J.C.: Nonsupervised sequential classification and recognition of patterns
IEEE Trans. Information Theory, 1966, JT-12, 362-372 (VI.1.)

6206. Patrick, E.A.: On a class of unsupervised estimation Systems
IEEE Trans. Information theory, 1968, JT-14, 407-415 (VI.1.)

6207. Patrick, E.A.: (Interspace) Interactive system for pattern analysis, classification, and enhancement
paper presented at the computers and communications conference, Rome, N.Y., 1969 (VI.1.)

6208. Patrick, E.A.: Unsupervised estimation and processing of unknown signals
Purdue Univ. Rept., 1969, TR-EE 69-18 (VI.1.)

6209. Patrick, E.A.: On unsupervised estimation algorithms
IEEE Trans. Information theory, 1970, JT-16, 556-569 (VI.9./10.)

6210. Patrick, E.A.; Fischer, F.P.: A generalization of the k-nearest neighbor rule
Information and Control, 1970, 16, 128-152 (VI.1.1.)

6211. Patrick, E.A.; et al.: Pattern recognition applied to surgery
Comput. Biol. and Med., 1975, 4 (3-4), 293-300 (VI.4.)

6212. Patterson, J.D.; Womack, B.F.: An adaptive pattern classification system
IEEE Trans. Systems Science and Cybernetics, 1966, SSC-2, 62-67 (VI.9.)

6213. Patterson, J.D.: The linear mean square estimation technique of recognition in:
Proceedings of the FIJC on Pattern Recognition, Nov. 1973, Washington, D.C., p. 67-76 (VI.1.)

6214. Paulus, E.: Nonsupervised pattern classification based on the nearest neighbor rule in:
Proceedings of the FIJC on Pattern Recognition, Nov. 1973, Washington, D.C., p. 254 (VI.1.)

6215. Pawlenko, W.W.; Endeladse, E.L.: siehe Teil in russischer Sprache (kyrillische Schrift)

6216. Pearl, J.: An application of rate-distortion theory to pattern recognition and classification
Pattern Recognition, 1976, Vol. 8, 11-22 (VI.1./IV.1.)

6217. Penny, S.J.; Burkhard, J.H.: Multidimensional correlation lattices as an aid to three dimensional pattern recognition
Spring Joint Comp. Conf. Proc., 1966, 449-456 (VI.1.)

6218. Pernier, J.; Gerin, P.: Temporal patterns analysis of spontaneous unit activity in the neocortex
Biol. Cybern., 1975, 18, 3/4, 123-136 (VI.4./3.1.)

6219. Peterson, C.E.: Automated visual inspection in:
Second International Joint Conference on Pattern Recognition, Aug. 1974, Copenhagen, p. 517 (VI.8.)

6220. Prickett, R.M.: Visual analysis of texture in the detection and recognition of objects in
Picture Processing and Psychopictories
B.C. Lipkin and A. Rosenfeld (Eds.), New York, Academic Press, 1970, 298-308 (VI.9./1.)

6221. Pless, J.: PEPR-System (Precise encoding and pattern recognition)
IEEE Trans. Nuclear Sc., Aug. 1965, Vol. NS-12, 279-290 (VI.8.)

6222. Poitevent, J.L.: OCR for credit card processing
Datamation, 1969, July, 49-56
(VI.6.1.)

6223. Powers, V.M.: Pen Direction sequences in character recognition
Pattern Recognition, Dec. 1973
(VI.6.6.)

6224. Prather, R.; Uhr, L.: Discovery and learning techniques for pattern recognition
Proc. 19th Annual meeting of the Assoc., Comput. Mach., 1964 (VI.1.)

6225. Preston, K.: Feature extraction by Golay hexagonal pattern transforms
IEEE Trans. Comput., 1971, 20, 1007-1014
(VI.1.)

6226. Pugatschow, W.S.: siehe Teil in russischer Sprache (kyrillische Schrift)

6227. Quabdesselam, F.: Proving theorems by pattern difference in:
Proceedings of Second International Joint Conference on Pattern Recognition, Aug. 13-15, 1974, Copenhagen, p. 518
(VI.1.)

6228. Rabinow, J.C.: Whither-OCR and whence
Datamation, Juli 1969, 38-42
(VI.9.)

6229. Rajasekaran, S.N.S.; et al.: A sequential template matching procedure for the recognition of complex line patterns in:
Second International Joint Conference on Pattern Recognition, Aug. 1974, Copenhagen, p. 109-110 (VI.9.)

6230. Randall, N.C.; Kanal, L.N.: Recognition system design by statistical analysis
ACM, Proc. 19th Nat. Conf., 1964, D.2. 5-1-D.2.5-10 (VI.1.)

6231. Rao, C.V.K.; et al.: An automatic fingerprint classification system in:
Second Intern. Joint Conference on Pattern Recognition, Aug. 1974, Copenhagen, p. 183-184 (VI.9./6.6.)

6232. Rasek, E.: A contribution to the problem of feature selection with similarity functionals in pattern recognition
Pattern Recognition, April 1971, Vol. 3, No. 1 (VI.9.)

6233. Raviv, J.: Decision making in Markow ohainr applied to the problem of pattern recognition
IEEE Trans. Info. theory, 1967, IT-13, 536-551 (VI.9.)

6234. Read, J.: Show-and tell. An interactive programming system for image processing
Dept. of computer Science, Univ. of Illinois Report No. 429, Febr. 1971 (VI.9.)

6235. Reddy, D.R.: Computer recognition of connected speech
J. Acoust. Soc. Amer., 1967, 42, 329-347 (VI.1./6.6.)

6236. Reddy, V.S.N.; Narasimhan, R.: A syntax-aided recognition scheme for handprinted English letters
Pattern recognition, 1971, 3, 345-362 (VI.6.6.)

6237. Reichert, F.A.; Krieger, A.J.: Quantitative certainly in differential diagnosis in:
Proceedings of Second Internat. Joint Conference on Pattern Recognition, Aug. 1315, 1974, Copenhagen, p. 434-437 (VI.4.)

6238. Rejtö, L.; Revesz, P.: Density estimation and pattern recognition
Problems of control and information theory, 1973, 2, 67-80 (VI.9.)

6239. Revesz, P.; Rejtö, L.: Density estimation and pattern recognition
Problems of control and information theory, 1973, 2, 67-80 (VI.9.)

6240. Rjabow, G.G.: siehe Teil in russischer Sprache (kyrillische Schrift)

6241. Rintala, W.M.; Hu, C.C.: A feature-detection program for patterns with overlapping cells
IEEE Trans. Syst. Sci. Cybern., 1968, SSC-4, 16-23 (VI.4./9.)

6242. Riseman, E.M.: Feature detection networks in pattern recognition
Ph. D. Thesis, Cornell, 1969 (VI.9.)

6243. Riseman, E.M.; Ehrich, R.W.: Contextual word recognition using binary diagrams
IEEE Trans. Comp., 1971, C-20, 397-403
(VI.9./6.6.)

6244. Roberts, L.G.: Pattern recognition with an adaptive network
IRE International Conv. Rec., 1960, Part. 2, 66-70 (VI.9.)

6245. Roche, C.; Simon, J.C.: Application of questionnaire theory to pattern recognition
IJCAI, Sept. 1971
(VI.1.)

6246. Roche, C.: Information utile en reconnaissance des formes et en compression des données: Application à la géneration automatique de systémes de reconnaissance optique et acoustique
Thesis, Paris Dec. 1972
(VI.1./8.)

6247. Roche, C.; Chateauneuf, F.: Reconnaissance de la parole par l'algorithme d'apprentissage d'opérateurs, 5 ème journées d'études sur la parole du groupement des acousticiens de langue francaise
Orsay, May 1974 (VI.8.)

6248. Roche, C.: Application of multilevel clustering to the automatic generation of recognition operators. A link between feature extraction and classification in:
Second International Joint Conference on Pattern Recognition, Aug. 1974, Copenhagen, p. 540-546 (VI.8./1.)

6249. Röcker, F.: Localization and classification of three-dimensional objects in:
Second International Joint Conference on Pattern Recognition, Aug. 1974, Copenhagen, p. 527-528 (VI.9.)

6250. Rohrer, H.G.: Pattern recognition in a hierarchical structure of learning automata in:
Second International Joint Conference on Pattern Recognition, Aug. 1974, Copenhagen, p. 329-330 (VI.9.)

6251. Rosenblatt, F.: The perceptron - a perceiving and recognizing automation
Report 85-460-1, Cornell Aeronautical Laboratory, Ithaca, N.Y., 1957
(VI.9.)

6252. Rosenfeld, A.: Picture - making processes in pattern Recognition
Academic Press, New York, 1969
(VI.1./8.)

6253. Rozin, B.B.: Die Theorie der Gestalterkennung in ökonomischen Untersuchungen
Theorija raspoznavanija obrazov v ekonomiceskich issledovanijach (Russ.)
Moskva: "Statistika", 1973, 224 S.
(VI.6.1./IV.6.1./II.6.1./I.6.1.)

6254. Rushanskij, W.I.: siehe Teil in russischer Sprache (kyrillische Schrift)

6255. Ruszkowski, J.: Algorithm for searching for line segments lengthening on discrete plane with the use of Markov chains
Arch. Autom. and Telemech., 1975, 20 (1), 107-129 (VI.9.)

6256. Rutovitz, D.: Pattern recognition
J. Roy. Statist. Soc. Ser. A, 1966, 129, 504-530 (VI.1.)

6257. Rybak, V.J.; et al.: An algorithm for automatic identification of identical sections on stereopair photographs (Russ.)
Kibernetika, 1975, Vol. 8 (2), 118-129
(VI.8.)

6258. Rybak, V.J.; Fursin, G.J.: Recognition of handwritten symbols in the process of writing (Russ.)
Kibernetika, 1975, 882, 104-112
(VI.9.)

6259. Van Ryzin, J.R.: Non-parametric Bayesian decision procedures for (pattern) classification with stochastic learning
Trans. Fourth Prague Conf. Information Theory, Statist. Decision Functions, Random Processe, 1967, 479-494
(VI.9./1.)

6260. Sabah, G.: The command operator for pattern recognition
Rev. Fr. Autom. Inf. Rech. Opér., 1975, 9, 63-85 (VI.1./8.)

6261. Sabah, G.: The nation of command operator in pattern recognition in:
Second International Joint Conference on Pattern Recognition, Aug. 1974, Copenhagen, p. 376-381
(VI.1./8.)

6262. Sacco, W.J.; et al.: Application of pattern recognition of trauma studies in: Proceedings of the FIJC on Pattern recognition, Nov. 1973, Washington, D.C., p. 113-118 (VI.4.)

6263. Safronow, Ju.P.; et al.: siehe Teil in russischer Sprache (kyrillische Schrift)

6264. Sagoruiko, N.G.; Saslawskoje, T.J.: siehe Teil in russischer Sprache (kyrillische Schrift)

6265. Sagoruiko, N.G.; Jolkina, W.N.: siehe Teil in russischer Sprache (kyrillische Schrift)

6266. Sagoruiko, W.G.; Jolkina, W.N.: siehe Teil in russischer Sprache (kyrillische Schrift)

6267. Sagoruiko, N.G.; Jolkina, W.N.: siehe Teil in russischer Sprache (kyrillische Schrift)

6268. Sagoruiko, N.G.; Jolkina, W.N.: siehe Teil in russischer Sprache (kyrillische Schrift)

6269. Sagoruiko, N.G.: siehe Teil in russischer Sprache (kyrillische Schrift)

6270. Sagoruiko, N.G.: siehe Teil in russischer Sprache (kyrillische Schrift)

6271. Sagoruiko, N.G.: siehe Teil in russischer Sprache (kyrillische Schrift)

6272. Sagoruiko, N.G.: siehe Teil in russischer Sprache (kyrillische Schrift

6273. Sakai, T.; et al.: On-line picture processing of textile patterns Syst. comput. control, 1973, 4 (4), 1-6 (VI.1./8.)

6274. Sakai, T.; et al.: Multi-feature display of online signature by color TV display in: Second International Joint Conference on Pattern Recognition, Aug. 1974, Copenhagen, p. 303-304 (VI.8.)

6275. Sammon, J.W.: On-line pattern analysis and recognition system (OLPARS, report number RADC-TR-68-263 Rome Air development center, Griffiss Air Force Base, New York, 1968, 72 pp. (VI.1.)

6276. Sammon, J.W.: An adaptive technique for multiple signal detection and identification. In: Pattern Recognition, ed. L. Kanal, 409-499, Thompson, Washington, D.C. (VI.9.)

6277. Sammon, J.W.: A nonlinear mapping for data structure analysis
IEEE Trans. comp., 1969, Vol. C-18, 401-409 (VI.1.)

6278. Sammon, J.W.: Interactive pattern analysis and classification
IEEE Trans. Comp., 1970, C-19, 594-616 (VI.1.)

6279. Sammon, J.W.; Foley, D.H.: An optimal set of discriminant vectors
IEEE Transactions on computers, 1975, C-24, 3, 281-289 (VI.1.)

6280. Samochwalowa, W.J.: siehe Teil in russischer Sprache (kyrillische Schrift)

6281. Samulon, A.S.: Separation of manmade and natural patterns in high altitude imagery of agricultural areas
IEEE Trans. Circuits and Syst., 1975, CAS-22, No. 5, 450-463 (VI.5.)

6282. Sandor, G.; et al.: An informatic analysis of serum protein disturbances in clinical pathology
Ann. Immanol. Hung., 1972, 16, 383-408 (VI.4.)

6283. Saposhkow, M.A.: siehe Teil in russischer Sprache (kyrillische Schrift)

6284. Saslawskoje, T.J.; Sagoruiko, N.G.: siehe Teil in russischer Sprache (kyrillische Schrift)

6285. Sasmor, L.; King, G.: On line computer arrhythmia analysis using an analog preprocessor
Proc. 24 th Ann. Conf. Engineering in Medicine and Biology, 1971, p. 152 (VI.4.)

6286. Sauvain, R.W.; Uhr, L.: A teachable pattern describing and recognizing program
Pattern Recognition, 1969, 1, 219-232 (VI.1.)

6287. Sawalischin, N.W.; Mutschnik, I.B.: siehe Teil in russischer Sprache (kyrillische Schrift)

6288. Sayre, K.M.: Machine recognition of handwritten words - A project report
Pattern Recognition, 1973, 5, 213-228
(VI.9./6.6.)

6289. Schepler, H.C.: Satelite finder
USA Patent N 3221591, 1965
(VI.8.)

6290. Schibin, A.B.: siehe Teil in russischer Sprache (kyrillische Schrift)

6291. Schirokow, W.B.; Kartys, G.P.: siehe Teil in russischer Sprache (kyrillische Schrift)

6292. Schirokow, W.B.; Katys, G.P.: siehe Teil in russischer Sprache (kyrillische Schrift)

6293. Schirokow, W.B.; Sdor, S.E.: siehe Teil in russischer Sprache (kyrillische Schrift)

6294. Schirotschkin, W.A.; Kiselewskij, F.N.: siehe Teil in russischer Sprache (kyrillische Schrift)

6295. Schlesinger, M.J.: siehe Teil in russischer Sprache (kyrillische Schrift)

6296. Schlesinger, M.J.; Grebnjew, W.N.: siehe Teil in russischer Sprache (kyrillische Schrift)

6297. Schnell, P.: Eine Methode zur Auffindung von Gruppen
Biometr. Zeitschrift, 1964, 6, 47-48
(VI.1./3.1.)

6298. Schmid, W.; Stuck, P.: A misregistration and orientation independent method to recognize single font type written numerals in:
Second Intern. Joint Conference on Pattern Recognition, Aug. 13-15, 1974, Copenhagen, p. 238-240 (VI.6.6./9.)

6299. Schürmann, J.: Die Adaption von Zeichenerkennungs-Systemen mit Hilfe der Regressionsanalyse
Elektr. Rechenanl., 1969, 11, H. 1, 21-28
(VI.1.)

6300. Schürmann, J.; Meyer-Brötz, G.: Methoden der automatischen Zeichenerkennungs-Verfahren der Datenverarbeitung
R. Oldenburg-München u. Wien, 1970
(VI.1.)

6301. Schürmann, J.; Meyer-Brötz, G.: Problems of pattern recognition in automatic letter sorting systems (Deutsch)
Wiss. Ber. AEG-Telefunken, 1975, 48, 2-3, 85-90 (VI.8.)

6302. Schumpert, J.M.; Yau, S.S.: Design of pattern classifiers with the updating property using stochastic approximation techniques
IEEE Trans. Comput., 1968, C-17, 861-872 (VI.10.)

6303. Schwartzmann, D.: Black box system identification via the topological dimensionality approach with applications to neurophysiological problems
Ph. D. Dissertation, Univ. of California, Los Angeles, 1972 (VI.4.)

6304. Schwartzmann, D.H.; Vidal, J.J.: An algorithm for determining the topological dimensionality of point clusters
IEEE Transactions on computers, 1975, Vol. C-24, 12, 1175-1182 (VI.1./IV.1.)

6305. Schwerdtmann, W.: Ein Vergleich einstufiger und hierarchischer Mustererkennungssysteme
Diss., TU Karlsruhe, 1973, 34 S. (VI.1.)

6306. Scott, E.L.; Neymann, J.: Contribution to the study of the abundance of multiple galaxies
Stud. Math. Anal. related topics, Polya volume, 1962, 262-269 (VI.8.)

6307. Scott, P.B.; Grunza, E.F.: Speech recognition in operational high-noise environments in: Proceedings of the FIJC on Pattern Recognition, Nov. 1973, Washington, D.C., p. 327 (VI.1.)

6308. Scott, R.C.; Laffan, A.W.: A new tool for automatic pattern recognition: a contextfree grammer for plane projective geometry in: Proceedings of the Second Joint Intern. Conference on Pattern Recognition, Aug. 13-15, 1974, Copenhagen, p. 301-302 (VI.6.6.)

6309. Scudder, H.J.: Probability of error of some adaptive pattern recognition machine
IEEE Trans. Information theory, 1965, TI-11, 363-371 (VI.9.)

6310. Scudder, H.J.: Adaptive communication receivers
IEEE Trans. Information theory, 1965,
IT-11, 167-174 (VI.9.)

6311. Soully, Th.L.; Lin, W.C.: Computer identification of
constrained handprinted characters with
a high recognition
IEEE Trans. Syst. Man and Cybernetics,
New York, SMC-4, 1974, 6, 497-504
(VI.6.6./8.)

6312. Sdor, S.E.; Katys, G.P.: siehe Teil in russischer
Sprache (kyrillische Schrift)

6313. Sdor, S.E.; Schirokow, W.B.: siehe Teil in russischer
Sprache (kyrillische Schrift)

6314. Sebestyen, G.S.: Pattern recognition by an adaptive
process of sample set construction
IRE Trans. on Info. Theory, 1962,
vol. IT-8 (VI.9.)

6315. Sebestyen, G.S.: Recognition of membership in classes
IRE Trans. Information theory, 1961,
IT-6, 44-50 (VI.1.)

6316. Sebestyen, G.S.; Edie, J.: An algorithm for non-
parametric pattern recognition
IEEE Trans. Electronic computers, 1966,
EC-15, 908-915 (VI.10.)

6317. Selfridge, O.G.: Pattern recognition and modern
computers
Proc. West. Joint comput. conference,
1955, 7, 91-93 (VI.9.)

6318. Selfridge, O.G.; Neisser, K.: Pattern recognition by
machines and men
Scient. American, 1960, 203, 60-68
(VI.10.)

6319. Selin, I.: Defection theory, Princeton, New Jersey:
Princeton Univ. Press, 1965
(VI.1.)

6320. Semenowa, L.K.; Lumelskij, W.Ja.: siehe Teil in rus-
sischer Sprache (kyrillische Schrift)

6321. Shantijew, D.D.: siehe Teil in russischer Sprache
(kyrillische Schrift)

6322. Shapiro, S.D.: Detection of lines in noisy pictures
using clustering in:
Second International Joint Conference on
Pattern Recognition, Aug. 1974, Copenhagen,
p. 317-318 (VI.1.)

6323. Sharpe, P.M.: Statistical classification techniques applied to disease diagnosis
M. Sc. Thesis, McGill University, 1974
(VI.4.)

6324. Shelton, G.L. (Jr.); Lin, C.N.: An experimental investigation of a mixedfont print recognition system
IEEE Trans. Electron. computers, 1966, EC-15, 916-925 (VI.1.)

6325. Sherman, H.: A quasi-topological method for the recognition of line patterns in:
Information processing, pp. 232-238, Paris: UNESCO, 1960 (VI.9.)

6326. Shillman, R.J.; et al.: Experimental methodologies for character recognition based on phenomenological attribute in:
Second International Joint Conference on Pattern Recognition, Aug. 1974, Copen, p. 195-201 (VI.1.)

6327. Shimura, M.; et al.: Nonsupervised learning classifiers with optimal performance in:
Proceedings of Second International Joint Conference on Pattern Recognition, Aug. 1974, Copenhagen, p. 255-262
(VI.1.)

6328. Shitkow, G.N.: siehe Teil in russischer Sprache (kyrillische Schrift)

6329. Shurawljow, O.G.; Torgowitzkij, I.Sch.: siehe Teil in russischer Sprache (kyrillische Schrift)

6330. Shurawljow, Ju.I.; Junusow, R.: siehe Teil in russischer Sprache (kyrillische Schrift)

6331. Shurawljow, Ju.I.; Tuljaganow, Sch.Ja.: siehe Teil in russischer Sprache (kyrillische Schrift)

6332. Shurawljow, Ju.I.; Junusow, R.: siehe Teil in russischer Sprache (kyrillische Schrift)

6333. Shurawljow, Ju.I.; Guljamow, D.Ch.: siehe Teil in russischer Sprache (kyrillische Schrift)

6334. Shurawljow, Ju.I.; et al.: siehe Teil in russischer Sprache (kyrillische Schrift)

6335. Shurna, R.; et al.: Preprocessing in optical characters recognition systems in:
Proceedings of Second International Joint Conference on Pattern Recognition, Aug. 1974, Copenhagen, p. 394-395
(VI.8.)

6336. Simon, J.C.: Les principles de la reconnaissance des formes
Institut de programmation, Paris 1970
(VI.1.)

6337. Simon, J.C.; Roche, C.: Application of questionnaire theory to pattern recognition
IJCAI, Sept. 1971 (VI.1.)

6338. Simon, J.C.; et al.: On automatic generation of pattern recognition operators
International conference on cybernetics, Oct. 6, 1972 (VI.1.)

6339. Simon, J.C.: Recent progress to a formal approach of pattern recognition and scene analysis in:
Second Intern. Joint Conference on Pattern Recognition, Aug. 1974, Copenhagen, p. 489-495 (VI.1.)

6340. Simmons, R.; Londé, D.: NAMER: A pattern recognition system for generating sentences about relations between line drawings
Proc. Assoc. Comput. Mach. 20th National Conf., 1965, 162-175
(VI.6.6.)

6341. Singer, J.R.: A self-organizing recognition system
Proc. West. Joint Comput. Conf., 1961, 19, 545-554 (VI.1.)

6342. Singleton, R.C.; Duda, R.O.: Training a threshold logic unit with imperfectly classifield patterns
WESCON Paper 32., 1964
(VI.1.)

6343. Siy, P.; Chen, C.S.: Fuzzy logic for handwritten numeral character recognition
IEEE Trans. Syst. Man and Cybernetics, New York SMC-4, 1974, 6, 570-575
(VI.6.6./9.)

6344. Sklansky, J.; Ballard, D.H.: Hierarchic recognition of tumors in chest radiographs in:
Proceedings of Second Intern. Joint Conference on Pattern Recognition, Aug. 1974, 13-15, Copenhagen, p. 258-263
(VI.4.)

6345. Slagle, J.R.; Lee, R.C.T.: Applications of game tree searching techniques to sequential pattern recognition
Comm. ACM, 1971, 14, 103-110
(VI.1.)

6346. Slepjan, W.A.: siehe Teil in russischer Sprache (kyrillische Schrift)

6347. Slepjan, W.A.: siehe Teil in russischer Sprache (kyrillische Schrift)

6348. Smith, M.W.; Davis, W.A.: A new algorithm for edge detection in:
Second Intern. Joint Conference on Pattern Recognition, Aug. 13-15, 1974, Copenhagen, p. 150-151 (VI.8.)

6349. Smith, Ph.T.; et al.: Some hierarchical scaling methods for confusion matrix analysis I. Theory and applications for small matrices
British journal of Mathematical and Statistical psychology, 1975, 28 (1), 1-45 (VI.1./III.1.)

6350. Smith, F.W.: Pattern classifier design by linear programming
IEEE Trans. on comp., 1968, C-17, 367-372
(VI.1.)

6351. Smith, F.W.: Design of multicategory pattern classifiers with two-category classifier design procedures
IEEE Trans. Comp., 1969, C-18, 548-551
(VI.1.)

6352. Smirnow, E.C.: siehe Teil in russischer Sprache (kyrillische Schrift)

6353. Smordin, A.V.; et al.: Primenenie doukh-faktornogo dispertionnogo analiza dlya optimizatsii uslovii alkeloidoobrazovaniya kulturami tkanei semyan durmana Indeiskogo i kornya skopli Gimaleiskoi (Russ.)
SHIM-Ferm. Zh., 1974, 8, 2, 46-49
(VI.4.)

6354. Socivko, V.P.: Pattern recognition by means of computing machines (in Russian)
Theory Prob. Math. Statist. (Izdat. Nauka Uzbek SSR), 1966, 55-99
(VI.1.)

6355. Spanjersberg, A.A.: Combination of different systems for the recognition of handwritten digits in:
Second Intern. Joint Conference on Pattern Recognition, Aug. 1974, Copenhagen, p. 208-209 (VI.9./6.6.)

6356. Specht, D.F.: Vectorcardiographic diagnosis using the polynominal discriminant method of pattern recognition
IEEE Trans. Biomedical Engineering, 1967, BME-14, 90-95 (VI.4.)

6357. Specht, D.F.: Generation of polynominal discriminant functions for pattern recognition
IEEE Trans. Electronic computers, 1967, EC-16, 309-319 (VI.1.)

6358. Spragins, J.: Learning without a teacher
IEEE Trans. Info. theory, 1966, IT-12, 223-230 (VI.1./9.)

6359. Stanat, D.F.: Unsupervised learning of mixtures of probability functions in:
Pattern recognition, ed. L. Kanal, pp. 357-389, Thompson, Washington, D.C. (VI.1.)

6360. Stanke, G.; Unger, S.: Properties of a regression function generating classification algorithms of the so-called error type in:
Proceedings of Second Joint Conference on Pattern Recognition, Aug. 13-15, 1974, Copenhagen, p. 438-442 (VI.1.)

6361. Stanley, G.L.; Lendaris, G.G.: An opticalogical self-organizing recognition system in optical and electro-optical Information processing pp. 535-550, J.T. Tipett et al. (eds.)
MIT Press, Cambridge, Mass. 1965 (VI.8./9.)

6362. Stanley, G.L.; Lendaris, G.G.: Diffraction-pattern sampling for automatic pattern recognition
Proc. IEEE, 1970, 58, 198-216 (VI.1.)

6363. Stark, L.; et al.: Computer pattern recognition techniques: electrocardiographic diagnosis
Communications, 1962, ACM, 5, 527-532 (VI.4.)

6364. Stark, H.; Tuteur, F.B.: A proposed optical-digital approach to the problem of classifying pneumoconioses from chest X-rays in: Proceedings of Second Joint Conference on Pattern Recognition, Aug. 13-15, 1974, Copenhagen, p. 254-257 (VI.4.)

6365. Steinberg, C.A.; et al.: Pattern recognition in the clinical electrocardiogram IRE Trans. Biomedical Electronics BME, 1962, 9, 23-30 (VI.4.)

6366. Steinbuch, K.: Automatische Zeichenerkennung Nachr. Techn. Z., 1958, 11, 210-219, 237-244 (VI.8.)

6367. Steinbuch, K.; Kazmierczak, H.: Adaptive systems in pattern recognition IEEE Trans. on Elec. Comp., 1963, EC-12, 822-835 (VI.1.)

6368. Steppe, J.A.; Wong, E.: Invariant recognition of geometric shapes in: Methodoligies of pattern recognition, pp. 535-546, S. Watanabe (ed.) Academic Press, New York, 1969 (VI.1.)

6369. Stevens, M.E.: A survey of automatic reading techniques (Report No. 5643) Washington, D.C.: National Bureau of Standards, 1961 (VI.9./6.6.)

6370. Stevens, M.E.: Special issue on optical character recognition Pattern recognition, 1970, 2, Sept. (VI.8.)

6371. Stevens, M.E.: Research and development in the computer and information sciences Vol. 1 Information acquisition, sensing, and input - a selective literature review National Bureau of Standards Monograph, 113, Vol. 1, 1970 (VI.6.7.)

6372. Smith, J.W.: The analysis of multiple signal data IEEE Trans. Information theory, 1964, IT-4, 125-126 (VI.9.)

6373. Stockman, G.C.; Kanal, L.N.: An experimental waveform parsing system in: Second Intern. Joint Conference on Pattern Recognition, Aug. 13-15, 1974, Copenhagen, p. 450-459 (VI.8.)

6374. Strand, R.C.: Optical-image recognition for experiments in the track chambers of highenergy physics, Proc. IEEE, 1972, vol. 62, No. 10, 1122-1137 (VI.8.)

6375. Stringa, L.: OCR: An interesting application of pattern recognition technique Scientific American, it. ed. No. 50, Oct. 1972 (VI.8.)

6376. Stringa, L.; Gennari, N.: A multifont optical character recognition: evaluation of three versions of the template matching technique versus an optimum classifier Alta Frequenza, 1974 (VI.8./6.6./VI.8.)

6377. Stringa, L.: Mars: A hand and machine-written address reader implemented on a multimini based associative processor in: Second Intern. Joint Conference on Pattern Recognition, Aug. 1974, Copenhagen, p. 443-447 (VI.9.)

6378. Stringa, L.: Constraint-free hand-printed words recognition by a linguistic communication scheme Alta Freq., 1975, Vol. 44, No. 4, 107-173 (VI.9./6.6.)

6379. Stucki, P.; Schmid, W.: A misregistration and orientation independent method to recognize single font typewritten numerals in: Second Intern. Joint Conference on Pattern Recognition, Aug. 13-15, 1974, Copenhagen, p. 238-240 (VI.6.6./9.)

6380. Stuper, A.J.; Jurs, P.C.: Classification of psychotropic drugs as sedatives of tranquilizers using pattern recognition techniques J. Am. Chem. Soc., 1975, 97, 1, 182-187 (VI.4./8.)

6381. Suigiura, T.; et al.: A method for the recognition of Japanese Hiragana characters IEEE Trans. on Info. theory, 1968, IT-14, No. 2, 226-233 (VI.9./6.6.)

6382. Suzuki, S.: A method of resolving handwritten Chinese characters and its computer simulation J. Inf. Process Soc. Jap., 1974, 15 (12), 927-934 (VI.9./6.6.)

6383. Svensson, B.: On the use of fuzzy concepts in description in:
Second International Joint Conference on Pattern Recognition, Aug. 1974, Copenhagen, p. 86-87 (VI.1.)

6384. Swain, P.H.; Fu, K.S.: On syntactic pattern recognition in:
Software engineering, Vol. 2, pp. 155-182, J.T. Tou (ed.)
Academic Press, New York, 1971
(VI.6.6./9.)

6385. Swain, P.H.; Fu, K.S.: Stochastic programmed grammars for syntactic pattern recognition
Pattern Recognition, 1972, 4, 83-100
(VI.6.6.)

6386. Sylvester, E.A.; Lawton, W.H.: Self modeling curve resolution
Technometrics, 1971 (13), 617-633
(VI.8.)

6387. Sydow, H.: Strukturerkennung in kognitiven Prozessen
Dissertation B, Humboldt-Universität zu Berlin, Sektion Psychologie, April 1976
(VI.2.1./

6388. Takanuki, R.; Morishita, J.: Steady-state behavior of a nonsupervised learning algorithm for multicategory pattern classification
IEEE Trans. Systems, Man and Cybernetics SMC-2, 1972, 49-58 (VI.9.)

6389. Tamura, S.; et al.: Pattern classification based on fuzzy relations
IEEE Trans. on systems, Man and cybernetics, 1971, vol. SMC-1, No. 1, 61-66
(VI.9.)

6390. Tanaka, K.: On the pattern classification problems by learning I, II
Bull. Math. Statist., 1970, 14, 1-2, 31-49, ibid 14, 1-2, 61-73 (VI.1.)

6391. Tanaka, K.: Some studies on parallel processing for character recognition in:
Proceedings of the FIJC on Pattern recognition, Nov. 1973, Washington, D.C., p. 179 (VI.1.)

6392. Tanaka, K.; Ozawa, K.: Character recognition using correlation technique on spatial complex-frequency plane in:
Second Intern. Joint Conference on Pattern Recognition, Aug. 13-15, 1974, Copenhagen, p. 403-410 (VI.1.)

6393. Tasto, M.; Block, U.: Locating objects in complex scenes using a spatial distance measure in:
Proceedings of Second Joint Conference on Pattern Recognition, Aug. 13-15, 1974, Copenhagen, p. 336-340
(VI.4.)

6394. Tavakoli, M.; Bajczky, R.: Computer recognition roads from satellite pictures in:
Proceedings of Second Joint Intern. Conference on Pattern Recognition, Aug. 13-15, 1974, Copenhagen, p. 190-194
(VI.1./8.)

6395. Taylor, W.K.: Automatic pattern recognition in:
Mechanization of thought processes, 951-952, London
Her Majesty's Stationary Office, 1959
(VI.9.)

6396. Taylor, W.K.: Pattern recognition by means of automatic analog apparatus
Proc. IEE, B 106, 1959, 198-209
(VI.1.)

6397. Taylor, W.K.: siehe Teil in russischer Sprache (kyrillische Schrift)

6398. Taylor, W.K.; Muller, F.J.: A comparative study of electronic and neural networks involved in pattern recognition
J. Theor. Biol., 1973, 41, 97-118
(VI.4./9.)

6399. Taylor, J.F.; Edwing, G.D.: Computer recognition of speech using zero-crossings information
IEEE Trans., 1969, Vol. AV 17, A 37-40
(VI.6.6./9.)

6400. Teitelman, W.: Real time recognition of hand-drawn characters
Proc. Fall Joint Comput. Conf., 1964, 559-576 (VI.9./6.6.)

6401. Temine, J.P.; Torres, J.: Création d'un algorithme de reconnaissance des formes par apprentissage avec professeur
Application à le reconnaissance des phénomènes
Ecole polytechnique, Jan. 1973
(VI.1.)

6402. Tenenbaum, J.M.; Garvey, T.D.: An the automatic generation of programs for locating objects in office scenes in:
Second Intern. Joint Conference on Pattern Recognition, Aug. 13-15, 1974, Copenhagen, p. 162-168 (VI.1.)

6403. Therrien, C.W.; et al.: Application of feature extraction to radar signature classification in:
Second International Joint Conference on Pattern Recognition, Aug. 1974, Copenhagen, p. 296-300 (VI.8.)

6404. Thomas, R.B.; et al.: Advanced character recognition study
Techn. Rep., 2 DDC-AD 435852, 1963
(VI.9./6.6.)

6405. Thomas, R.B.; Kassler, M.: Character recognition in context
Information and control, 1967, Vol. 10, No. 1, 43-64 (VI.6.6.)

6406. Thomason, M.G.; Gonzalez, R.C.: Classification of imperfect syntactic pattern structures in:
Proceedings of the Second Joint Intern. Conference on Pattern Recognition, Aug. 13-15, 1974, Copenhagen, p. 88-89
(VI.1.)

6407. Thompson, W.B.; Zobrist, A.L.: Building a distance function for Gestalt grouping
IEEE Transactions on computers, 1975, C-4, 7, 718-728 (VI.1.)

6408. Thrall, R.M.; et al.: Linear models for evaluating complex systems
Naval Res. Logistics Quart., 1958, 5, 347-361 (VI.1.)

6409. Titov, M.S.; Goldman, R.S.: Recognition of objects on the basis of reflected signals
Tekh. Kibern., 1974, 12 (2), 197 ff.
(VI.9.)

6410. Tomek, I.: A modification of a clustering method
IEEE Trans. Syst., Man and Cybern., 1975, SMC-5 (3), 394-396 (VI.1.)

6411. Tomita, S.; Noguchi, S.: Recognition of handwritten katakana characters
Electron. Commun. Japan, J. Inst. Electr. Commun. Eng. Japan, 1967, 50, 174-183
(VI.6.6./9.)

6412. Tomita, S.; Noguchi, S.: On a self-classification of pattern by the Karhunen-Loéve orthogonal system in:
Second Intern. Joint Conference on Pattern Recognition, Aug. 13-15, 1974, Copenhagen, p. 60-63
(VI.1./IV.1.)

6413. Torgowitzkij, J.Sch.; Shurawljow, O.G.: siehe Teil in russischer Sprache (kyrillische Schrift)

6414. Torgowitzkij, J.Sch.; Dorofejuk, A.A.: siehe Teil in russischer Sprache (kyrillische Schrift)

6415. Torgowitzkij, J.Sch.: siehe Teil in russischer Sprache (kyrillische Schrift)

6416. Torgowitzkij, J.Sch.; Dorofejuk, A.A.: siehe Teil in russischer Sprache (kyrillische Schrift)

6417. Torres, J.;Temine, J.P.: Création d'un algorithme de reconnaissance des formes par apprentissage avec professeur, Application à la reconnaissance des phénomèmes
Ecole polytechnique, Jan. 1973
(VI.1.)

6418. Toriwaki, J.: Pattern recognition of chest X-ray images in:
Proceedings of the FIJC on Pattern recognition, Nov. 1973, Washington, D.C., p. 125-137 (VI.8.)

6419. Tou, J.T. (ed.): Computer and information sciences
Academic Press, New York, 1967
(VI.9.)

6420. Tou, J.T.; Gonzales, R.C.: Automatic recognition of handwritten characters via features extraction and multi-level decision
IJC IS, 1972, vol. 1
(VI.6.6.)

6421. Tou, J.T.; Gonzales, R.C.: Pattern recognition principles
Reading, Mass. USA
Addison-Wesley, 1974, 377 pp.
(VI.1.)

6422. Toussaint, G.T.; Donaldson, R.N.: Algorithm for recognizing contour-traced handprinted characters
IEEE Trans. on Comp., 1970
(VI.8.)

6423. Toussaint, G.T.: Feature evaluation criteria and contextual decoding algorithms in statistical pattern recognition
Ph. D. Thesis, Univ. Brit. Columbia, Vancouver, Canada, 1972
(VI.6.6./9.)

6424. Toussaint, G.T.: Distance measures as measures of certainly and their application to statistical pattern recognition, presented at the 1973 Conf. Throretical and Applied statistics and Data analysis, Queen's Univ. Kingston, Ont. Canada, June 1973, also
Canadian J. Statist., vol. 1, No. 1, p.134, 1973 (VI.1./IV.1.)

6425. Toussaint, G.T.: Recent progress in statistical methods applied to pattern recognition in:
Second Intern. Joint Conference on Pattern Recognition, Aug. 1974, Copenhagen, p. 479-487 (VI.1.)

6426. Toussaint, G.T.: On the divergence between two distributions and the probability of misclassification of several decision rules in:
Second Intern. Joint Conference on Pattern Recognition, Aug. 1974, Copenhagen, p. 27-34 (VI.1.)

6427. Toussaint, G.T.: Bibliography on estimation of misclassification
IEEE Trans. Informat. theory, July 1974
(VI.1.)

6428. Toussaint, G.T.: Subjective clustering and bibliography of books on pattern recognition
Inf. Sciences, 1975, 8 (3), 251-257
(VI.1./IV.1.)

6429. Toussaint, G.T.: Comments on "On a new class of bounds on Bayes' risk in multihypothesis pattern recognition"
IEEE Transact. on computers, 1975, C-24, 8, 855-856 (VI.1.)

6430. Triendl, E.E.: Recognition of texture edges propagation in:
Second International Joint Conference on Pattern Recognition, Aug. 1974, Copenhagen, p. 284-285 (VI.1.)

6431. Triendl, E.E.: Texture recognition and texture reproduction
II. Texture edges (Deutsch)
Biol. Cybern., 1975, 17 (4), 195-198 (VI.1.)

6432. Trouborst, P.M.; et al.: New families of probabilistic distance measures in:
Second Intern. Joint Conference on Pattern Recognition, Aug. 1974, Copenhagen, p. 3-5 (VI.1./IV.1.)

6433. Trunk, G.V.: Statistical estimation of the intrinsic dimensionality of data collections
Inform. Contr., 1968, vol. 12, 508-525, 1968 (VI.1.)

6434. Tsuji, S.; Fujwara, R.: Linguistic segmentation of scenes in to regions in:
Proceedings of the Second Joint Intern. Conference on Pattern Recognition, Aug. 13-15, 1974, Copenhagen, p. 104-108 (VI.6.6.)

6435. Tucker, N.D.; Evans, F.C.: A two-step strategy for character recognition using geometrical moments in:
Second Intern. Joint Conference on Pattern Recognition, Aug. 13-15, 1974, Copenhagen, p. 223-225 (VI.6.6.)

6436. Tuljaganow, Sch.Ja.; Shurawljow, Ju.J.: siehe Teil in russischer Sprache (kyrillische Schrift)

6437. Tuljaganow, Sch.Jo.; Kamilow, M.M.: siehe Teil in russischer Sprache (kyrillische Schrift)

6438. Tuong, N.: L'emploi des projections coniques dans la reconnaissance des formes
Dept. informatique, Université de Montréal, 1969 (VI.8.)

6439. Turbowitsch, I.T.; et al.: siehe Teil in russischer Sprache (kyrillische Schrift)

6440. Tuteur, F.B.; Krishnan, R.K.: Pattern recognition of evoked responses in:
Proceedings of Second Joint Intern. Conference on Pattern Recognition, Aug. 13-15, 1974, Copenhagen, p. 281-283
(VI.4.)

6441. Tuteur, F.B.; Stark, M.: A proposed optical digital approach to the problem of classifying pneumocomioses from chest X-rays in:
Proceedings of Second Joint Conference on Pattern Recognition, Aug. 13-15, 1974, Copenhagen, p. 264-267
(VI.4.)

6442. Uesaka, Y.; et al.: A theory of learnability
Syst. Comp. control, 1975, 4 (4), 29-36
(VI.1.)

6443. Uhr, L.: Machine perception of printed and handwritten forms by means of procedures for assessing and recognizing gestalts
paper at Assoc. Comput. Mach. National-conference, Boston, 1959
(VI.9./6.6.)

6444. Uhr, L.; Vossler, C.: A pattern recognition program that generates, evaluates and adjusts its own operators
Proc. West. Joint Comput. Conf., 1961, 19, 555-569 (VI.10.)

6445. Uhr, L.: A possibly misleading conclusion as to the inferiority of one method for pattern recognition to a second method to which it is guarenteed to be superior
IRE Trans. Electron. Comput., 1961, 10, 96-97 (VI.1.)

6446. Uhr, L.: Recognition of letters, pictures and speech by a discovery and learning program
Proc. 1964, Wescon, Los Angeles, 1964
(VI.6.6./9.)

6447. Uhr, L.; Prather, R.: Discovery and learning techniques for pattern recognition
Proc. 19th Annual meeting of the Assoc. Comp. Mach., 1964 (VI.1.)

6448. Uhr, L.: Pattern-string learning programs
Behavioral Sci., 1964, 9, 258-270
(VI.1.)

6449. Uhr, L. (ed.): Pattern recognition
New York: John Wiley and Sons, 1966
(VI.1.)

6450. Uhr, L.; Jordan, S.: The learning of parameters for generating compound characterizers for pattern recognition
Proc. 1st Int. Joint Conf. on Artificial Intell., 1969, 381-415
(VI.1./10.)

6451. Uhr, L.: Flexible linguistic pattern recognition
Pattern recognition, 1971, 3, 363-384
(VI.6.6.)

6452. Uhr, L.: Describing, using "recognition cones" in: Proceedings of the FIJC on Pattern Recognition, Nov. 1973, Washington, D.C., p. 514-525 (VI.1.)

6453. Underwood, W.E.; Kanal, L.N.: Structural descriptions, transformational rules and pattern analysis in:
Proceedings of the FIJC on Pattern Recognition, Nov. 1973, Washington, D.C., p. 434-444 (VI.1./9.)

6454. Unger, S.H.: Pattern recognition and detection
Proc. IRE, 1959, 47, 1737-1752
(VI.1.)

6455. Unger, S.H.; Stanke, G.: Properties of a regression function generating classification algorithms of the so-called error type in: Proceedings of Second Joint Conference on Pattern Recognition, Aug. 13-15, 1974, Copenhagen, p. 438-442
(VI.1.)

6456. Ullmann, J.R.: Pattern recognition techniques, New York
Crane-Russak, 1973, 412 pp.
(VI.1.)

6457. Vojta, J.F.: Some remarks on optimal k_n-nearest neighbor pattern classification in:
Second International Joint Conference on Pattern Recognition, Aug. 1974, Copenhagen, p. 547-549 (VI.1.)

6458. Vámos, T.; Vassy, Z.: Industrial pattern recognition experiment - A syntax aided approach, in:
Proceedings of the FIJC on Pattern recognition, Norv. 1973, Washington, D.C., p. 445-452 (VI.8.)

6459. Vartom, M.: On an operation of information processing in form recognition processes (Rumänisch) Electroteh. Electron. and Autron. and Electron., 1975, 19 (1), 16-21 (VI.9.)

6460. Vassy, Z.; Vamos, T.: Industrial pattern recognition experiment - A syntax aided approach in: Proceedings of the FIJC on Pattern Recognition, Nov. 1973, Washington, D.C., p. 445-452 (VI.8.)

6461. Vega, W.F. de la: Techniques de classification automatique utilisant un indice de ressemblance Revue francaise de la sociologie, 1967, 8, 506-520 (VI.1./IV.1.)

6462. Verhagen, C.J.D.M.: Some aspects of pattern recognition in the future in: Proceedings of the first International Joint conference on Pattern Recognition, 30.10.-1.11.1973, Washington, D.C., 541-545 (VI.1.)

6463. Vicens, P.J.: Aspects of speech recognition by computers Ph. D. Thesis, Stanford Univ., 1969 (VI.9./6.6.)

6464. Vicens, P.J.: Aspects of speech recognition by computer Ph. D. Thesis, Stanford University A.J. Memo. No. 85 Stanford Artificial Intelligence Project, 1969 (VI.9., 6.6.)

6465. Vidal, J.J.; Schwartzmann, D.H.: An algorithm for determining the topological dimensionality of point clusters IEEE Transactions on computers, 1975, Vol. C-24, 12, 1175-1182 (VI.1./IV.1.)

6466. Vilmansen, T.R.: Information and distance measures with application to feature evaluation and to heuristic sequential, classification Ph. D., Thesis, Univ. British Columbia Vancouver, 1974 (VI.1.)

6467. Vincent-Carrefour, A.; et al.: Une méthode très générale de classement: l'algorithme des dichotomies hiérarchisées . Cah. Acad. Scien., 1975, 280, 23, A 1637 - A 1640 (VI.1.)

6468. Vives, R.; Gresser, J.Y.: A similarity index between strings of symbols application to automatic word and language recognition in:
Proceedings of the FIJC on Pattern recognition, Nov. 1973, Washington, D.C., p. 308-317 (VI.6.6.)

6469. Voloskin, G.; Kosenkova, S.: Of the optimization of a sequential recognition procedure in: Second Intern. Joint Conference on Pattern Recognition, Aug. 13-15, 1974, Copenhagen, p. 517 (VI.1.)

6470. Vossler, C.; Uhr, L.: A pattern recognition program that generates, evaluates and adjusts its own operators
Proc. West. Joint Comput., 1961, 19, 555-569 (VI.10.)

6471. Wall, R.J.; et al.: Analysis of image histograms in: Second Intern. Joint Conference on Pattern Recognition, Aug. 1974, Copenhagen, p. 341-343 (VI.1.)

6472. Wallace, C.S.; Boulton, D.M.: An information measure for classification
Computer J., 1968, 11, 185-194 (VI.1.1.)

6473. Wang, H.: Proving theorems by pattern recognition, Part. I
Commun. Assoc. Comput. Mach., 1960, 3, 220-234 (VI.1.)

6474. Wang, P.P.: The topological analysis, classification, and endocing of chinese characters for digital computer interface, Part. II, in: Proceedings of the FIJC on Pattern recognition, Nov. 1973, Washington, D.C., p. 180-186 (VI.1.)

6475. Wang, P.P.: On pattern recognition and quality control
IEEE Trans. Syst., Man and Cybern., 1975, SMC-5, 4, 470-472 (VI.8.)

6476. Wapnik, W.N.: siehe Teil in russischer Sprache (kyrillische Schrift)

6477. Ward, A.; Mancillas, R.G.: Machine recognition in pathology in:
Proceedings of Second Joint Conference on Pattern Recognition, Aug. 13-15, 1974, Copenhagen, p. 270-275 (VI.4.)

6478. Wartak, J.; et al.: A computer program for pattern recognition of electrocardiograms in: Computers and Biomedical Research, 1970, Vol. 3, No. 4, 344-374
(VI.4.)

6479. Watanabe, M.S.: Knowing and guessing
John Wiley, New York, 1965
(VI.1.)

6480. Watanabe, M.S. (ed.): Methodologies of Pattern recognition
Academic Press, New York, 1969
(VI.1.)

6481. Watanabe, S.; Pakvasa, N.: Subspace method in pattern recognition in:
Proceedings of the FIJC on Pattern Recognition, Nov. 1973, Washington, D.C., p. 25-32 (VI.1.)

6482. Watanabe, S.; Harada, W.: A dynamical model of clustering in:
Second Intern. Joint Conference on Pattern Recognition, Aug. 13-15, 1974, Copenhagen, p. 413-415 (VI.1./IV.1.)

6483. Weaver, Ch.S.: Some properties of threshold logic unit pattern recognition networks
IEEE Transact. on computers, 1975, C-24, 3, 190-298 (VI.8./10.)

6484. Wee, W.G.: Generalized inverse approach to adaptive multiclass pattern classification
IEEE Trans. comp., 1968, C-17, 1157-1164
(VI.1.)

6485. Wee, W.G.; Fu, K.S.: An adaptive procedure for multiclass pattern classification
IEEE Trans. on Comp., 1968, vol. C-17, No. 2, 178-182 (VI.1.)

6486. Wee, W.G.: On reconstruction of ambiguous patterns in:
Proceedings of the FIJC on Pattern Recognition, Nov. 1973, Washington, D.C., p. 293-301 (VI.1.)

6487. Weene, P.; Neisser, K.: A note on human recognition of handprinted characters
Inf. Control, 1960, 2, 191
(VI.6.6./9.)

6488. Weimarck, G.: Population structures in higher plants as revealed by thin-layer chromatographic patterns
Bot. nat., 1974, 127, 2, 224-244
(VI.3.1.)

6489. Weiss, H.: A real-time optical correlator using an electrooptic relay tube and its applications to speech recognition in: Proceedings of the FIJC on Pattern recognition, Nov. 1973, Washington, D.C., p. 328-333 (VI.9./6.6.)

6490. Widrow, B.: Pattern recognition and adaptive control IEEE Trans. on applications and industry, 1964, 83, 269-277 (VI.8.)

6491. Winder, R.O.: Threshold logic in artificial intelligence Artificial Intelligence, IEEE Special Publication S-142, 1963, pp. 107-128 (VI.1.)

6492. Winkler, G.; Niemann, H.: Eine Theorie zur quantitativen Beschreibung und Erkennung von Mustern NTZ, 1968 (2), 94-100 (VI.1.)

6493. Wintz, P.A.; Cupta, J.N.: Computer processing algorithm for locating boundaries in digital pictures in: Second Intern. Joint Conference on Pattern recognition, Aug. 13-15, 1974, Copenhagen, p. 155 (VI.1.)

6494. Whinston, A.B.; Blin, J.M.: Combinatorial optimization and preference pattern aggregation Lecture notes in computer science, vol. 4, Springer Verlag, Berlin, 1964 (VI.10.)

6495. Wold, S.: Pattern recognition and cognition based on disjoint principal components in: Second International Joint conference on Pattern Recognition, Aug. 1974, Copenhagen, p. 43-47 (VI.1./II.1.)

6496. Wolfe, J.M.: Pattern clustering by multivariate behavioral, 1970 Res. 5, No. 4, 329-350 (VI.1./IV.1.)

6497. Wolferts, K.: Special problems in interactive image-processing for traffic analysis in: Second Intern. Joint Conference on Pattern Recognition, Aug. 1974, Copenhagen, p. 1-2 (VI.8.)

6498. Wolter, B.W.; et al.: siehe Teil in russischer Sprache (kyrillische Schrift)

6499. Womack, B.F.; Patterson, J.D.: An adaptive pattern classification system
IEEE Trans. Systems Science and Cybernetics, 1966, SSC-2, 62-67
(VI.9.)

6500. Wong, E.; Steppe, J.A.: Invariant recognition of geometric shapes in: Methodologies of pattern recognition, pp. 535-546
S. Watanabe (ed.)
Academic Press, New York, 1969
(VI.8.)

6501. Woronin, Jn.A.; Eganow, E.A.: siehe Teil in russischer Sprache (kyrillische Schrift)

6502. Wu, F.B.H.; Gose, E.E.: Feature selection and reselection in:
Second Intern. Joint Conference on Pattern Recognition, Aug. 13-15, 1974, Copenhagen, p. 354-355 (VI.1.)

6503. Yakimovsky, Y.: On the recognition of complex structures: computer software using artificial intelligence applied to pattern recognition
Report NASA-CR-139363
California Inst. Technol., Pasadena 1974
(VI.1.)

6504. Yakimovsky, Y.: On the recognition of complex structures: computer software using artificial intelligence applied to pattern recognition in:
Second Intern. Joint Conference on Pattern Recognition, Aug. 1974, Copenhagen, p. 345-353 (VI.1.)

6505. Yakowitz, S.J.: Unsupervised learning and the identification of finite mixtures
IEEE Trans. Information theory, 1970, IT-17, 330-338 (VI.1.)

6506. Yamanoto, S.; et al.: Image processing and automatic diagnosis of color fundus photographs in:
Second Intern. Joint Conference on Pattern Recognition, Aug. 1974, Copenhagen, p. 268-269 (VI.4.)

6507. Yang, C.C.; Yan, S.S.: Pattern recognition by using an associative memory
IEEE Trans. on Electr. Comp., 1966, vol. EC-15, No. 6, 941-944
(VI.10.)

6508. Yau, S.S.; Schumpert, J.M.: Design of pattern classifiers with the updating property using stochastic approximation techniques
IEEE Trans. Comput., 1968, C-17, 861-872
(VI.10.)

6509. Yau, S.S.; Yang, C.C.: Pattern recognition by using an associative memory
IEEE Trans. on Electr. Comp., 1966, vol. EC-15, No. 6, 941-944
(VI.10.)

6510. Yau, S.S.; Ling, T.T.: On the upper bound of the probability of error of a linear pattern classifier for probabilistic pattern classes
Proc. IEEE, 1968, vol. 56, No. 3, 321-322
(VI.1./9.)

6511. Yoshida, M.; Eden, M.: Handwritten chinese character recognition by an analysis-by-synthesis method in:
Proceedings of the FIJC on Pattern recognition, Nov. 1973, Washington, D.C., p. 197-206 (VI.6.6.)

6512. Young, I.T.: The prediction of performance in multi-class pattern classification in:
Second Intern. Joint Conference on Pattern Recognition, Aug. 1974, Copenhagen, p. 56-57 (VI.1./IV.1.)

6513. Young, T.Y.; Calvert, T.W.: Randomly generated non-linear transformation for pattern recognition
IEEE Trans. Systems Science and Cybernetics, 1969, SSC-5, 266-273
(VI.1.)

6514. Young, P.C.; Kittler, J.: A new approach to feature selection based on the Karhunen-Loéve expansion
Pattern Recognition, 1973, 4, 335
(VI.1.)

6515. Young, T.Y.; Calvert, Th.W.: Classification, Estimation and Pattern Recognition
Academic Press, 1974
(VI.1./IV.1.)

6516. Yousif: State estimation of power system by pattern recognition in:
Second International Joint Conference on Pattern Recognition, Aug. 1974, Copenhagen, p. 517 (VI.1.)

6517. Yovits, M.C. (ed.); et al.: Self organizing systems
Spartan books, Washington, D.C., 1962
(VI.1.)

6518. Yung-Lung-Ma: Chinese character recognition by a stochastic sectionalgram method
IEEE Trans. Syst. Man and Cybernetics, New York, SMC-4, 1974, 6, 575-584
(VI.9./6.6.)

6519. Zadek, L.A.: Fuzzy sets
Inform. Control, 1965, 8, 338-353
(VI.1.)

6520. Zagoruyko, N.K.; Zaslavskya, T.I.: A pattern recognition in the social investigations
Novosibirsk, "Nauka", 1970
(VI.1./6.)

6521. Zahn, C.T.: Region boundaries on a triangular grid in: Second International Joint Conference on Pattern Recognition, Aug. 1974, Copenhagen, p. 136-140 (VI.1.)

6522. Zeichenerkennung in der EDV, Kurzfassung der Vorträge zur gleichnamigen Konferenz 10.-12. Okt. 1973
Institut für Energetik, Leipzig
(VI.1.)

6523. Zeichenerkennung in biologischen und technischen Systemen. Tagungsbericht d. 4. Kongresses der Deutschen Gesellschaft für Kybernetik, durchgef. an d. Techn. Univ. Berlin 6.-9. April 1970 (Hrsg.: Grüsser, O., Klinke, R.)
Springer, Berlin-Heidelberg
(VI.4./8.)

6524. Zaslovskaja, T.J.; Zagoruyko, N.K.: A pattern recognition in the social investigations
Novosibirsk "Nauka", 1970
(VI.1./6.)

6525. Zobrist, A.L.; Thompson, W.B.: Building a distance function for Gestalt grouping
IEEE Transactions on Computers, 1975, C-4, 7, 718-728 (VI.1.)

6526. Zubin, J.A.: A technique for pattern analysis
Psychological bulletin, 1936, 33, 773
(VI.1.)

6527. Zypkin, Ja.S.; Kelmans, G.K.: siehe Teil in russischer Sprache (kyrillische Schrift)

3. ANHANG · NACHTRAG · PUBLIKATIONSLISTE

I. FAKTORANALYSE

6528. Achley, W.R.; Bryant, H.E.: Multivariate statistical methods
John Wiley and Sons, 1975, 480 p.
(I.1./II.1./IV.1.)

6529. Adams, R.C.: On the use a marker variable in lieu of its factor-analytic construct
Perceptual and Motor Skills, 1975, 41 (2), 665-666 (I.1.)

6530. Althoff, K.: Die Voraussage des Berufserfolges von Regierungsinspektoren und Revierförstern - 2 Bewährungskontrollen
Diagnostica, 1971, 17, 145-180
(I.2.4.)

6531. Altmann, A.: Faktorenanalytische Untersuchungen zur regionalwirtschaftlichen Situation und Entwicklung in Niedersachsen
Raumforschung und Raumordnung, 1973, 31, 5-6, 258-267 (I.6./6.1.)

6532. Alwain, D.F.: The use of factor analysis in the construction of linear-composites in social research
Sociologia neerlandica, 1973, 2, 131-190
(I.6.2.)

6533. Angermeier, M.: Faktorenstruktur eines Fragebogens von R. Tausch zur Beurteilung der Vorlesungstätigkeit
Psychol. Rundsch., 1972, 23, 183-194
(I.2.3.)

6534. Anker, J.M.; et al.: A multivariate analysis of decision making and related measures
J. Psychol., 1963, 55, 211-221
(I.2.4.)

6535. Arkley, R.J.: Factor analysis and numerical taxonomy of soils
Proc. Soil. Sci. Soc. Amer., 1971, 35, 312-315 (I.8./V.8.)

6536. Atwood, L.E.: Faculty attitude, toward university role and governance. A factor analytic approach
Journal of experimental education, 1970, 39, 2, 1-9 (I.2.3.)

6537. Baldwin, A.L.: The study of individual personality by means of the intra-individual correlation
Journal of personality, 1945, 14, 151-168
(I.2.8.)

6538. Baltes, D.P.; Nesselroade, J.R.: Higher order factor convergence and divergence of two distinct personality systems: Cattel's HSPQ and Jackson's PRF
Multivariate Behavioral Research, 1975, (4), 387-407 (I.2.8.)

6539. Marker, M.R.; et al.: Factor analytic structure of the short form MMPI items in hospital population
Journal of clinical psychology, 1971, 27, 2, 228-233 (I.2.8.)

6540. Bauer, W.; Selg, H.: Forschungsmethoden der Psychologie
Kohlhammer, Stuttgart, 1971
(I.2.1.)

6541. Bäumler, G.: Zur Faktorenstruktur der Paulitestleistung unter Berücksichtigung des sogenannten numerischen Faktors
Diagnostica, 1964, 10, 107-119
(I.2.8.)

6542. Bäumler, G.; et al.: Die faktorielle Struktur der "Nicht verbalen Intelligenztestreihe" von Suijders und Suijders-Omen bei Taubstummen
Diagnostica, 1968, 14, 87-93
(I.2.8.)

6543. Beck, R.: Aus der kriminogenetischen Faktorenanalyse zweier Spätbetrüger. Vorträge, gehalten anläßlich der Tagung der Sektion Forensische Psychologie, 13.-14. Sept. 1968, Wiesbaden
Forschungsberichte zur forens. Psychologie, Nr. 6, Berlin 1969, 68-80
(I.6.8.)

6544. Becker, A.W.; Lukatzkaja, M.L.: siehe Teil in russischer Sprache (kyrillische Schrift)

6545. Becker, P.: Die Faktorenanalyse von MMPI-Skalen als Methoden der "Klinischen Persönlichkeitsforschung". Faktorenanalytisch begründete Hypothesen zur Beschreibung und Erklärung von Verhaltensstörungen
Phil. Saarbrücken, 1971, Diss. Univ., 184 S. (I.2.7.)

6546. Becker, P.; Brandstätter, J.: Möglichkeiten der Integration faktorenanalytischer und klinischer Forschung: Eine Problemstudie mit dem Minnesota Multiphasic Personality Inventory
Zeitschrift Klin. Psychol., 1973, 2, 105-125 (I.2.8.)

6547. Bente, D.; et al.: Faktorenanalytische Untersuchungen zur Struktur psychiatrischer Merkmalzusammenhänge
Arzneimittelforschung, 1966, 316, 2 a, 284-285 (I.2.7.)

6548. Bergler, R. (Hrsg.): Psychologische Marktanalyse
Huber, Bern/Stuttgart, 1965 (I.6.1.4.)

6549. Bernstein, D.A.: Fear survey schedule II. Normative data and factor analyses based on a large college sample
Behaviour research and therapy, 1969, 7, 403-407 (I.2.3.)

6550. Bertini, M.: Elementi, morfologici, attitudini, percettive e tratti di personalita: Studio fattoriale
Archivio di psicologia, neurologia e psichiatria, 1963, 24, N. 1, 7-48 (I.2.8.)

6551. Bieckeler, B.M.; et al.: L'analyse factorielle des données sur les accidents corporels de la circulation routiére
Accident analysis and prevention, 1969, 1, N. 3, 267-277 (I.8.)

6552. Blahuš, P.: Simple relations between some models of factor analysis
Zastos. Mat., 1974/75, No. 4, 573-578 (I.1.)

6553. Blaise, S.: Les methodes de l'analyse factorielle des correspondances appliquées à la biosystématique de quelques espéces de Myosotis L.
Comptes rendus des séances de la Société de biologie et de ses filiale, 1969, 163, 1, 83 (I.3.3./3.1./V.3.3.)

6554. Bohlin, G.; Kjellberg, A.: Self-reported arousal: Factorial complexity as a function of the subject's arousal level
Scandinavian Journal of Psychology, 1975, 16 (3), 203-208 (I.2.1./2.4.)

6555. Bortz, J.: Ein multivariater Ansatz zur Erfassung der Möglichkeiten einer diagnostischen Verwertung der Sprechstimme
J. exper. angew. Psychol., 1971, 18, 15-50 (I.2.4.)

6556. Bostian, D.W.; et al.: Empirical observations on mentalstatus examination
Archives of general psychiatry, 1959, 1, 253-262 (I.2.8.)

6557. Brandstätter, J.; Becker, P.: Möglichkeiten der Integration faktorenanalytischer und klinischer Forschung: Eine Problemstudie mit dem Minnesota Multiphasic Personality Inventory
Zeitschr. Klin. Psychol., 1973, 2, 105-125 (I.2.8.)

6558. Braun, P.R.; et al.: A factor analysis of a 100 item fear survey inventory
Behaviour research and therapy, 1969, 7, 399-402 (I.2.7.)

6559. Britton, J.N.H.: The classification of cities: Evaluation of Q-mode factor analysis
Regional and urban economics: Operational research, 1973, 2, 4, 333-356 (I.7./6.1.)

6560. Brown, L.M.; Hartkemeier, H.P.: Multiple correlation and the multiple factor method
J. Appl. Psychol., 1936, 20, 396-415 (I.1.)

6561. Bryant, H.E.; Achley, W.R.: Multivariate statistical methods
John Wiley and Sons, 1975, 480 p. (I.1./II.1./IV.1.)

6562. Bull, P.E.: Structure of occupational interests in New Zealand and America on Holland's typology
Journal of Counceling Psychology, 1975, 22 (6), 554-556 (I.2.1.)

6563. Burdsal, Ch.: A factor analytic study of racial attitudes
Journal of Social Psychology, 1975, 97 (2), 255-259 (I.2.5.)

6564. Burger, R.: Faktorenanalytische Untersuchungen über die Erfolgsbedingungen an verschiedenen Gymnasien
Pädagogische Rundschau, 1968, 22, H. 3-4, 134 (I.2.3.)

6565. Burt, R.S.: Confirmatory factor-analytic structures and the theory construction process
Sociologica neerlandica, 1973, 2, 2, 131-190 (I.2.5.)

6566. Buse, L.; Pawlick, K.: Der Stichprobenfehler von Faktorladungen
Zeitschrift f. exper. u. angew. Psychol., 1974, 21, 4, 691-693
(I.1.3./1.5.)

6567. Busz, M.; et al.: Die soziale Bewertung von 880 Eigenschaftsbegriffen sowie die Analyse der Ähnlichkeitsbeziehungen zwischen einigen dieser Begriffe
Z. exper. angew. Psychol., 1972, 19, 282-308 (I.2.4.)

6568. Butler, J.M.; et al.: Multiple factor analysis in terms of weithted regression
Educational and psychological measurement, 1966, 26, 545-564 (I.1.)

6569. Butler, J.H.: Description factor analysis
Electroencephalography and clinical neurophysiology, 1968, 25, n. 3, 355-370
(I.1.)

6570. Buxton, C.E.: The application of multiple factorial methods to the study of motor abilities
Psychometrika, 1938, 3, 85-93
(I.2.4.)

6571. Buxton, C.E.; Holley, J.W.: A factorial study of beliefs
Educational Psychological Measurement, 1950, 10, 400-410 (I.2.5.)

6572. Cant, R.G.: Changes in the location of manufacturing in New Zealand 1957-1968: An application of three-mode factor analysis
New Zealand geographer, 1971, 27, 1, 38-55
(I.6.1./7.)

6573. Carl, W.: Eine Untersuchung zur Faktorenstruktur von Antworttendenzen (response sets) bei Antwortskalen unterschiedlicher Stufenzahl
Z. exp. angew. Psychol., 1968, 15, 419-434
(I.2.4.)

6574. Caspar, F.M.; Witte, E.M.: Zur Identifizierbarkeit von Schwierigkeitsfaktoren
Diagnostica, 1976, 3, 126-138
(I.1.)

6575. Clyde, D.J.; et al.: Multivariate statistical programs
Biometrics Laboratory, Univ. of Miami, Coral Cables, Florida, 1961, 61 pp.
(I.10./II.10.)

6576. Coan, R.W.; Cattell, R.B.: Reproducible personality factors in middle childhood
Journal of clinical Psychology, 1958, 14, 339-345 (I.2.8.)

6577. Coolidge, F.L.: Discriminant and factor analysis of the WAIS and the Satz-Mogel abbreviated WAIS on brain-damaged and psychiatric patients
Journal of Consulting and Clinical Psychology, 1976, 44 (1), 153
(I.2.7.)

6578. Costermans, J.: Analyse factorielle de la perception de mots chez des sujets à audition normale
Anneé psychologique, 1967, 67, fasc. 2, 393-408 (I.2.6.)

6579. Cowgill, G.L.: Archaeological applications of factor, cluster and proximity analyses
American antiquity, 1968, 33, N. 3, 367-375 (I.6.1.5./IV.6.1.5.)

6580. Crew, R.E. (Jr.): Dimensions of public policy: A factor analysis of state expenditures
The southwestern social science quaterly, 1969, 50, 2, 381-388
(I.2.5./ 6.2.)

6581. Defayolle, M.; et al.: Application de l'analyse factorielle à l'étude de la structure de l'EEG
Electroencephalography and clinical neurophysiology, (Montreal), 1974, 36, 3, 319-322 (I.4.)

6582. Delius, L.; et al.: Eine faktorenanalytische Untersuchung psychophysiologischer Korrelate
Archiv für die gesamte Psychologie, 1968, Bd. 120, H. 1, 54-73
(I.2.4.)

6583. Devine, B.; Lundberg, N.: Negative similarities
Educational and Psychological Measurement, 1975, 35 (4), 797-807
(I.2.1.)

6584. Diem, U.; et al.: Faktorenanalytische Untersuchungen an gutachtlich untersuchten jugendlichen Kriminellen
Monatsschrift für Kriminologie und Strafrechtsreform, 1970, 53, 4, 183-189
(I.6.8.)

6585. Doebert, J.; et al.: Faktorenanalyse mehrerer Skalen zum Bereich des Konservatismus und Autoritarismus
Diagnostica, 1973, 19, 1, 8-19
(I.2.5.)

6586. Doherty, W.J.: Arotational approach to psychological invariance, Univ. Southern California
Ph. D., See. Dissertation, Abstracts Internat. 1974, 34 (7-B), 3461
(I.1.4.)

6587. Dubrowskij, S.A.: siehe Teil in russischer Sprache (kyrillische Schrift)

6588. Dubrowskij, S.A.; et al.: siehe Teil in russischer Sprache (kyrillische Schrift)

6589. Dubrowskij, S.A.; et al.: siehe Teil in russischer Sprache (kyrillische Schrift)

6590. Dubrowskij, S.A.; Schabaschew, W.A.: siehe Teil in russischer Sprache (kyrillische Schrift)

6591. Dukarskij, O.M.; Koschewnik, Jn.A.: siehe Teil in russischer Sprache (kyrillische Schrift)

6592. Dunham, J.L.; et al.: The cognition, production, and memory of class concepts
Educational and Psychological Measurement, 1969, 29, 615-638 (I.2.6.)

6593. Dziuban, Ch.D.; et al.: On the independence of variable sets
Educational and Psychological Measurement, 1975, 35 (3), 539-540
(I.2.1.)

6594. Eden, D.; Leviatan, U.: Implicit leadership theory as a determinant of the factor structure underlying supervisory behavior scales
Journal of Applied Psychology, 1975, 60 (6), 736-741 (I.2.4.)

6595. Eitner, S.; et al.: Faktorenanalytische Studien zur Programmierung von Schwerpunktkomplexen der geroarbeitshygienischen Forschung und Praxis
Zeitschrift für Altersforschung (Dresden), 1969, 22, 3, 221-229
(I.4.)

6596. Feather, N.T.: Factor structure of the conservatism scale
Australian Psychologist, 1975 (Jul.), Vol. 10 (2), 179-184 (I.2.5.)

6597. Flenninger, A.: Faktorenanalyse nordalpiner Malmkalke
Verhandlungen der Geologischen Bundesanstalt, 1970, 4, 618-636
(I.8.)

6598. Ferguson, L.W.: An analysis of the generality of suggestibility to group opinion
Journal of Personality, 1944, 12, 237-243
(I.2.5.)

6599. Ferrari, Th.J.; et al.: Factor analysis of causal models
Netherlands journal of agricultural science, 1967, 15, 1, 38-49
(I.1.)

6600. Fleishman, E.A.: A factor analysis of intra-task performance of two psychomotor tests
Psychometrika, 1953, 18, 45-55
(I.2.4.)

6601. Fleishman, E.A.: Factor structure in relation to task difficulty in psychomotor performance
Educational and Psychological Measurement, 1957, 17, 522-532 (I.2.4.)

6602. French, J.W.: Application of T-technique factor analysis to the stock market
Multivariate behavioral research, 1972, 7, 3, 279-286 (I.6.1.4.)

6603. Fresco, L.F.M.: Factor analysis as a method in synecological research
Acta botanica neerlandica, 1969, 18, 3, 477-482 (I.3.2.)

6604. Frick, J.W.; et al.: A factor-analytic study of flexibility in thinking
Educational and Psychological Measurement, 1959, 19, 469-496 (I.2.6.)

6605. Friel, T.W.; et al.: Factor analysis of therepeutic conditions for high and low functioning therapists
Journal of clinical psychology, 1971, 27, 2, 291-293 (I.2.7./4.)

6606. Fröhlich, W.D.; Laux, L.: Serielles Wahrnehmen, Aktualgenese, Informationsintegration und Orientierungsreaktion
II. Dimensionsanalyse von Maßen des Hautwiderstandes (GHR)
Zeitschrift exper. angew. Psychol., 1970, 17, 266-276 (I.2.6.)

6607. Fuchs, A.: Untersuchungen zu metrischen Problemen der Technik der Bedeutungsdifferenzierung
Archiv für Psychologie, 1974, 126, 114-124 (I.2.4.)

6608. Fürntratt, E.: Faktorenanalyse inhaltliche Motive in van Lennep-Bildgeschichten Jugendlicher
Psychologische Rundschau, 1969, Bd. 20, H. 2, 79-102 (I.2.4.)

6609. Futterer, J.W.: Social intelligence, role taking ability, and cognitive style: A factor analytic study
Ph. D., Loyola Univ., Chicago, 1973,
see: Dissertation Abstracts Internation., 1973, Vol. 34 (2-B), 873
(I.2.8./2.6.)

6610. Gaier, E.C.; et al.: Response patterns in a test of logical inference
Educational and Psychological Measurement, 1953, 13, 550-567 (I.2.6.)

6611. Ganzález, B.F.: Analyse factorielle de données climatologiques
Anales de edafologia y agrobiologia, 1970, 29, 1-2, 23-44
(I.8.)

6612. Garbutt, T.; Knapp, R.: Time imagery and the achievement motive
Journal of Personality, 1958, 26, 426-434 (I.2.8.)

6613. Gasquez, J.; et al.: Sur l'utilization simultanée des caractères qualifatifs et quantitatifs dans l'analyse factorielle des correspondances en taxonomie végétale
Comptes rendus hebdomaires des séances de l'Académic des sciences, Serie D: Sciences naturelles, 1971, 272, 24, 3024-3027 (I.1./3.1.)

6614. Gloning, K.; et al.: Sprachfaktoren bei Aphasikern eine faktorenanalytische Unternehmung
Neuropsychologia, 1967, 5, n. 2, 165-174
(I.2.7.)

6615. Gottheil, E.; et al.: Factoranalytic study of orality and anality
Journal of the nervous and mental diseases, 1968, 146, n. 1, 1-17
(I.2.7.)

6616. Grecksch, W.; Höppner, R.: Maximum-Likelihoodschätzungen für die Faktoren der Faktorenanalyse nach Maxwell-Lawley und ihre Berechnung mittels des Rechenautomaten R 300
Praktikumsarbeit, Technische Universität Dresden, Sektion Mathematik, 1971
(I.10.)

6617. Groner, R.: Transformationsanalytische Untersuchungen zur Überprüfung der internen Validität von Faktoren
Schweizerische Zeitschrift für Psychologie und ihre Anwendungen, 1967, 26, N. 1, 53-60
(I.1.4.)

6618. Grunewaldt, J.: Beiträge zur Vererbung der Grannenlänge bei Gerste
I. Faktorenanalyse einer grannenspitzigen Mutante und einer grannenlosen Primitivform
Theoretische und angewandte Genetik, 1974, 44, 5, 211-215
(I.3.4.)

6619. Hansen, H.; Kruuse, E.: An investigation of reading level in grades 3-7 in Abertslund with the silent reading tests F. II and F. III (in Danish)
Skolpsykologie, 1975, 12 (3-4), 283-291
(I.2.3.)

6620. Harris, N.S.: Dimensions of fear: A multivariate analysis
Ph. D., West Virginia Uni. 1973
see: Dissertation Abstracts International, 1973, Vol. 34 (1-3), 413
(I.2.4.)

6621. Hartkemeier, H.P.; Brown, L.M.: Multiple correlation and the multiple factor method
J. Appl. Psychol., 1936, 20, 396-415
(I.1.)

6622. Heckel, R.V.: A factor analytic study of process variables in group therapy
Journal of clinical psychology, 1971, 27, 1, 146-150 (I.2.7.)

6623. Hedman, H.B.; Line, W.: A simplified statement of the two factor theory
J. Educ. Psychol., 1933, 24, 195-220
(I.1.3.)

6624. Hedman, H.B.: A critical comparison between the solutions of the factor problem offered by Spearman and Thurstone
J. Educ. Psychol., 1938, 29, 671-685
(I.1./2.1.)

6625. Hensley, D.R.; et al.: Factor structure of Dean's alienation scale among college students
Psychological Reports, 1975, 37 (2), 555-561 (I.2.3.)

6626. Herrmann, T.: Urteilsnuanciertheit und Fraktionierung des Bezugssystems. Eine Zweifaktorenhypothese des semantischen Differenzierens
Psychol. Beitr., 1962, 7, 539-557
(I.2.4.)

6627. Hinke, H.: Faktorenanalytische Studien über die wesentlichen Einflüsse auf die Gesundheit von weiblichen Postangestellten in der Umstellungsphase
Wissenschaftliche Zeitschrift der Humboldt-Univ. Berlin, Mathematisch-Naturwissenschaftl. Reihe, 1969, 18, 1, 115-118 (I.2.4.)

6628. Höppner, R.; Grecksch, W.: Maximum-Likelihoodschätzungen für die Faktoren der Faktorenanalyse nach Maxwell-Lawly und ihre Berechnung mittels des Rechenautomaten R 300
Praktikumsarbeit, Technische Universität Dresden, Sektion Mathematik, 1971
(I.10.)

6629. Hofmann, R.J.: Brief report: On the proportional contributions of transformed factors to common variance
Multivariate Behavioral Research, 1975, 10 (4), 507-508 (I.1.)

6630. Hofstätter, P.R.: A factorial study of prejudice
Journal of Personality, 1952, 21, 228-239
(I.2.8.)

6631. Hofstätter, P.R.: Dimensionen des mimischen Ausdrucks
Z. exper. angewandte Psychol., 1956, 3, 305-529 (I.2.4.)

6632. Holley, J.W.; Buxton, C.E.: A factorial study of beliefs
Educational and Psychological Measurement, 1950, 10, 400-410 (I.2.5.)

6633. Holm, E. et al.: Eine Faktorenanalyse von Schwellen subcorticaler Reizantworten
Experimental brain research, 1969, 8, fasc. 1, 79-96 (I.2.6.)

6634. Hope, K.: Methods of multivariate analysis, with handbook of multivariate methods programmed in atlas autocode
University of London Press Ltd., London, 288 pp., 1968 (I.10./II.10.)

6635. Howell, M.A.; et al.: Factor analysis of interview data
Journal of applied psychology, 1970, 54, 4, 313-315 (I.2.4.)

6636. Hürsch, L.: Der Einfluß nicht-kognitiver Versuchsbedingungen auf die Faktorenstruktur von Intelligenzleistungen
Schweizerische Ztschrift für Psychologie und ihre Anwendungen, 1967, 26, N. 1, 61-66 (I.2.8.)

6637. Hunziker, H.W.: Plastizität als Faktor der Spannungsüberwindung in Denkaufgaben
Z. exper. angew. Psychol., 1964, 11, 185-237 (I.2.6.)

6638. Jackson, D.N.; Skinner, H.A.: Univocal varimax: An orthogonal factor rotation program for optimal simple structure
Educational and Psychological Measurement, 1975, 35 (3), 663-665
(I.1.4.)

6639. Jäger, A.: Dimensionen der Intelligenz
Hogrefe, Göttingen, 1967
(I.2.8.)

6640. Kaiser, R.; et al.: Faktorenanalyse bei Frauen mit einem Korpuskarzinom
Zentralblatt für Gynokologie, 1970, 25, Aufl. 6, 377-379 (I.4.)

6641. Kalveram, K.: Faktorenanalyse und Selektion
Dissertation, Universität Marburg, 1968
(I.1./2.1.)

6642. Karson, S.: Second-order personality factors found in a sample of physically and mentally healthy United States Airmen
Journal of Clinical Psychology, 1961, 17, 14-19 (I.2.8.)

6643. Katzenberger, L.: Dimensionen des Gedächtnisses
Ztschr. exper. angew. Psychol., 1965, 12, 451-492 (I.2.6.)

6644. Kay, D.W.K.; et al.: Endogenous and neurotic syndroms of depression: A factor analytic study of 104 cases. Clinical features
The British journal of psychiatry, 1969, 115, n. 521, 377-388
(I.2.7.)

6645. Kear-Colwell, J.J.: Neuroticism (Cattell) and its relationship to the presence of neurotic symptomatology
Multivariate Behavioral Research, 1969, 4, 223-233 (I.2.7.)

6646. Keaveny, T.J.; McGann, A.F.: A comparison of behavioral expectation scales and graphic rating scales
Journal of Applied Psychology, 1975, 60 (6), 695-703 (I.2.1.)

6647. Keil, W.; Siddiqi, J.A.: Neugierverhalten in der Sprache
Psychol. Rundschau, 1970, 21, 270-278
(I.2.4.)

6648. Kelly, H.P.: Memory abilities: A factor analysis
Psychometric Monographs, No. 11, 1964
(I.2.6.)

6649. Kelley, T.L.: Crossroads in the mind of man; a study of differentiable mental abilities
Stanford University Press, Stanford, Calif., 1928, vii + 238 pp.
(I.1.)

6650. Kjellberg, A.; Bohlin, G.: Self reportes arousal: Factorial complexity as a function of the subject's arousal level
Scandinavian Journal of Psychology, 1975, 16 (3), 203-208
(I.2.1./2.4.)

6651. Klebelsberg, D.: Ergebnisse einer Verhaltensanalyse des Kraftfahrers
Zeitschrift exper. angew. Psychol., 1963, 10, 597-603 (I.2.4./2.8.)

6652. Klein, E.B.: A factor analysis of the F and reversed F scales in three regional samples
Journal of social psychology, 1965, 65, 127-134 (I.2.1.)

6653. Klein, K.: Faktorenanalytische Untersuchung des Athletiker Problems
Zeitschrift für Morphologie und Anthropologie, 1970, 62, 2, 121-165 (I.2.4./4.)

6654. Kleiter, G.D.; Lukesch, H.: Die Anwendung der Faktorenanalyse. Darstellung und Kritik der Praxis einer Methode
Archiv für Psychologie, 1974, 126, 265-307 (I.1./2.1.)

6655. Klemm, P.G.; et al.: Die faktorenanalytische Ermittlung eines neuen Reifeindexes bei Mädchen
Wissenschaftliche Zeitschrift der Humboldt-Universität zu Berlin, Mathematisch-naturw. Reihe, 1969, 18, 1, 49-54 (I.2.2.)

6656. Klemm, P.G.: Methodische Probleme der faktorenanalytischen Typenbestimmung
Wissenschaftliche Zeitschrift der Humboldt-Universität zu Berlin, Mathematisch-naturw. Reihe, 1969, 18, 1, 33-48 (I.6.2./2.5.)

6657. Klemmer, P.: Die Faktorenanalyse im Rahmen der Regionalforschung
Raumforschung und Raumordnung, 1971, 29, 1, 6-11 (I.7.)

6658. Knabe, G.: Multidimensionale experimentelle Analysen des Legasthenie-Syndroms
Z. exper. angew. Psychol., 1969, 16, 570-612 (I.2.4.)

6659. Knapp, R.; Garbutt, T.: Time imagery and the achievement motive
Journal of Personality, 1958, 26, 426-434 (I.2.8.)

6660. Köhle, D.: Die Hauptachsenmethode der Faktorenanalyse
Dissertation, Wirtschaftswiss. Fak., Regensburg, 1970, 143 S.
(I.1./6.1.1.)

6661. Konijn, H.S.: A problem arising in factor analysis
Austral. J. Sci., 1957, 19, 202-203
(I.1.)

6662. Kopfmann, G.: Zusammenhang zwischen Abiturnoten von Physikstudenten und ihrer Leistung an der TH München
J. exper. angew. Psychol., 1969, 16, 434-451 (I.2.3.)

6663. Korth, B.A.: Analytic and experimental examination of factor matching methods
Ph. Dissertation, Univ. Illinois, 1974
Dissertation Abstracts International 1974 (Mar.), Vol. 34 (9)-B), 4633
(I.1.)

6664. Koschewnik, Jn.A.; Dukarskij, O.M.: siehe Teil in russischer Sprache (kyrillische Schrift)

6665. Kouver, B.J.: Orthogonale factorrotaties met het oblimax criterium
Nederlandsch Tijdschrift voor de psychologie en haar grensgebieden, 1963, deel 18, N. 4, 308-324 (I.1.4.)

6666. Krebs, G.: Bilaterale lineare Transformation. Eine Methode zum Vergleich von Faktorladungsmatrizen
Arch. Psychol., 1972, 124, 9-20
(I.1.4.)

6667. Kruuse, E.; Hansen, H.: An investigation of reading level in grades 3-7 in Abertslund with the silent reading tests F II and F III (in Danish)
Skolpsykologie, 1975, 12 (3-4), 283-298
(I.2.3.)

6668. Kukla, F.; Sydow, H.: Zur metrischen Darstellung phänomenaler Ähnlichkeiten bei komplexem Reizmaterial
Z. Psychol., 1970, 178, 111-142
(I.2.6.)

6669. Kunetz, G.: Sur la conservation du facteur commun de Spearman dans une substitution lineaire
C.R. Acad. Sci. Paris, 1935, 201, 864-869
(I.1./2.1.)

6670. Landy, F.J.: A factor analysis of the fear survey schedule
Behavior research and therapy, 1971, 9, 2, 89-93 (I.2.7.)

6671. Laporte-Cru, J.; et al.: L'analyse factorielle appliquée à quelques populations de Prunelle vulgaris
Botaniste, 1972, 55, 16, 351-368 (I.3.2.)

6672. Laux, L.; Fröhlich, W.D.: Serielles Wahrnehmen, Aktualgenese, Informationsintegration und Orientierungsreaktion
II. Dimensionsanalyse von Maßen des Hautwiderstandes (GHR)
Z. exper. angew. Psychol., 1970, 17, 266-276 (I.2.6.)

6673. Lependorf, S.: A factor analysis of the Minnesota Counceling Inventory for adolescent
Journal of educational research, 1964-65, 58, n. 4, 186-187 (I.2.3.)

6674. Levêque, Ch.: Utilization de l'analyse factorielle des correspondances pour l'étude des peuplements en mollusques benthiques du Lac Tschad
Calier ORSTOM, Serie Hydrobiologie, 1972, VI., 47-66 (I.8.)

6675. Leviatan, U.; Eden, D.: Implicit leadership theory as a determinant of the factor structure underlying supervisory behavior scales
Journal of Applied Psychology, 1975, 60 (6), 736-741 (I.2.4.)

6676. Levison, D.J.; O'Neil, W.M.: A factorial exploration of authoritarianism and some of its ideological correlates
Journal of Personality, 1954, 22, 449-463 (I.2.8.)

6677. Line, W.: Factorial analysis and its relationship to psychological method
British J. Psychol., 1933, 24, 187-198 (I.2.1.)

6678. Line, W.; Hedman, H.B.: A simplified statement of the two factor theory
J. Educ. Psychol., 1933, 24, 195-220 (I.1.3.)

6679. Lockowandt, O.: Faktorenanalytische Validierung der Handschrift mit besonderer Berücksichtigung projektiver Methoden
Zeitschrift für experimentelle und angewandte Psychologie, 1968, 15, 3, 487-530
(I.2.4.)

6680. Löther, R.: Die Beherrschung der Mannigfaltigkeit. Philosophische Grundlagen der Taxonomie
Habilitationsschrift, Humboldt-Univ. Berlin, 1970 (I.1./V.1./6.5.)

6681. Lorei, Th.W.; et al.: A set of factor analytically derived scales for scoring the M-B history record
Multivariate behavioral research, 1969, Vol. 4, n. 2, 181-194
(I.2.4.)

6682. Ludwig, R.: Versuch der Ermittlung leistungsbestimmender Faktoren im Frauenturnen mit Hilfe der Faktoranalyse
Theorie und Praxis der Körperkultur, 1964, 13, H. 8, 710-715
(I.6.4.)

6683. Lüer, G.; et al.: Zur Erfassung der motorischen Begabung bei minderbegabten Kindern durch eine Hamburger Version der Lincoln-Oseretzky Motor Development Scale
Praxis Kinderpsychol. Kinderpsychiatr., 1970, 19, 20-25 (I.2.7.)

6684. Lukatzkaja, M.L.; Becker, A.W.: siehe Teil in russischer Sprache (kyrillische Schrift)

6685. Lukesch, H.; Kleiter, G.D.: Die Anwendung der Faktorenanalyse. Darstellung und Kritik der Praxis einer Methode
Archiv für Psychologie, 1974, 126, 265-307
(I.1./2.1.)

6686. Lundberg, U.; Devine, B.: Negative similarities
Educational and Psychological Measurement, 1975, 35 (4), 797-807
(I.2.1.)

6687. Lutz, L.: Schwerhörige als sprachliche Sondergruppe. Eine empirische Untersuchung des sprachlichen Standards schwerhöriger Kinder mit Hilfe der Faktorenanalyse
Neue Blätter für Taubstummenbildung, 1973, 27, 1, 23-29 (I.2.7./4.)

6688. Maksimow, G.T.: siehe Teil in russischer Sprache (kyrillische Schrift)

6689. Malchow, C.P.: Vergleich zweier Verfahren zur Annäherung von Faktorenmatrizen
Diplomarbeit, Hamburg, 1972
(I.1.4.)

6690. Maney, A.C.; et al.: A note on Shellhaas and Nihira's "Factor analysis of reasons retardates are referred to an institution
American journal of mental deficiency, 1970-71, 75.3., 316-318
(I.2.7.)

6691. Maslowskij, P.M.; et al.: siehe Teil in russischer Sprache (kyrillische Schrift)

6692. Maslowskij, P.M.; et al.: siehe Teil in russischer Sprache (kyrillische Schrift)

6693. Maxeiner, J.: Eine Untersuchung zur Validität des Satzergänzungstestes zur Erfassung der Aggressivität
Diagnostica, 1968, 14, 94-98
(I.2.7.)

6694. McGann, A.F.; Keaveny, T.J.: A comparison of behavioral expectation scales and graphic rating scales
Journal of Applied Psychology, 1975, 60 (6), 695-703 (I.2.1.)

6695. Mirkens, P.: Persönlichkeitskorrelate der Stimmungslabilität
Diagnostica, 1969, 15, 14-22
(I.2.8.)

6696. Miron, M.: A study on cross-cultural factorial structure of intelligence
Psychologia: An International Journal of Psychology in the Orient, 1975, 18 (2), 92-94 (I.2.5.)

6697. Mossner, F.: Welchen Einblick gibt uns die Faktoranalyse in den Satzbau der natürlichen Sprachen?
Zeitschrift für Phonetik und allgemeine Sprachwissenschaft, 1969, 22, 3, 243-254
(I.6.6.)

6698. Mottana, A.: Factor analysis of omphacites and garnets: A contribution to the geochemical classification of ecologites
Beiträge zur Mineralogie und Petrographie, 1971, 31, 3, 238-250
(I.8.)

6699. Murty, B.R.; et al.: Factor analysis in relation to breeding system
Genetica, 1971, 41, 1, 179-189
(I.3.4.)

6700. Nabeya, S.: On factor analysis (in Japanese)
Res. Mem. Inst. Statist. Math., Tokyo, 1949, 4, 460-499 (I.1.)

6701. Narziss, L.; et al.: Zusammenhänge zwischen Malz- und Bierqualität, dargestellt mit Hilfe der Faktorenanalyse
Brauwirtschaft, 1972, 25, 6, 149-153
(I.8.)

6702. Neifeld, M.R.: A study of spurious correlation
J. Amer. Statist. Assoc., 1927, 22, 331-338 (I.1.1.)

6703. Neil, A.F.: Alternative methods for the factor analytic treatment of ipsative scores, with particular reference to the Edwards Personal Preference Schedule
Ph. Diss., Ohio State Univ.
see: Dissertation Abstracts International, 1974, Vol. 34 (8-A, Pf 1.), 4481-4882
(I.2.8.)

6704. Nesselroade, J.R.; Baltes, P.B.: Higher order factor convergence and divergence of two distinct personality systems: Cattell's HSPQ and Jacksons PRF
Multivariate Behavioral Research, 1975, 10 (4), 387-407 (I.2.8.)

6705. Noach, M.R.: Application of latent trait models to the ACT Mathematics usage test
Ph. D. Iowa State Univ., 1973
see: Dissertation Abstracts International, 1973, Vol. 34 (5-B), 2288
(I.2.1.)

6706. Nunnally, J.: The analysis of profile data
Psychol. Bull., 1962, 59, 311-319
(I.2.1.)

6707. Nygaard, P.H.: Interpretation of correlation on the basis of common elements
J. Educ. Psychol., 1932, 23, 578-585
(I.1.5.)

6708. O'Neil, W.M.; Levison, D.J.: A factorial exploration of authoritarianism and some of its ideological correlates
Journal of Personality, 1954, 22, 449-463
(I.2.8.)

6709. Orlik, P.: Die RAPID-Technik der Faktorenanalyse - ein "computerfreies" Näherungsverfahren
Saarbrücken, 1974, 33 S.
Forschungsarbeit der Univ. Saarbr. No. 8
(I.1.)

6710. Boon von Ostade, A.H.: Interatieve factor analyse
Staatsmijnen, afd. Personeelsresearch, 1963, 30 blz. (I.2.1.)

6711. Boon von Ostade, A.H.: Factor analyse programma Univac III; Personeelsonderzoek met de Univac II
Staatsmijnen, 1965, klz. 23-26
(I.10.)

6712. Papanek, G.F.: Factor analysis and growth: An empirical test
Quarterly journal of economics, 1971, 85, 3, 508-512 (I.6.1.)

6713. Pawlik, K.; Buse, L.: Der Stichprobenfehler von Faktorladungen
Zeitschrift f. exper. u. angew. Psychol., 1974, 21, 4, 591-693
(I.1.3./1.5.)

6714. Piaggio, L.: Bemerkungen zum Promax-Verfahren für schiefwinklige Faktorenrotation
J. f. exp. u. angew. Psychologie, 1972, 19, 3, 460-475 (I.1.4.)

6715. Piaggio, L.: Modifikation des Promax-Verfahrens
Zeitschrift f. exper. u. angew. Psychol., 1972, 19, 4, 580-592
(I.1.4.)

6716. Phillips, J.K.: Opinion justification: A factorial analysis and cross-validation
Ph.D., Univ. South Carolina, 1973
see: Dissertation Abstracts International, 1973, 34 (1-B), 399 (I.2.1.)

6717. Pichot, P.: Überlegungen zur Faktorenanalyse des depressiven Syndroms in:
Das depressive Syndrom. Internationales Symposium, Berlin am 16. u. 17. Februar 1968, Hrsg. von H. Hippins u.a., München, Berlin, Wien, 1969, 269-277
(I.2.7.)

6718. Prinz, B.; et al.: Anwendungsmöglichkeiten der Faktorenanalyse bei Immissionsuntersuchungen
Staub. Zeitschrift für Staubhygiene, Staubtechnik, Reinhaltung der Luft, 1968, 28, 25-30 (I.8.)

6719. Reiner, L.: Die Faktorenanalyse in der brautechnologischen Forschung
Brauwirtschaft, 1971, 24, 11, 409-412
(I.8.)

6720. Renn, H.: Zur Methodik der Verlaufsanalyse: Das Problem der Nicht-Orthogonalität von Ausgangswerten und Faktoren der Änderung
Psycholog. Beiträge, 1974, 16, 1, 61-67
(I.2.1.)

6721. Rhenius, D.: Bemerkungen über Verfahren zur Zielrotation von Ladungsmatrizen
Archiv für Psychologie, 1974, 126, 125-130
(I.1.4.)

6722. Richter, H.: Zur Intonation der Bejahung und Verneinung im Hochdeutschen. Ein Anwendungsbeispiel der statistischen Faktorenanalyse. Satz und Wort im heutigen Deutsch. Probleme und Ergebnisse neuerer Forschung, Jahrbuch 1965/66, Sprache der Gegenwart, Schriften des Institutes für deutsche Sprache in Mannheim, Bd. 1, Düsseldorf, 1967, 329-362 (I.6.6.)

6723. Riegel, R.M.: Faktorenanalyse des Hamburg-Wechsler-Intelligenztests für Erwachsene (HAWIE) für die Altersstufen 20-34, 35-39, 50-64 und 65 und älter
Diagnostica, 1960, 6, 41-66
(I.2.8.)

6724. Roeder, B.: Die Bestimmung diskrepanten Antwortverhaltens
Z. exper. angew. Psychol., 1972, 19, 593-640 (I.2.4.)

6725. Roth, K.: Faktorenanalytische Überprüfung der Theorie der technischen Begabung
Z. exper. angew. Psychol., 1957, 4, 58-83
(I.2.8.)

6726. Saager, R.; et al.: Factor analysis of geochemical data from the Basal Reef, Orange Free State Goldfield, South Africa
Economic Geology and the Bulletin of the Society of Economic Geologists, 1969, 64, 445-451 (I.8.)

6727. Sader, M.; et al.: Faktorenanalytische Untersuchungen zur Projektion der Leistungsmotivation
Archiv für die gesamte Psychologie, 1968, Bd. 120, H. 1, 25-53
(I.2.8.)

6728. Saez, H.: Analyse des facteurs: Sexe âge, importation, receptivité animale dans l'aspergillose aviaire, lasée sur 10 années de recherches
Récuceil de médecine vétérinaire, 1971, 147, 1063-1078 (I.4.)

6729. Sample, C.J.: Patterns of regional economic change: A quantitative analysis of U.S. regional growth and development
Cambridge, Mass. Bellinger, 1974, XIX, 296 pp. (I.6.1.1./7.)

6730. Saslawskaja, T.J.; Winogradowa, E.W.: siehe Teil in russischer Sprache (kyrillische Schrift)

6731. Schabaschew, W.A.; Dubrowskij, S.A.: siehe Teil in russischer Sprache (kyrillische Schrift)

6732. Schaedeli, R.: Untersuchungen zur Verifikation von Meilis Intelligenzfaktoren
Z. exper. angew. Psychol., 1961, 8, 211-264
(I.2.8.)

6733. Schiller, W.: Faktorenanalytische Untersuchungen von ausgewählten Größen, die in Beziehung zum Betriebsgeschehen der Deutschen Reichsbahn stehen können
Dissertation, Verkehrshochschule Dresden, 1973 (I.1./8.)

6734. Schriesheim, Ch.A.; Stogdill, R.M.: Differences in factor structure across three versions of the Ohio State leadership scales
Personnell Psychology, 1975, 28 (2), 189-206 (I.2.4.)

6735. Schubö, W.; et al.: Psychiatric classification by means of a discriminatory application of Q factor analysis (in German)
Archiv für Psychiatrie und Nervenkrankheiten, 1975, 220 (3), 187-200
(I.2.7.)

6736. Schwidetzky, I.: Die Faktorenanalyse als Hilfsmittel der anthropologischen Bevölkerungsgeschichte
Homo., 1967, Suppl. Bd. 5, 198-200
(I.6.1.5.)

6737. Seifert, T.: Faktorenanalyse einiger Schriftmerkmale
Z. exper. angew. Psychol., 1964, 11, 645-666
(I.2.4.)

6738. Selg, M.; et al.: Eine Faktorenanalyse von Aggressionsvariablen
Zeitschrift für experimentelle und angewandte Psychologie, 1966, 13, 3, 506-526
(I.2.7.)

6739. Selg, H.; Bauer, W.: Forschungsmethoden der Psychologie
Kohlhammer, Stuttgart, 1971
(I.2.1.)

6740. Shirkey, E.C.: Empirical study of the sampling distribution of a measure of factor similarity
Ph. D., Univ. Wisconsin
see: Dissertation Abstracts International, 1974, 34 (7-A), 4005-4006
(I.1.)

6741. Siddigi, J.A.; Kech, W.: Neugierverhalten in der Sprache
Psychol. Rundschau, 1970, 21, 270-278
(I.2.4.)

6742. Sipos, M.: A faktor anilizis nehany prolémájáról
Számológep, 1973, 3, No. 1
(I.1.)

6743. Skinner, H.A.; Jackson, D.N.: Univocal varimax: An orthogonal factor rotation program for optimal simple structure
Educational and Psychological Measurement, 1975, 35 (3), 663-665
(I.1.4.)

6744. Sloan, H.C.: A simplified procedure for estimating the factor structure of large data matrices
Ph. D., Dissertation, Univ. Alabama
see: Dissertation Abstracts International, 1974 (Apr.), Vol. 34 (10-A), 6455
(I.1./2.1.)

6745. Smith, J.R.: A factor analytic study of student and adult judgments of television news
Ph. D. Diss., The Pennsylvania State Univ., 1975, 130 p.
see: Dissert. Abstracts Internat., 1976, vol. 36, No. 11, 7031 A
(I.2.4.)

6746. Smith, S.V.: Factor analysis: A tool for environmental studies
Marine Technology Society Journal, 1971, 5, 6, 15-19 (I.3.5./8.)

6747. Spiegel, D.: Factor analysis of 78 variables from nine personality tests and scales
Journal of projective techniques, 1969, 33, 160-167 (I.2.8.)

6748. Staats, A.W.; et al.: Operant conditioning of factor analytic personality traits
Journal of general psychology, 1962, 66, n. 1, 101-114 (I.2.8.)

6749. Steinhagen, K.: Untersuchungen zur Veränderung von faktoriellen Intelligenzstrukturen im Erwachsenenalter
Diagnostica, 1970, 16, 149-164
(I.2.8.)

6750. Stellmacher, R.: Die Faktorenanalyse als methodologische Untersuchungsmethode
Gerlands Beiträge zur Geophysik, 1970, 79, 3, 213-215 (I.8.)

6751. Stewart, R.G.: Factor analysis in the measurement of personality integration
Educational and Psychological Measurement, 1956, 16, 471-480 (I.2.8.)

6752. Stewart, M.E.: Item Factor analysis of the STS Junior Inventory, Form G.
Ph. D., Northern Illionois Univ., 1974
see: Dissertation Abstracts International, 1974, 34 (7-A), 4010
(I.2.3.)

6753. Stogdill, R.M.; Schriesheim, Ch.A.: Differences in factor structure across three versions of the Ohio State Leadership Scales
Personnel Psychology, 1975, 28 (2), 189-206 (I.2.4.)

6754. Stoljarow (Hrsg.): Zur Technik und Methodologie einiger quantifizierender Methoden der soziologischen Forschung
Dietz, Berlin, 1966 (I.6.2.)

6755. Sundman, V.; et al.: Application of factor analysis in microbiology
Annales Academiae scientarum Fennicae Ser. A IV, Biologica, 1967, 112, 1-32, 1967, 115, 1-12 (I.3.3.)

6756. Swain, A.J.: A class of factor analysis estimation procedures with common asymptotic sampling properties
Psychometrika, 1975, 40 (3), 315-335 (I.2.1.)

6757. Swanson, G.D.; et al.: Factor analysis of fracture toughness test parameters for Al_2O_3
Journal of the American Ceramic, 1971, 54, 382-384 (I.8.)

6758. Sydow, H.; Kukla, F.: Zur metrischen Darstellung phänomenaler Ähnlichkeiten bei komplexem Reizmaterial
Z. Psychol., 1970, 178, 111-142 (I.2.6.)

6759. Thump, N.: Zur Problematik der Faktorentheorien
C.R. Conf. Internat. Psychotech., 1935, 8, 712-721 (I.2.1.)

6760. Timen, J.; et al.: Etude des indicateurs de grandeur des entreprises agricoles par la méthode de l'analyse factorielle
Studia Universitatis Babes-Bolyai (Rumän.), 1970, 15, 111-118 (I.6.1./5.)

6761. Traxel, W.: Über Dimensionen und Dynamik der Motivierung
Z. exper. angew. Psychol., 1961, 8, 418-428 (I.2.6./2.4.)

6762. Trott, D.M.; et al.: A multimethod factor analysis of the differential personality inventory, personality research form, and Minnesota multiphasic personality inventory
Washington journal of counceling psychology, 1972, 19, 2, 94-103
(I.2.8.)

6763. Tucker, L.R.: A reliability coefficient for maximum likelihood factor analysis
Psychometrika, 1973, 38, 1, 1-10
(I.1.)

6764. Tulupschuk, Ju.M.; Wolochow, W.S.: siehe Teil in russischer Sprache (kyrillische Schrift)

6765. Tzeng, Chun-Shun: Differentiation of affective and denotative meaning systems in personality ratings via threemode factor analysis
Ph. D., Univ. Illinois, Urbana-Champaign
see: Dissertation Abstracts International, 1973, Vol. 34 (2-B), 864
(I.2.8.)

6766. Vorobew, A.A.: Use of factor analysis in synthesizing the structures of the computing devices used for analysis the signals in radiometric betatron defectoscopes
The soviet journal of non-destructive testing, 1970, 4, 419-424
(I.8.)

6767. Waniak, W.; et al.: Untersuchung zur faktoriellen Gemeinsamkeit und Spezifität der FPj- und MMPJ-Skalen
Zeitschrift für experim. und angew. Psychologie, 1976, 2, 310-319
(I.2.8.)

6768. Warwick, P.: A reevaluation of alternate methodologies in legislative voting analysis
Social Science Research, 1975, Vol. 4 (3), 241-267 (I.2.5.)

6769. Waugh, R.P.: The I.T.P.A.: Ballast or bonanza for the school psychologist
Journal of School Psychology, 1975, 13 (3), 201-208 (I.2.3.)

6770. Weber, H.: Untersuchungen über die Faktorenstruktur numerischer Aufgaben
Z. exper. angew. Psychol., 1953, 1, 336-393
(I.2.1.)

6771. Weis, V.: Ein faktorenanalytischer Ansatz zur Beurteilung von Unterrichtsmethoden
Bericht über den Kongreß der Deutschen Gesellschaft für Psychologie, Göttingen, 1968, 26, 567-574 (I.2.3.)

6772. Weiss, B.W.; et al.: Relationship between a factor analytically derived measure of a specific fear and performance related fear induction
Journal of abnormal psychology, 1968, 73, 5, 461-463 (I.2.7.)

6773. Wendeler, J.: Vergleich einiger Faktorenanalysen muttersprachlicher Leistungen
Diagnostica, 1970, 16, 2, 76-94 (I.6.6./2.3.)

6774. Wendrich, P.: Korrelationsstatistische Analysen zum Unfallursachenproblem
Probleme und Ergebnisse der Psychologie, 1965, 15, 53-64 (I.2.4.)

6775. Wermuth, N.; et al.: Die Methode der Kovarianzselektion als Alternative zur Faktorenanalyse, dargestellt an Persönlichkeitsmerkmalen
Zeitschrift für exper. u. angew. Psychol., 1976, 2, 320-338 (I.2.8.)

6776. Winogradowa, E.W.; Saslawskaja, T.J.: siehe Teil in russischer Sprache (kyrillische Schrift)

6777. Winter, W.D.: A factor analysis of family interaction measures
Journal of projective techniques, 1970, 34, 55-63 (I.2.5.)

6778. Witte, E.M.: Ein Vergleich von Intelligenzstrukturen: Eine Anwendung der bilateralen linearen Transformation und eine Kritik zu der Arbeit von K. Steinhagen über die Differenzierungshypothese
Diagnostica, 1972, 18, 18-25 (I.1.4.)

6779. Witte, E.M.; Caspar, F.M.: Zur Identifizierbarkeit von Schwierigkeitsfaktoren
Diagnostica, 1976, 3, 126-138 (I.1.)

6780. Wofford, J.C.: Factor analysis of managerial behavior variables
Journal of applied psychology, 1970, 54, 2, 169-173 (I.2.4.)

6781. de Wolff, Ch.J.; et al.: Een factoranalyse van vier testbatterijen
Nederlandsch Tijdschrift voor de psychologie en haar grenzgebieden, 1963, deel 18, N. 3, 220-239 (I.2.1.)

6782. Wolff, H.: Faktorenanalyse von Entwicklungstestaufgaben an Hand einer Stichprobe von geistig schwer behinderten Kindern
Probleme und Ergebnisse der Psychologie, 1970, 32, 75-90 (I.2.7.)

6783. Wolochow, W.S.; Tulupschuck, Jn.M.: siehe Teil in russischer Sprache (kyrillische Schrift)

6784. Woodrow, J.Z.: A factor analysis and revision of the defense mechanism inventory
Ph. D., Ohio University, 1973
see: Dissertation Abstracts International, 1973, Nov., Vol. 34 (5-B), 2324
(I.1.)

6785. Yanai, H.: Factor analysis with external criteria: Application of analysis of variance and regression technique to factor analysis
Japanese psychological research, 1970, 12, 143-153 (I.2.1./1.)

6786. Zayer, H.; et al.: Die affektive Bewertung sinnvoller akustischer Reize im Wachzustand und ihr Einfluß auf das Schlafverhalten
Archiv für Psychologie, 1975, 127, 131-155
(I.2.6.)

6787. Zellinger, E.: Theorie, Rechenkalkül, phänomenale Erfahrungseinwände gegen den faktorenanalytischen Formalismus
Jahrbuch für Psychologie, Psychotherapie und medizinische Anthropologie, 1968, 16, 1-2, 130-134 (I.1.)

6788. Zimmer, H.: Motivational factors indyadic interaction
Journal of Personality, 1956, 24, 251-261
(I.2.5.)

II. HAUPTKOMPONENTENANALYSE

6789. Andrukowitsch, P.F.: siehe Teil in russischer Sprache (kyrillische Schrift)

6790. Bagrow, N.A.: siehe Teil in russischer Sprache (kyrillische Schrift)

6791. Borodkina, F.M.; et al.: siehe Teil in russischer Sprache (kyrillische Schrift)

6792. Feiveson, A.M.: Selecting variables in regression and classification by thresholding
Ph. D. Dissertation, Texas A and M Univ., College Station, 1973
(II.1./IV.1.)

6793. Gabriel, K.R.: Principal decomposition of matrices and its use in multivariate analysis
Biometrics, 1969, v. 25
(II.1.)

6794. Gabriel, K.R.: The biplot graphic display of matrices with application to principal component analysis
Biometrika, 1971, vol. 58, No. 3
(II.1.)

6795. Greenberg, E.: Minimum variance properties of principal component regression
Journal of American Statist. Assoc., 1975, 70, 194-197 (II.1./6.1.1.)

6796. Hearne, F.T.; Jackson, J.E.: Relationships among coefficients of vectors used in principal components
Technometrics, 1973, vol. 15, No. 3
(II.1.)

6797. Inkin, S.W.; Schneidman, L.M.: siehe Teil in russischer Sprache (kyrillische Schrift)

6798. Jackson, J.E.; Hearne, F.T.: Relationships among coefficients of vectors used in principal components
Technometrics, 1973, vol. 15, No. 3
(II.1.)

6799. Kleffe, J.: Principal components of random variables with values in a separable Hilbert space
Math. Operationsforschung u. Statist., 1973, 4, 391-406 (II.1.)

6800. Kmenta, J.: Elements of econometrics
New York: Macmillan, 1971, XIII + 655 S.
(II.6.1.1.)

6801. Laster, L.: Statistical background of methods of principal component analysis
Journ. Periodont., 1967, v. 38
(II.1.)

6802. Lott, W.F.: The optimal set of principal component restrictions on a least squares regression
Comm. Statist., 1973, 2, 449-464
(II.1./6.1.1.)

6803. Markowa, E.W.: siehe Teil in russischer Sprache (kyrillische Schrift)

6804. Mühlbächer, H.: Die Möglichkeiten der Anwendung der Faktorenanalyse im Marketing
Dipl. Arbeit, Linz, 1971, 124 S.
(I.6.1.4./II.6.1.4.)

6805. Obenchai, R.L.: Regression optimality of principal components
Annals of the Math. Statist., 1970, vol. 43, No. 4 (II.1.)

6806. Obuchow, A.M.: siehe Teil in russischer Sprache (kyrillische Schrift)

6807. Ottestad, P.: Component analysis. An alternative system
Intern. Stat. Rev., 1975, 43, 1, 83-107
(II.1.)

6808. Petersen, J.F.: siehe Teil in russischer Sprache (kyrillische Schrift)

6809. Pousse, A.: Sur l'analyse canonique considéreé comme une analyse en composantes principales
Acad. Sci., 1973, v. 276, A 321-324
(II.1.)

6810. Schneidman, L.M.; Inkin, S.W.: siehe Teil in russischer Sprache (kyrillische Schrift)

6811. Singh, T.: Principal component regression model for predicting information
T. Am. Geophys., 1970, vol. 51, No. 11
(II.1.)

6812. Tiit, E.: siehe Teil in russischer Sprache
(kyrillische Schrift)

III. MULTIDIMENSIONALE SKALIERUNG

6813. Abelson, R.P.; Tuckey, J.W.: Efficient conversion of nonmetric information into metric information
Proc. Amer. Statist. Section, 1959, 226-230 (III.1.)

6814. Adams, K.; Ulehla, Z.J.: Detection theory and problems of psychosocial discrimination
Sociological Methodology, 1971 (III.1./VI.1.)

6815. Ahrens, H.J.: Einige Möglichkeiten der Anwendung multivariater Methoden zur Untersuchung von Erziehungsstilen in:
Th. Herrmann (Hrsg.), Psychologie der Erziehungsstile, Beiträge und Diskussionen des Braunschweiger Symposiums 1966, Göttingen: Hogrefe 1966 (S. 32-44) (III.2.3.)

6816. Ahrens, H.J.; Möbus, C.: Zur Verwendung von Einstellungsmessungen bei der Prognose von Wahlentscheidungen
Zeitschrift exper. angew. Psychology, 1968, 15, 543-563 (III.1./2.5./6.2.)

6817. Ahrens, H.J.; Möbus, C.: Multivariate Weiterentwicklung eines Modells zur Prognose von Wahlentscheidungen
Zeitschrift exp. angew. Psychol., 1970, 17, 386-413 (III.2.5./6.2.)

6818. Ahrens, H.J.: Meßtheoretische Grundlagen, Methoden und empirische Gültigkeit multidimensionaler Ähnlichkeitsskalierungen
Habilitationsschrift, Heidelberg, 1970 (III.1.)

6819. Ahrens, H.J.; Stäcker, K.H.: Zur Interdependenz von Perzepten und Konzepten als differentialdiagnostisches Grundlagenproblem
Arch. ges. Psychol., 1970, 122, 259-279 (III.2.4.)

6820. Ahrens, H.J.: Zur Verwendung des Metrikparameters multidimensionaler Skalierungen bei der Analyse von Wahrnehmungsstrukturen
Zeitschrift exp. angew. Psychol., 1972, 19, 173-195 (III.1./2.4.)

6821. Ahrens, H.J.: Multidimensionale Skalierung. Theorie und empirische Gültigkeit mit Anwendungen aus der differentiellen Psychologie und Sozialpsychologie
Weinheim, Beltz, 1974, 334 S.
(III.1./2.1./2.6.)

6822. Bechtel, G.G.; et al.: A scalar product model for the multidimensional scaling of choice
Psychometrika, 1971; 36, 369-388
(III.2.1.)

6823. Bennett, J.F.: A method for determining the dimensionality of a set of rankorders
Dissert., Univ. of Michigan, 1951
(III.1.)

6824. Bieri, J.; et al.: Clinical and social judgment: The discrimination of behavioral information
New York: J. Wiley, 1966
(III.1.)

6825. Birnbaum, A.: Some latent trait models and their use in inferring an examinee's ability .
Princeton: ETS 1965 (III.1./2.1.)

6826. Bjork, R.A.: Why mathematical models?
American Psychologist, 1973, 28, 426-434
(III.1./VI.1.)

6827. Bortz, J.: Kritische Bemerkungen über den Einsatz nicht-euklidischer Metriken im Rahmen der multidimensionalen Skalierung
Archiv für Psychologie (in Druck), 1976
(III.1.)

6828. Boyd, J.P.; Wexler, K.N.: Trees with structure
J. Math. Psychol., 1973, 10, 115-147
(IV.2.1./III.2.1.)

6829. Breiger, R.K.; et al.: An algorithm for clustering relational data with applications to social network analysis and comparison with multidimensional scaling
Journal of Mathematical Psychology, 1975, 12 (3), 328-383 (III.1./IV.1.)

6830. Brown, K.: Job analysis by multidimensional scaling
Journal of applied psychology, 1967, 51, 6, 469-475 (III.2.4.)

6831. Carroll, J.D.; Wish, M.: Multidimensional scaling of individual differences in perception and judgment
Mimeograph., Bell Telephone Laboratories, 1970 (III.2.6.)

6832. Carroll, J.D.; Wish, M.: Applications of "INDSCAL" to studies of human perception and judgment in:
Carterette, E.C.; Friedman, M.P. (eds.), Handbook of perception, New York
Academic Press, 1973
(III.2.6.)

6833. Cliff, N.; Ross, J.: A generalization of the interpoint distance model
Psychometrika, 1964, 29, 167-176
(III.1.)

6834. Cliff, N.: Scaling. In: Ebel, R.L. and Noll, V.H. (eds.), Encyclopedia of Educational Research
Toronto: Macmillan, 1969, 1166-1174
(III.1.)

6835. Cliff, N.: Scaling
Ann. Rev. Psychol., 1973, 24, 473-507
(III.1.)

6836. Coombs, C.H.: Psychological scaling without a unit of measurement
Psychol. Rev., 1950, 57, 145-161
(III.2.1.)

6837. Coombs, C.H.: A theory of psychological scaling
Ann Arbor: Univ. Michigan Press, 1952
(III.2.1.)

6838. Coombs, C.H.: A theory of data
Psycholog. Rev., 1960, 67, 143-160
(III.2.1.)

6839. Coombs, C.H.: A theory of behavioral data
New York: John Wiley and Sons, 1964
(III.1./2.1.)

6840. Coombs, C.H.: Scaling and data theory in: van der Kamp, L.J.Th., Vlek, C.A.J. (Eds.), Psychological measurement theory
Proceedings of the Nuffic international summersession in science, Leyden:
Univ. Press 1967, 53-144
(III.1.)

6841. Coombs, C.H.; McClelland, G.H.: ORDMET: A general algorithm for constructing all numerical solutions to ordered metric structures
Psychometrika, 1975, 40 (3), 269-290
(III.1./2.1.)

6842. Cooper, L.G.: A new solution to the additive constant problem in metric multidimensional scaling
Psychometrika, 1972, 37, 311-323
(III.2.1.)

6843. Coxon, A.P.M.: Differential cognition and evaluation: An introduction to Carroll and Chang's multidimensional scaling models
Research Memoranda, No. 1, Dept. of Sociology, University of Edinburgh, 1972
(III.1.)

6844. Ekman, G.; Lundberg, U.: Subjective geographic distance: A multidimensional comparison
Psychometrika, 1973, 38, 113-122
(III.1./7.)

6845. Fillbrandt, H.; Luer, G.: Ein Verfahren zur Bestimmung der additiven Konstante in der multidimensionalen Skalierung
Arch. ges. Psychologie, 1969, 121, 202-204
(III.1./2.1.)

6846. Fillbrandt, H.; Lüer, G.: Interindividuelle Unterschiede bei der Beurteilung von Reizähnlichkeiten
Zeitschrift exp. angew. Psychol., 1970, 17, 123-138 (III.2.6.)

6847. Fischer, W.; Micko, H.C.: The metric of multidimensional psychological spaces as a functions of the differential attention to subjective attributes
J. Math. Psychol.: 1970, 1, 118-143
(III.2.1.)

6848. Goldstein, K.M.; et al.: Relationship between sociometric and multidimensional scaling measures
Perceptual and Motor Skills, 1966, 23, 639-642 (III.1./6.2.)

6849. Greeno, J.G.; Restle, F.: Introduction to mathematical psychology
Reading, Mass., Addison Wesley, 1970
(III.1.)

6850. Gulliksen, H.: Measuring and comparing values for different national groups
ETS Res. Memo., RM-61-7, Princeton, 1961
(III.2.5./6.2.)

6851. Gutjahr, W.: Die Messung psychischer Eigenschaften
VEB Deutscher Verlag der Wissenschaften, 1972 (III.2.1.)

6852. Guttman, L.: siehe Teil in russischer Sprache (kyrillische Schrift)

6853. Guttman, L.: Measurement as structural theory
Psychometrika, 1971, 36, 329-347
(III.1./2.1.)

6854. Hays, W.L.: Extension of the unfolding technique
Dissertation, University of Michigan, 1954 (III.1.)

6855. Hefner, R.: Extensions of the law of comparative judgment to discriminable and multidimensional stimuli
Ph. D. Dissert., University of Michigan, 1958 (III.1.)

6856. Hofer, M.: Die Schülerpersönlichkeit im Urteil des Lehrers. Eine dimensionsanalytische Untersuchung zur impliziten Persönlichkeitstheorie
Weinheim, Beltz, 1969
(III.2.1./2.8.)

6857. Holman, E.W.: The relation between hierarchical and euclidian models for psychological distances
Psychometrika, 1972, 37, 417-425
(III.2.1.)

6858. Keats, J.A.; McElwain, D.W.: Multidimensional unfolding: Some geometrical solutions
Psychometrika, 1961, 26, 325-332
(III.1./2.1.)

6859. Krantz, D.H.: Rational distance functions for multidimensional scaling
J. Math. Psychol., 1967, 4, 226-245
(III.2.1.)

6860. Krantz, D.H.; et al.: Foundations of measurement
Vol. 1: Additive and polynomial representations
New York: Academic Press, 1971
(III.1.)

6861. Kühn, W.: Multidimensionale Skalierung von Farben, Diss., Berlin, TU, 1972
(III.2.4.)

6862. Lieblich, A.; et al.: Personal styles of reaction to the frustration of others as portrayed by multidimensional scalogram analysis Multivariate behavioral research, 1969, 4, 2, 211-222 (III.1./2.8.)

6863. Luce, R.D.: Detection and recognition in: Luce, R.D., Bush, R.P. and Galanter, E. (Eds.) Handbook of mathematical psychology, Vol. 1, New York, John Wiley and Sons, 1963, 103-191 (III.2.1./IV.2.1.)

6864. Lüer, G.; Fillbrandt, H.: Ein Verfahren zur Bestimmung der additiven Konstante in der multidimensionalen Skalierung Arch. ges. Psychologie, 1969, 121, 202-204
(III.1./2.1.)

6865. Lüer, G.; Fillbrandt, H.: Interindividuelle Unterschiede bei der Beurteilung von Reizähnlichkeiten Zeitschrift exp. angew. Psychologie, 1970, 17, 123-138 (III.2.6.)

6866. Lüer, G.; et al.: Versuche zur multidimensionalen Skalierung von subjektiven Reizähnlichkeiten aufgrund von Schätzurteilen, Entscheidungszeiten und Verwechslungshäufigkeiten beim Wiedererkennen Psychol. Forschung, 1970, 33, 223-241
(III.2.6.)

6867. Lundberg, U.; Ekman, G.: Subjective geographic distance: A multidimensional comparison Psychometrika, 1973, 38, 113-122
(III.1./7.)

6868. MacCorquodale, K.; Meehl, P.E.: On a distinction between hypothetical constructs and intervening variables Psychol. Rev., 1948, 55, 95-107
(III.2.1.)

6869. McClelland, G.H.; Coombs, C.H.: ORDMET: A general algorithm for constructing all numerical solutions to ordered metric structures Psychometrika, 1975, 40 (3), 269-290
(III.1./2.1.)

6870. McElwain, D.W.; Keats, J.A.: Multidimensional unfolding: Some geometrical solutions
Psychometrika, 1961, 26, 325-332
(III.1./2.1.)

6871. Meehl, P.E.; MacCorquodale, K.: On a distinction between hypothetical constructs and intervening variables
Psychol. Rev., 1948, 55, 95-107
(III.2.1.)

6872. Micko, H.C.: A 'Halo'-model for multidimensional ratioscaling
Psychometrika, 1970, 35, 199-227
(III.1./2.1.)

6873. Micko, H.C.; Fischer, W.: The metric of multidimensional psychological spaces as a function of the differential attention to subjective attributes
J. Math. Psychol., 1970, 1, 118-143
(III.2.1.)

6874. Mittenecker, E.: Der Einfluß der Erfahrung auf die psychophysische Skalierung
Psychol. Beitr., 1974, 16, 2, 288-299
(III.1./2.1.)

6875. Möbus, C.; Ahrens, H.J.: Zur Verwendung von Einstellungsmessungen bei der Prognose von Wahlentscheidungen
Zeitschrift exp. angew. Psychologie, 1968, 15, 543-563 (III.1./2.5./6.2.)

6876. Möbus, C.: Nonmetrische multidimensionale Skalierung ohne "disparities" und "derivatives" Programmbeschreibung RSYM des Psychol. Inst. Univers. Heidelberg, 1973
(III.1.)

6877. Möbus, C.: Nonmetric multidimensional scaling without disparities and derivatives
Mimeogr., Heidelberg, 1974
(III.1.)

6878. Möbus, C.: Die Analyse nichtsymmetrischer Ähnlichkeitsmatrizen mit MDS-Algorithmen
Dissertation, Heidelberg, 1974
(III.1.)

6879. Möbus, C.; Ahrens, H.J.: Multivariate Weiterentwicklung eines Modells zur Prognose von Wahlentscheidungen
Zeitschrift exp. angew. Psychol., 1970, 17, 386-413 (III.2.5./6.2.)

6880. Nakatani, L.H.: Confusion-choice model for multidimensional psychophysics
J. Math. Psychol., 1972, 9, 104-128 (III.2.1.)

6881. Orlik, P.: Eine Technik zur erwartungstreuen Skalierung psychologischer Merkmalsräume aufgrund von Polaritätsprofilen
Zeitschrift exp. angew. Psychol., 1967, 14. 616-650 (III.2.4.)

6882. Padmos, P.; Wagenaar, W.A.: Quantitative interpretation of stress in Kruskal's multidimensional scaling technique
British Journ. of Mathematical and Statistical Psychology, 1971, vol. 24 (III.2.1.)

6883. Restle, F.; Greeno, J.G.: Introduction to mathematical psychology
Reading, Mass. Addison Wesley, 1970 (III.1.)

6884. Richardson, M.W.: Multidimensional psychophysics
Psychol. Bull., 1938, 35, 659-660 (III.1.)

6885. Rozeboom, W.W.: Scaling theory and the nature of measurement
Synthese, 1966, 16, 170-233 (III.1.)

6886. Ross, J.; Cliff, N.: A generalization of the interpoint distance model
Psychometrika, 1964, 29, 167-176 (III.1.)

6887. Schönemann, P.H.: On metric multidimensional unfolding
Psychometrika, 1970, 35, 349-367 (III.1./2.1.)

6888. Schönemann, P.H.: An algebraic solution for a class of subjective metric models
Psychometrika, 1972, 37, 441-453 (III.2.1.)

6889. Schönpflug, W.; Wicker, G.: Psychische Prozesse beim psychologischen Skalieren
IV. Aktiviertheit bei der Verwendung verschiedener Skalierungsmethoden
Psychol. Beiträge, 1971, 13, 3, 431-439
(III.2.1.)

6890. Schulz, U.: Über zwei Modelle der multidimensionalen Skalierung unter Berücksichtigung individueller Differenzen
Phil. Diss., Marburg, 1971
(III.2.8.)

6891. Shepard, R.N.: Stimulus and response generalization: Stochastic models relating generalizations to distance in psychological space
Psychometrika, 1957, 22, 325-345
(III.2.1.)

6892. Shepard, R.N.: Stimulus and response generalization: Tests of a model relating generalizations to distance in psychological space
J. exp. Psychol., 1958, 55, 509-523
(III.2.1.)

6893. Shepard, R.N.: Analysis of proximities as a technique for the study of information processing in man
Human Factors, 1963, 5, 19-34
(III.1.)

6894. Shepard, R.N.: Attention and the metric structure of stimulus space
J. Math. Psychol., 1964, 1, 54-87
(III.2.1.)

6895. Shepard, R.N.: Metric structures in ordinal data
J. Math. Psychology, 1966, 3, 287-315
(III.2.1.)

6896. Sherman, C.R.: Nonmetric multidimensional scaling: A Monte Carlo study of the basic parameters
Psychometrika, 1972, 37, 323-357
(III.2.1.)

6897. Sixtl, F.: Probabilistic unfolding
Psychometrika, 1973, 38, 235-248
(III.2.1.)

6898. Spaeth, H.J.; et al.: The use and utility of monotrue criterion in M.S.
Multivariate behavioral research, 1969, 4, 4, 501-516 (III.1.)

6899. Spence, J.: A Monte Carlo evaluation of three nonmetric multidimensional scaling algorithms
Psychometrika, 1972, 37, 461-487
(III.1.)

6900. Stäcker, K.H.; Ahrens, H.J.: Zur Interdependenz von Perzepten und Konzepten als differentialdiagnostisches Grundlagenproblem
Arch. ges. Psychol., 1970, 122, 259-279
(III.2.4.)

6901. Tack, W.H.: Messung und Skalierung - Invarianz der Meßergebnisse, im Bericht über den 28. Kongreß der Deutschen Gesellschaft für Psychologie in Saarbrücken, 1972, Bd. 2, Psychologische Methodik und Mathematische Psychologie, S. 118-123
(III.1./2.1.)

6902. Terechina, A.Jn.: siehe Teil in russischer Sprache kyrillische Schrift)

6903. Thurstone, L.L.: A law of comparative judgment
Psychol. Rev., 1927, 34, 273-286
(III.1./2.1.)

6904. Tuckey, J.W.; Abelson, R.P.: Efficient conversion on nonmetric information into metric information
Proc. Amer. Statist. Section, 1959, 226-230. (III.1.)

6905. Ulehla, Z.J.; Adams, K.: Detection theory and problems of psychosocial discrimination
Sociological Methodology, 1971
(III.1./VI.1.)

6906. Waern, Y.: Multidimensional similarity: An analysis of analyzability
reports from the psychological laboratories Univ. Stockholm, No. 280, 1969
(III.1.)

6907. Waern, Y.: Multidimensional scaling with a priori dimensions
Scandinavian journal of psychology, 1972, 13, 3, 178-189 (III.1.)

6908. Wagenaar, W.A.; Padmos, P.: Quantitative interpretation of stress in Kruskal's multidimensional scaling technique
British Journ. of Mathematical and Statist. Psychology, 1971, vol. 24
(III.2.1.)

6909. Wender, K.: Die psychologische Interpretation nichteuklidischer Metriken in der multidimensionalen Skalierung
Dissertation, Darmstadt, 1969
(III.2.1./1.)

6910. Wender, K.: Independence of dimensions in multidimensional scaling
Bericht aus dem Institut für Psychol. der Technischen Hochschule Darmstadt, Nr. 1, 1970 (III.1.)

6911. Wender, K.: A test of independence of dimensions in multidimensional scaling
Percept. Psychophys., 1971, 10, 30-33
(III.1.)

6912. Wexler, K.N.; Boyd, J.P.: Trees with structure
J. Math. Psychol., 1972, 10, 115-147
(IV.2.1./III.2.1.)

6913. Wish, M.; Carroll, J.D.: Multidimensional scaling of individual differences in perception and judgment
Mimeograph. Bell Telephone Laboratories, 1970 (III.2.6.)

6914. Wicker, G.; Schönpflug, W.: Psychische Prozesse beim psychologischen Skalieren
VI. Aktiviertheit bei der Verwendung verschiedener Skalierungsmethoden
Psychol. Beiträge, 1971, 13, 3, 431-439
(III.2.1.)

6915. Wish, M.; Carroll, J.D.: Applications of "INDSCAL" to studies of human perception and judgment
in: Carterette, E.C.; Friedman, M.P. (Eds.), Handbook of perception, New York: Academic Press, 1973
(III.2.6.)

6916. Wolfram, Ch.: Zur Bestimmung eines optimalen Metrikkoeffizienten r mit dem Skalierungsverfahren von Kruskal
Zeitschrift für exp. u. angew. Psychol., 1976, 2, 339-350 (III.1./2.1.)

6917. Young, F.W.: Nonmetric multidimensional scaling:
Recovery of metric information
Psychometrika, 1970, 35, 455-473
(III.1./2.1.)

6918. Zinnes, J.L.: Scaling
Ann. Rev. Psychol., 1969, 20, 447-479
(III.1.)

IV. CLUSTER-ANALYSE

6919. Anderson, W.; et al.: Factoranalysis of MMPI and SVIB scores for psychiatric population
Psychological Reports, 1964, 15, 715-719
(IV.1./I.2.7.)

6920. Armbrust, W.Th.: A cluster model satisfying limited charge exchange
Ph. D. Diss. The Ohio State Univ., 1975
see.: Diss. Abstracts International, 1976, Vol. 36, No. 11, 5649 B
(IV.8.)

6921. Bankövi, G.; et al.: Dynamic principal component analysis Paper presented
Econometric Society European Meeting
Helsinki, 23.-27. August 1976
(II.6.1.1./IV.6.1.1.)

6922. Becker, A.W.: siehe Teil in russischer Sprache (kyrillische Schrift)

6923. Becker, A.W.; Lukatzkaja, M.L.: siehe Teil in russischer Sprache (kyrillische Schrift)

6924. Becker, M.H.; et al.: Comparisons of some statistical distance measures for talker identification
Mimeogr., 1965 (IV.1.)

6925. Bensaid, A.: The nutritional standard of Gabun populations
Annales de L'INSEE, No. 4, May-Sept. 1970 (I.6.1.6./IV.6.1.6.)

6926. Bhat, M.V.; Haupt, A.: An efficient clustering algorithm
IEEE Transactions on systems, man and cybernetics, 1976, SMC-6, 1, 61-64

6927. Bolz, Ch.R.: The development of cluster analytic theory: An experimental comparison of two models
Ph. D., Univ. Illinois, Urbana-Champaign
see: Dissertation Abstracts International, 1973, 34 (2-B), 846 (IV.2.1.)

6928. Chandrasekharan, S.: An implicit enumeration algorithm for clustering problems
Ph. D. Diss. The University of Texas at Arlington, 1975, 98 p.
see: Dissertation Abstracts International, 1976, vol. 36, No. 11, 5729-B
(IV.10.)

6929. Chang, S.C.; You, S.S.: A direct method for cluster analysis
Pattern recognition, 1975, 7, 4, 215-224
(IV.1.)

6930. Chen, Z.; Fu, K.S.: On the connectivity of clusters
Information sciences, 1975, 8, 283-299
(IV.1.)

6931. Constantinescu, P.: The classification of a set of elements with respects to a set of properties
Computer journal, 1966, 8, 352-357
(IV.1.)

6932. Dugo, J.M.: A typological analysis of the personality of the student nurse
Ph. Diss., Illinois Inst. of Technology, 1973, see: Dissertation Abstracts International, 1973, 34 (5-B), 2279-2280
(IV.2.8.)

6933. Dunsmore, I.R.: A Bayesian approach to classification
Journal of Royal Statistical Society, 1965, No. 3, 568-581
(IV.1.)

6934. Emden, van M.M.: An analysis of complexity Amsterdam, Mathematisch Centrum, 1971
(IV.1.)

6935. Ewald, A.T.; Kaminuma, T.: Classification and prediction of Tsunami waves by clustering and threshold techniques
IEEE International Symposium on Information Theory, San Remo, Italy, Sept. 11-15, 1967 (IV.1.)

6936. Fisher, G.; Silverstein, A.B.: Brief report: Second-order cluster analysis of Personal Orientation Inventory items in a prison sample
Multivariate Behavioral Research, 1975, 10 (4), 503-506 (IV.2.8.)

6937. Freedman, H.P.; Rubin, J.: A cluster analysis and taxonomy system for grouping and classifying data
IBM Corporation, New York, Aug. 1967
(IV.1.)

6938. Fu, K.S.; Chen, Z.: On the connectivity of clusters
Information sciences, 1975, 8, 283-299
(IV.1.)

6939. Gnadesikan, R.; Wilks, M.B.: Data analytic methods in multivariate statistical analysis in: Krishnaiah, P. (ed.). Multivariate analysis
Proceedings of the second Intern. Symp. in Dayton Ohio, Academic Press, New York, 1969, 593-637 (IV.1.)

6940. Gorjaschenko, E.E.: siehe Teil in russischer Sprache (kyrillische Schrift)

6941. Gower, J.C.: Adding a point of vector diagrams in multivariate analysis
Biometrika, 1968, v. 55, No. 3
(IV.1./III.1.)

6942. Haupt, A.; Bhat, M.V.: An efficient clustering algorithm
IEEE Transactions on systems, man and cybernetics, 1976, SMC-6, 1, 61-64
(IV.1.)

6943. Horn, J.H.; Turner, R.G.: Minnesota Multiphasic Personality Inventory profiles among subgroups of unwed mothers
Journal of Consulting and Clinical Psychology, 1976, 44 (1), 25-33
(IV.2.8.)

6944. Hubert, L.; Schultz, J.: Hierarchical clustering and the concept of space distortion
The British Journal of Mathematical and Statistical Psychology, 1975, 28, 2, 121-133 (IV.1.)

6945. Huret, E.: Growth modes and balance-sheets structures: a factorial and typological analysis
Annales de l'INSEE, Dec. 1973
(IV.6.1.)

6946. Hurlbert, S.H.: A coefficient of interspecific association
Ecology, 1969, 50, 1-9
(IV.1.)

6947. Janke, W.: Klassifikation in: Handbuch der Psychologie Bd. 7. Sozialpsychologie. Hrsg. v. Carl Friedrich Graumann, 1972, Göttingen, Hogrefe (IV.2.1.)

6948. Kaminuma, T.; Ewald, A.T.: Classification and prediction of Tsunami waves by clustering and threshold techniques
IEEE International Symposium on Information Theory, San Remo, Italy, Sept. 11-15, 1967 (IV.1.)

6949. Kar, G.: A distance measure for automatic sequential document classification
Ph. D. Diss., The Ohio State Univ., 1975, 168 p.
see: Dissertation Abstracts International, 1976, B-Serie, Vol. 36, 11, 5685 B
(IV.6.7.)

6950. Kenny, J.A.: Statistical groups of ethnic units using Mardock's 1967 world sample
Behavior Science Research, 1975, 10 (3), 161-198 (IV.2.5.)

6951. Kleiter, E.; Fillbrandt, H.: Hypothesenorientierte Kategorienbildung und hierarchische Clusteranalyse
Psychol. Beiträge, 1973, 15, 4, 603-633
(IV.2.1.)

6952. Kunce, J.T.; et al.: Violent behavior and differential WAIS characteristics
Journal of Consulting and Clinical Psychology, 1976, 44 (1), 42-45
(IV.2.7.)

6953. Lienert, G.A.: Hierarchische Klassifikation individueller Verlaufskurven
Psycholog. Beiträge, 1971, 13, 4, 487-498
(IV.2.1.)

6954. Lukatzkaja, M.L.; Becker, A.W.: siehe Teil in russischer Sprache (kyrillische Schrift)

6955. MacRae, D.J.: Clustering multivariate observations
Ph. D., Univ. North Carolina, Chapel Hill
see: Dissertation Abstracts International, 1973, 34 (5-B), 2343
(IV.1.)

6956. Mather, P.M.; Opershaw, S.: Multivariate methods and geographical data
Statistician, 1975, 23, 3/4
(IV.7.)

6957. McCormick, B.; et al.: Problem decomposition and data reorganization by a clustering technique
Oper. Research, 1972, 20, 993-1009
(IV.1.)

6958. McQuitty, L.L.; Koch, V.L.: Highest entry hierarchical clustering
Educational and Psychological Measurement, 1975, Vol. 35 (4), 751-766
(IV.1./2.1.)

6959. Micko, H.Ch.; Schmöle, H.: Ähnlichkeit - ein prothetisches oder metathetisches Kontinuum im Bericht über 27. Kongreß der Deutschen Gesellschaft für Psychologie in Kiel 1970 (Göttingen: Hogrefe, 1973, XVI, 977 S.), S. 631-637 (IV.1./2.1.)

6960. Mirkin, B.T.; Schernij, L.B.: siehe Teil in russischer Sprache (kyrillische Schrift)

6961. Mitchell, R.F.; Posner, M.J.: Chronometric analysis of classification
Psychol. Rev., 1967, 74, 392-409
(IV.2.1.)

6962. Miyahara, H.: Cluster analysis of systemic lupus erythematosus
Jap. J. Med. Electron and Biol. Eng., 1975, 13, 3, 133-140
(IV.3.3.)

6963. Nalimow, W.W.: siehe Teil in russischer Sprache (kyrillische Schrift)

6964. Neely, P.M.: Towards a theory of classification
Mimeograph., 1967 (IV.1.)

6965. Opershaw, S.; Mather, P.M.: Multivariate methods and geographical data
Statistician, 1975, 23, 3/4
(IV.7.)

6966. Pagés, M.: Définition d'une distance entre deux mobiles se deplacant de façon aléatoire sur droite
Bulletin of Mathematical Biophysics, 1970, 32, 179-195 (IV.1./3.5.)

6967. Peay, E.R.: Nonmetric grouping: Clusters and cliques
Psychometrika, 1975, 40 (3), 297-313
(IV.2.1.)

6968. Posner, M.J.; Mitchell, R.F.: Chronometrics analysis of classification
Psychol. Reo., 1967, 74, 392-409
(IV.2.1.)

6969. Posten, H.O.: Bibliography on classification, discrimination, generalized distance and related topics
IBM Corporation, Thomas J. Watson, Research Center, Yorktown Heights, New York, 20 pp.
Research report RC-743, 1962
(IV.1.)

6970. Rainwater, C.L.: An ecological study of midwater fishes in Santa Catalina Basin, off Southern California using cluster analysis
Ph. D. Diss., University of Southern Ecology, 1975
see.: Dissertation Abstracts International, 1976, Vol. 36, No. 11, 5421-B
(IV.3.5.)

6971. Rodionow, D.A.: Statistische Methoden der Abgrenzung geologischer Objekte durch einen Komplex von Merkmalen (Russ.)
Isdat. Nauka, Moskau 1968, 158 S.
(IV.1.)

6972. Rohlf, F.J.: A new approach to the computation of the Jardine-Sibson B_k clusters
Computer Journal, 1975, 18 (2), 164-168
(IV.1.)

6973. Rose, M.J.: Classification of a set of elements
Comp. J., 1964, 7, 208-211
(IV.1.)

6974. Rubin, J.; Freedman, H.P.: A clusters analysis and taxonomy system for grouping and classifying data
IBM Corporation, New York, Aug. 1967
(IV.1.)

6975. Sammon, J.W.: A nonlinear mapping for data structure analysis
IEEE Transactions on computers, 1969, v. 18, No. 5 (IV.1.)

6976. Schultz, J.; Hubert, L.: Hierarchical clustering and the concept of space distortion
The British Journal of Mathematical and Statistical Psychology, 1975, 28, 2, 121-133 (IV.1.)

6977. Stepanowa, E.I.; Granowskaja, L.N.: siehe Teil in russischer Sprache (kyrillische Schrift)

6978. Silverstein, A.B.; Fisher, G.: Brief report: Second-order cluster analysis of Personal Orientation Inventory items in a prison sample
Multivariate Behavioral Research, 1975, 10 (4), 503-506 (IV.2.8.)

6979. Slagle, J.R.; et al.: Experiments with some cluster analysis algorithm in:
Pattern recognition, vol. 6, Elmsford N.Y.: Pergamon, 1974, 181-187 (IV.1.)

6980. Slagle, J.R.; et al.: A clustering and datareorganizing algorithm
IEEE Trans. Syst. Man. Cybern., 1975, SMC-5, 125-128 (IV.1.)

6981. Symposium on applications of statistics
Wright Uni., Dayton Ohio, 14-18 June, 1976
contributions by: Cohen, A.; et al.: Methodological and theoretical questions arising from some applications of clustering (IV.1.)

Kanal, L.: Pattern recognition (VI.1.)

Rohlf, F.J.: Taxonomy (V.1.)

6982. Terentjew, P.W.: siehe Teil in russischer Sprache (kyrillische Schrift)

6983. Terentjew, P.W.: siehe Teil in russischer Sprache (kyrillische Schrift)

6984. Tomek, J.: A generalization of the k-NN rule
IEEE Transcations on systems, man and cybernetics, 1976, SMC-6, 2, 121-126 (IV.1.)

6985. Tomek, J.: An experiment with the edited nearest-neighbor rule
IEEE Transactions on systems, man and cybernetics, 1976, SMC-6, 448-452 (IV.1.)

6986. Turner, R.G.; Horn, J.H.: Minnesota Multiphasic Personality Inventory profiles among subgroups of unwed mothers
Journal of Consulting and Clinical Psychology, 1976, 44 (1), 25-33
(IV.2.8.)

6987. Volle, M.: Arborescent analysis
Annales de l'INSEE, 1970, No. 4;
(IV.1.)

6988. Wilks, S.S.: Multidimensional statistical scatter
Contributions to Probability and Statistics, California, Stanford University, Press, 1960
(IV.1.)

6989. Wilks, M.B.; Gnadesikan, R.: Data analytic methods in multivariate statistical analysis in: Krishnaiah, P. (ed.), Multivariate analysis (Proceedings of the Second Intern. Symp. in Dayton, Ohio)
Academic Press, New York, 1969, 593-637
(IV.1.)

V. NUMERISCHE TAXONOMIE

6990. Allmer, H.: Taxonomie - Programm und automatische Klassifikation in der Anwendung. Eine Vergleichsstudie
Psychol. Beitr., 1974, 10, 4, 605-617
(V.1.)

6991. Anderson, A.J.B.: Numeric examination of multivariate soil samples
Math. Geol., 1971, 3
(V.8.)

6992. Anderson, A.J.B.: Ordination methods in ecology
J. Ecol., 1971, 59 (V.1./3.5.)

6993. Anderson, E.: A semigraphical method for the analysis of complex problems
Technometrics, 1960, 2, 387-392
(V.1.)

6994. Anderson, A.J.B.: Numeric examination of multivariate soil samples
J. int. Ass. math. Geol., 1971, 3, 1-14
(V.8.)

6995. Arkley, R.J.: Statistical methods in soil classification
9th Int. Congr. Soil Sci. Trans., Adelaide IV, 1968, 187-192
(V.8.)

6996. Arneman, H.F.; Grigal, D.F.: Numerical classification of some forested Minnesota soils
Proc. Soil Sci. Soc. Amer., 1969, 33, 433-438 (V.8./5.)

6997. Avery, R.W.: General soil classification: Hierarchical and co-ordinate systems
Proc. Soil Sci. Soc. Amer., 1968, 169-176 (V.8.)

6998. Bidwell, O.W.; et al.: Numerical classification of soils by electronic computers
8th Int. Congr. Soil Sci. Trans., Bucharest, 1964, 933-941
(V.8.)

6999. Bidwell, O.W.; Hole, F.D.: Numerical taxonomy and soil classification
Soil Sci., Baltimore, 1964, 97, 58-62
(V.8.)

7000. Bidwell, O.W.; Hole, F.D.: An experiment in the numerical classification of some Kansas soils
Proc. Soil. Sci. Soc. Amer., 1964, 28, 263-268 (V.8.)

7001. Blackith, R.E.: Nearest neighbor distance measurements for the estimation of animal populations
Ecology, 1968, 39, 149-150
(V.1.1.)

7002. Burnaby, T.P.: Growth invariant discriminant functions and generalized distances
Biometrics, 1966, 22, 96-110
(V.3.1.)

7003. Carrie, A.S.: Numerical taxonomy applied to group technology and plant layout
Int. J. Prod. Res., 1973, 11, 393-416
(V.3.3.)

7004. Chine, M.G.: Basic principles of soil classification
Soil Sci. Baltimore, 1949, 67, 81-91
(V.8.)

7005. Chine, M.G.: Logic of the new system of soil classification
Soil Sci., Baltimore, 1963, 96, 17-22
(V.8.)

7006. Cuanalo de la, H.E.; Webster, R.: A comparative study of numerical classification and ordination of soil profiles in a locality near Oxford Part I Analysis of 85 sites
J. Soil Sci., London, 1970, 21, 340-352
(V.8./5.)

7007. Dale, M.B.; Norris, J.M.: Transition matrix approach to numerical classification of soil profiles
Proc. Soil Sc. Soc. Amer., 1971, 35, 487-491 (V.8/5.)

7008. Gower, J.C.: The basis of numerical methods of classification in:
The Soil Ecosystem Systematics Association Publications, 1969, 8, 19-30
(V.8.)

7009. Gower, J.C.: A note ob Burnaby's character-weighted similarity coefficient
J. int. Ass. math. Geol., 1970, 2
(V.1.1.)

7010. Gower, J.C.: A general coefficient of similarity and some of its properties
Biometrics, 1971, 27, 857-871
(V.1.1.)

7011. Grigal, D.F.; Arneman, H.F.: Numerical classification of some forested Minnesota soils
Proc. Soil. Sci. Soc. Amer., 1969, 33, 433-438 (V.8/5.)

7012. Hole, F.D.; Bidwell, O.W.: Numerical taxonomy and soil classification
Soil Sci., Baltimore, 1964, 97, 58-62
(V.8.)

7013. Hole, F.D.; Bidwell, O.W.: An experiment in the numerical classification of some Kansas soils
Proc. Soil Sci. Soc. Amer., 1964, 28, 263-268 (V.8.)

7014. Hole, F.D.; Hironka, M.: An experiment in ordination of some soil profiles
Proc. Soil Sci. Soc. Amer., 1960, 24, 309-312 (V.8./5.)

7015. Holgate, P.: The distance from a random point to the nearest point of a closely packed lattice
Biometrika, 1965, 52, 265
(V.1.1.)

7016. Hironka, M.; Hole, F.D.: An experiment in ordination of some soil profiles
Proc. Soil Sci. Soc. Amer., 1960, 24, 309-312 (V.8./5.)

7017. Leclerc, A.: L'analyse des correspondences sur juxtaposition de tableaux de contigence
Rev. Statist. Appl., 1975, 23, 3, 5-16
(V.1.)

7018. Lee, E.T.: An application of fuzzy sets to the classification of geometric figures and chromosome images
Information Sciences, 1976, 10, 95-114
(V.3.4.)

7019. Loveday, J.; Norris, J.M.: The application of multivariate analysis to soil studies: II. The allocation of soil profiles to established groups: a comparison of soil survey and computer method
J. Soil Sci., 1971, 395-400
(V.8./5.)

7020. Moore, A.W.; Russell, J.S.: Use of numerical methods in determining affinities between some deep sandy soils
Geoderma, 1967, 1, 47-68
(V.8./5.)

7021. Moore, A.W.; Russell, J.S.: Comparison of coefficients and grouping procedures in numerical analysis of soil trace element data
Geoderma, 1972, 1, 139-158
(V.8./5.)

7022. Moore, A.W.; Russell, J.S.: Comparison of different depth weithtings in the numerical analysis of anisotropic soil profile data
9th int. Congr. Soil Sci. Trans., 1968, Adelaide IV, 205-212
(V.8./5.)

7023. Muir, J.W.; et al.: The classification of soil profiles by traditional and numerical methods
Geoderma, 1970, 4, 81-90
(V.8./5.)

7024. Norris, J.M.: Multivariate methods in the study of soils
Soils a. Fertil., 1970, 33, 313-318
(V.8./5.)

7025. Norris, J.M.: Comparison on different methods in the transition matrix approach to the numerical classification of soil profiles
Proc. Soil Sci. Soc. Amer., 1971, 35, 965-968
(V.8./5.)

7026. Norris, J.M.: The application of multivariate analysis to soil studies. I. Grouping of soils using different properties
J. Soil Sci., London 1971, 22, 69-80
(V.8./5.)

7027. Norris, J.M.; Dale, M.B.: Transition matrix approach to numerical classification of soil profiles
Proc. Soil Sci. Soc. Amer., 1971, 35, 487-491
(V.8./5.)

7028. Norris, J.M.; Loveday, J.: The application of multivariate analysis to soil studies. II. The allocation of soil profiles to established groups: a comparison of soil survey and computer method
J. Soil Sci., 1971, 395-400
(V.8./5.)

7029. Norris, J.M.: The application of multivariate analysis to soil studies. III. Soil varation
J. Soil Sci., London, 1972, 23, 62-75
(V.8./5.)

7030. Papy, G.: Taximetrie
Bild der Wissenschaft, 1970, 7, 540-546
(V.1.)

7031. Pilou, E.C.: The use of point to point distances in the study of pattern of plant populations
Ecology, 1959, 47, 607-613
(V.3.4.)

7032. Russell, J.S.; Moore, A.W.: Use of numerical methods in determining affinities between some deep sandy soils
Geoderma, 1967, 1, 47-68
(V.8./5.)

7033. Russell, J.S.; Moore, A.W.: Comparison of coefficients and grouping procedures in numerical analysis of soil trace element data
Geoderma, 1967, 1, 139-158
(V.8./.5.)

7034. Russell, J.S.; Moore, A.W.: Comparison of different depth weithtings in the numerical analysis of anisotropic soil profiles data
9th int. Congr. Soil Sci. Trans., 1968, Adelaide IV, 205-212
(V.8./5.)

7035. Taylor, P.G.: Location variable in taxonomy
Geographical Analysis, 1969, 1, 181-195
(V.7.)

7036. Webster, R.; Cuanalo de la, H.E.: A comparative study of numerical classification and ordination of soil profiles in a locality near Oxford. Part I. Analysis of 85 sites
J. Soil Sci., London, 1970, 21, 340-352
(V.8./5.)

VI. PATTERN RECOGNITION

(Zeichen- bzw. Mustererkennung)

7037. Ablow, C.M.; Kaylor, D.J.: A committee solution of the pattern recognition problem
IEEE Trans. IT, Vol. IT-4, July 1965, No. 3, 453-455 (VI.1.)

7038. Adey, W.R.: Spectral analysis techniques and Pattern Recognition methods for electro-encephalographic data
U.S. Gov. res. and dev. repts, 1969, 69, p. 43, AD-691 832 (VI.4.)

7039. Ajawasjan, S.A.; et al.: siehe Teil in russischer Sprache (kyrillische Schrift)

7040. Amari, S.: A theory of adaptive pattern classifiers
IEEE Transactions on electronic computers, 1967, Vol. EC-16, No. 3, 299-307
(VI.1.)

7041. Allen, A.D.: Pattern in motion
IEEE Trans., 1972, Vol. SMC-2, 1, 93-96
(VI.1.)

7042. Anaiashvili, G.G.: Use of methods of algebraic theory of codes in Pattern Recognition Problems
Kibernetik, 1971, No. 3, 3, V 576
(VI.9.)

7043. Anderson, R.H.: Syntax-directed recognition of hand-printed twodimensional mathematics, applied mathematics
Ph. D. Thesis, Harvard-University, 1968
(VI.1.)

7044. Auerbachs Publishers: Auerbach on optical character Recognition, 1971 (VI.8.)

7045. Avery, R.B.; Eisenbeis, R.A.: Discriminant analysis and classification procedures, theories and applications
Lexington, Mass. Heath Lexington, 1972, XI-254 p. (VI.1./IV.1.)

7046. Avhruk, M.L.; et al.: Reading machines Joint Publications
Research Service Translation N 66-28060, Washington, 1966 (VI.6.6.)

7047. Avtomaticeskij analiz sloznych izobrazenij (Russ.)
Izd. MIR, Moskau, 1967
(VI.1.)

7048. Avtomaticerkoje čtenje teksta (Russ.)
VINITI, Moskau, 1967
(VI.6.6./9.)

7049. Babu, C.C.; Chan, W.C.: An algorithm for pattern classification using eigenvectors
IEEE Trans., 1971, Vol. 620, 5, 575-577
(VI.1.)

7050. Babu, C.C.: Bashkirow-Braverman-Muchnik potential functions to isolate informative features in Pattern Recognition
Automation and Remote Control, 1972, 33, 12 (2), 2007-2009 (VI.1./9.)

7051. Babu, C.C.: Probability of error and the expected Bhattacharyya distance in multiclass Pattern Recognition
Proc. IEEE, 1972, 60, 11, p. 1451
(VI.1.1.)

7052. Babu, C.C.: Application of divergence to feature selection in Pattern Recognition
IEEE Trans., 1972, Vol. SMC-2, No. 5, 668-674 (VI.1./9.)

7053. Babu, C.C.: Feature extraction from imperfectly labeled patterns
IEEE Trans. syst. man, and cybernetics, 1973, SMC-3, 3, 290-292
(VI.1./9.)

7054. Babu, C.C.: On divergence and probability of error in Pattern Recognition
Proc. IEEE, June 1973, 798-799
(VI.1.)

7055. Bakis, R.; et al.: An experimental study of machine Recognition of handprinted numerals
IEEE Trans. on System. Sc. and Cyb., 1968, Vol. SSC-4, 2, 119-132
(VI.8.)

7056. Barabash, Y.L.; et al.: Problems of the statistical theory of recognition
U.S. Gov. Res. and Rev. Rept., 1969, 69, p. 90, AD-690 (VI.1.)

7057. Barh, G.F.; Weid, G.L. (Eds.): Automated Cell Identification and Cell Sorting
Academic Press, New York, 1970
(VI.3.4.)

7058. Barnea, D.J.; Silverman, H.F.: A class of algorithms for fast digital image registration
IEEE Trans., 1972, Vol. C-21, 2, 179-186
(VI.8.)

7059. Batchelor, B.G.; Wilkins, B.R.: Evolution of a discriptor set for pattern recognition
I.F.A.C. Symposium, Yerevan, 1968
proceedings publ. by Instrument Society of America, 1970 (VI.8.)

7060. Batchelor, B.G.; et al.: Family of pattern classifiers
Electronics Letters, 1970, 6, 368
(VI.9.)

7061. Batchelor, B.G.; et al.: Learning in a potential function classifier
Electronics Letters, 1970, 6, 826
(VI.1.)

7062. Batchelor, B.G.: Artificial data for Pattern Recognition
Information Sciences, 1976, 10, 1-16
(VI.1./9.)

7063. Batty, C.D.: The automatic generation of index languages
J. Document, 1969, 25, 142-151
(VI.6.7./9.).

7064. Becker, A.W.: siehe Teil in russischer Sprache (kyrillische Schrift)

7065. Becker, A.W.; Jagolnitzer, M.A.: siehe Teil in russischer Sprache (kyrillische Schrift)

7066. Bender, C.F.; Kowalski, B.R.: K-nearest neighbor classification rule (Pattern Recognition). Applied to nuclear magnetic resonance spectral interpretation
Analyt. Chem., 1972, 44, 8, 1405-1411
(VI.1./8.)

7067. Benzécri, J.P.: Analyse des preferences
I.S.U.P. 1965 (VI.1.)

7068. Benzécri, J.P.: Sur l'instauration d'un code,
Publication of the Institut de Statistiques de l'Université de Paris, 1967
(VI.9.)

7069. Berry, B.J.L.; Smith, K.B. (ed.): City classification handbook methods and applications
Wiley-Interaci., New York, 1972, X-394 p.
(VI.7./I.7./IV.7.)

7070. Bertaux, D.: Méthodes mathématiques de la reconnaissance des formes. International technical
report, 1966, C.E.R.A., Vélizy-Villa-Conblay (VI.1.)

7071. Berthelemy, J.; Sauvan, J.: Recognition of shapes and forms specific application to character recognition (French)
Automatisme, 1969, 14, 321-329
(VI.8.)

7072. Bertsch, E.: Two thoughts on fast recognition of indexed languages
Information and Control, 1975, 29, No. 4, 381-384 (VI.6.6./9.)

7073. Betak, J.F.: Two-dimensional syntactic complexity measures, a preliminary evolution
Geogr. Anal., 1973, t. 5, 5-15
(VI.7.)

7074. Blackwell, F.W.: Integrating mathematical and structural Pattern Recognition
University of Southern California, 1975
Ph. D. Dissertation
see: Dissertation Abstracts International, 1976, B-Serie, vol. 36, 11, 5684-B
(VI.1.)

7075. Blum, H.: A machine for performing visual recognition by use of antennapropagation concepts
Wescon, 1962, August 21-24, 1962
(VI.8.)

7076. van Blerkom, R.; Heller, R.M.: Associative processing applied to Pattern Recognition
U.S. Gov. Repts. announce., 1972, 72, No. 18, p. 42 (VI.1.)

7077. Blokh, A.Sh., Orlov, V.A.: Restoration of values of characteristics upon recognition of patterns
Ref. Th. Kibernetika, 1971, No. 10, Abstr. No. 10, V. 824 (VI.1.)

7078. Blokh, A.Sh.; Korolev, A.N.: Pattern recognition device (Russ.)
USSR Anth. Cert. No. 343279 Otkrytiya, Izobreteniga, Prom obraztsy. Iovarnyye Znaki, 1972, No. 20, p. 170
(VI.8.)

7079. Bomba, J.S.: Alpha numeric character recognition using local operations
Proc. EJCC, 1959, 16, 218-234
(VI.8.)

7080. Bordes, M.: Etude expérimentale d'un système d'identification automatique des caractéres dactylographiés, Symposium on medical data processing, Toulouse, 1967
(VI.8.)

7081. Bouchaert, A.: Computer learning of the differential diagnosis of goiters
Int. J. Bio-Med. Comput., 1975, 6, 3, 213-220 (VI.4.)

7082. Bouvier, R.D.: Seismic Pattern Recognition
U.S. Gov. Repts. Announce, 1973, 73, No.10, 121 pp. (VI.8.)

7083. Breeding, K.J.: Grammar for a pattern description language
Dept. of computer science, Univ. of Illinois, Rep. No. 177, May 1965
(VI.6.6./9.)

7084. Breeding, K.J.; Kaufman, G.J.: The automatic recognition of human faces from profile silhouettes
IEEE Transactions on systems, man, and cybernetics, 1976, SMC-6, 2, 113-121
(VI.8.)

7085. Breuer, P.; Vajta, M. (Jr.): Structural character recognition by forming projections
Problem of Control and Information theory, 1975, 4, 339-352 (VI.9.)

7086. Broad, D.J.: Formats in automatic speech recognition
NTIS-747 568,
U.S. Gov. Repts. Announce, 1972, p. 7
(VI.6.6.)

7087. Brodatz, P.: Textures
Dover, 1966 (VI.1.)

7088. Brown, W.G.S.; Parrish, E.A. (Jr.): A model for Pattern Recognition with binary pattern vectors
IEEE Trans., 1972, Vol. C-21, No. 2, p. 219 (VI.1.)

7089. Buccheri, R.; et al.: Search of significant features in a direction parametric pattern recognition method. Application to the classification of multiwire Spark chamber pictures
Image processing techniques in astronomy, Utrecht, 1975 (Dordrecht, Reidel, 1975), 397-402 (VI.8.)

7090. Caceres, C.A.; Rikler, A.E.: Diagnostic computers
Charles C. Thomas, 1969
(VI.4.)

7091. Calvert, Th.W.; Young, T.Y.: Classification, estimation and pattern recognition
Academic Press, New York, 1974
(VI.1.)

7092. Castan, S.; Perennou, G.: Classification des stimuli-séparation linéaire par apprentissage, journées électroniques de Toulouse - 7-11 mars 1966 - Laboratoire d'informatique faculté des Sciences de Toulouse
(VI.9.)

7093. Castan, S.; Perennon, G.: Etudes sur les discriminateurs
Symposium on medical data processing, Toulouse, 1967 (VI.1.)

7094. Castan, S.; Perennou, G.: Optimisation d'un discriminateur - Symposium sur l'informatique médicale et les intelligences artificielles 7-8-9-mars 1967
Laboratoire d'informatique, 31-Toulouse
(VI.1./4.)

7095. Chan, W.-C.; Babu, C.C.: An algorithm for pattern classification using eigenvectors
IEEE Trans., 1971, Vol. C 20, 5, 575-577
(VI.1.)

7096. Chan, W.C.: Algorithm for pattern classification using the concept of characteristic vector of the output of threshold element
Info. Sci., 1973, 6, 1, 11-17
(VI.9.)

7097. Chandrasekaran, B.; Kanal, L.: On linguistic statistical and mixed models for Pattern Recognition
U.S. Gov. Repts. Announce, 1971, 8, p. 105
(VI.6.6.)

7098. Chang, C.L.: Interpretation and execution of fuzzy programs. Fuzzy sets and their applications to cognitive and decision processes (Proc. U.S.-Japan Sem. Univ. Calif., Berkeley Calif., 1974), pp. 191-218
Academic Press, New York, 1975
(VI.10.)

7099. Chang, S.K.; Wang, Y.P.: Three dimensional object reconstruction from orthogonal projections
Pattern recognition, 1975, 7, No. 4, 167-176 (VI.1.)

7100. Chang, S.-K.: Algorithm 445 binary Pattern Reconstructions from projections
Comm. of the ACM, 1973, 16, 3, 185-186
(VI.8.)

7101. Chase, W.G. (Ed.): Visual information processing
Academic Press, 1973
(VI.9.)

7102. Chen, C.H.: Statistical Pattern Recognition
Hayden Book Co., Rochelle Park, New Jersey, 1973 (VI.1.)

7103. Chen, C.H.: On information and distance measures, error bounds, and feature selection
Information sciences, 1976, 10, 159-173
(VI.1./IV.1.)

7104. Cheng, G.C.; et al. (Eds.): Pictorial Pattern Recognition
Thompson, Washington 1968
(VI.8.)

7105. Clark, W.A.V.; Goile, G.L.: The analysis and recognition of shapes
Geogr. A., 1973, t. 55 B, No. 2, pp. 153-163
(VI.7.)

7106. Coates, C.L.; Hunt, G.L.: Automatic Recognition of spoken English words
U.S. Gov. Repts. Announce., 1973, Vol. 73, No. 9, 77 pp. (VI.6.6.)

7107. Copper, D.B.; Schwarz, R.J.: On suitable conditions for statistical Pattern Recognition without supervision
Siam J. appl. Math., 1969, Vol. 17, 872-896
(VI.1.)

7108. Corcoran, D.W.J.: Pattern Recognition
Penguin Books, 1971 (VI.1.)

7109. Cornsweet, T.N.: Visual Perception
Academic Press, New York, 1970
(BI.8.)

7110. Cowen, D.J.; Lovingood, D.E.: A multivariate approach to the analysis of changing crop-livestock
International geography, 1972, No. 6, 899-901 (VI.7./5.)

7111. Csiszar, J.: A class of measures of informativity of observation channels
report, presented at M.I.T.E.E. Department Seminar, May 1971 (VI.1.1.)

7112. Dauphine, A.: L'analyse factorielle, ses contraintes mathématiques et ses limites en géographie
Esp. Géogr., 1973, t. 2, 1, 74-80
(VI.7./I.7.)

7113. David, E.E. Jr.; Denes, P.B. (Eds.): Human communication: A unified view
McGraw-Hill, New York, 1972
(VI.1.)

7114. Davies, D.D.; et al.: The application of factor analysis in human geography
Statistician, 1975, 23, 3/4
(VI.7./I.7.)

7115. Defays, D.: Recherche des ultramétriques à distance minimum d'une similarité donnée
Bull. Soc. Roy. Sci. Liège, 1975, 44, No. 5-6, 330-343 (VI.1.1.)

7116. Denes, P.B.; David, E.E. Jr.: Human communication: A unified view
McGraw-Hill, New York, 1972
(VI.1.)

7117. Devey, G.: Pattern information processing system project
Nature, 1972, 240, No. 5378, 212-213
(VI.9.)

7118. Devijier, P.A.: The generalized Bayesian distance
Report R 232, Oct. 1974
(VI.1.1.)

7119. Diday, E.; Schroeder, A.: The dynamic clusters method in pattern recognition
Information processing 74 (Proc. JFIP Congress, Stockholm, 1974, pp. 691-697
North-Holland, Amsterdam, 1974
(VI.1./IV.1.)

7120. Diday, E.: Classification automatique et sélection de paramétres sous contrainte floue
C.R. Acad. Sci., Paris, Ser. A-B 281, 1975, No. 21, Ais. A 925-A 927
(VI.1.)

7121. Dieleman, F.M.: Factor analyse en multidimensionale groepering
Tijds. econ. soc. Geog., 1971, No. 62, 217-225 (VI.7./I.7.)

7122. Dietrich, W.: Automatische Zeichenerkennung
Technische Rundschau, 1972, 64, 12, 41-45
(VI.1.)

7123. Dillon, M.: The use of clustering techniques in the analysis of judicial prose
Information sciences, 1975, 8, 2, 95-101
(VI.1./6.8.)

7124. Dodonov, A.G.; Fedotov, N.V.: A method for determinings the displacements of an object for its identification (Russ.)
Mat. Model and Teor. Elektr. Tsepei, 1975, 13, 82-84 (VI.1./8.)

7125. Dodwell, P.C.: Visual Pattern Recognition
Holt, Rinehart and Winston, New York, 1970
(VI.8.)

7126. Dodwell, P.C. (Ed.): Perceptual Processing: Stimulus Equivalence and Pattern Recognition
Appleton-Century-Crofts, 1971
(VI.2.6.)

7127. Dolby, J.L.: Some statistical aspects of character recognition
Ph. D. Thesis; see: Dissertation Abstracts, Vol. 27, p. 2440-B, Jan. 1967
(VI.6.6./9.)

7128. Dubrowskij, S.A.; et al.: siehe Teil in russischer Sprache (kyrillische Schrift)

7129. Durgarjan, I.S.; et al.: siehe Teil in russischer Sprache (kyrillische Schrift)

7130. Duvalyan, A.V.; et al.: Sequential algorithm for Pattern Recognition (Russ.)
Automat. Upr. i vychisl. Tekhn. Moscow, Maschinostroyeniye, 1972, 10, 206-220
(VI.1./9.)

7131. Dyche, J.W.: Handwriting authentication techniqu patent No. 3699517
Official Gaz. Patent Ofc. Patents, 1972
Vol. 903, 3, pp. 1102
(VI.8./6.6.)

7132. Eckmiller, R.: Ein elektronisches Analogmodell zum Studium der Bedeutung der Wirbeltiernetzhaut für die Zeichenerkennung
Diss., TU Berlin-West, 1971
(VI.8.)

7133. Eden, M.; Kolers, P.A. (Eds.): Recognizing Patterns
M.I.T. Press, 1968 (VI.1.)

7134. Eisenbeis, R.A.; Avery, R.B.: Discriminant analysis and classification procedures, theories and applications
Lexington, Mass., Heath Lexington, 1972
XI-254 p. (VI.1./IV.1.)

7135. Evans, C.R.: Some studies of pattern recognition using a stabilized retinal image
Brit. J. Psychol., 1965, 56, 121-133
(VI.1./2.1.)

7136. Evans, T.: A formalism for the description of complex objects and its implementation
Proc. Fifth Int. Conf. on Cybernetics, Namur, Belgium, 1967
(VI.1.)

7137. Fajn, V.S.: Opoznavanje izobrazenij
Izd. Nauka, Moskwa, 1970
(VI.1.)

7138. Fant, G.: Auditory patterns of speech in: "Models for the perception of Speech and visual form"
Weiant Wathern-Dunn (Ed.), 1967, pp. 111-125, M.I.T. Press
(VI.1./6.6./2.6.)

7139. Fedotov, N.V.; Dodonov, A.G.: A method for determining the displacements of an object for its identification (Russ.)
Mat. Model and Teor. Electr. Tsepei., 1975, 13, 82-84 (VI.1./8.)

7140. Feldbaum, A.A.: About certain principles of identification of images
U.S. Gov. res. and dev. rept., 1968, vol. 68, p. 81, AD-676 558
(VI.8.)

7141. Felty, W.L.; Jurs, P.C.: Multicategory prediction using arrays of binary pattern classifiers
Analyt. Chem., 1973, 45, 6, 885-889
(VI.1.)

7142. Fenker, R.M.; Evans, S.H.: A model for optimizing the effectiveness of Man-Machine decision making in a Pattern Recognition System
Gov. Repts. Anounce, 1971, Vol. 71, 22, p. 43, AD-730 944 (VI.1./9.)

7143. Ferrieu, G.; et al.: Synthèse et reconnaissance de la parole par calculateurs
L'écho des recherches - C.N.E.T., Juin 1968, No. 53 (VI.6.6.)

7144. Ferrieu, G.: Reconnaissances des formes acoustiques
Annales des télécommunications, 1968, 23, 1-2 (VI.8./9.)

7145. Fewkes, S.W. (Ed.): Machine Perception of Patterns and Pictures
National Physical Laboratory Teddington, England, 1972 (VI.2.6./8.)

7146. Fisher, F.P.; Patrick, E.A.: Nonparametric feature selection
IEEE Trans., 1969, IT-15, 577
(VI.1.)

7147. Fomin, V.N.: Algorithm for finding the shortest distance from a given point to a convex polyhedron, and application of this algorithm to the problem of Pattern Recognition (Russ.)
Metody vychisleniy sbornik statey, Leningrad, 1971, No. 7, 97-106
(VI.1.1.)

7148. Ford, N.L.; et al.: Learning scheme for the nearest neighbor classifier
Information Sciences, 1970, 2, 139
(VI.1.1.)

7149. Freeman, H.; Garder, L.: A pictorial Jigsaw puzzles: The computer solution of a problem in pattern recognition
IEEE Transaction on electronic computers, 1964, Vol. EC-13, No. 2, 118-127
(VI.8.)

7150. Freeman, J.J.: Experiments in discrimination and classification
Pattern Recogn., 1969, Vol. 1, 207-218
(VI.1.)

7151. Fu, K.S.; Lissack, T.: A separability measure for feature selection and error estimation in pattern recognition
Purdue University, TREE 71-15, May 1972
(VI.1.)

7152. Fukunaga, K.: Introduction to statistical Pattern Recognition Systems: Theory and Applications
Academic Press, 1972
(VI.1.)

7153. Gaile, G.L.; Clark, W.A.V.: The analysis and recognition of shapes
Geogr. A., 1973, t 55 B, No. 2, pp. 153-163 (VI.7.)

7154. Gale, S.: A simple device for the recognition of geographic patterns
Geogr. Anal., 1971, t. 3, No. 2, 187-201
(VI.7.)

7155. Galil, Z.: Two fast simulations which imply some fast string matching and palindrome-recognition algorithms
Information Processing Lett., 1975/76, No. 4, 85-87 (VI.9.)

7156. Galper, R.E.; Hochberg, I.: Recognition of faces: 1. An exploratory study
Psychonomic Science, 1967, vol. 9, No. 12, 619-620 (VI.8.)

7157. Galushkin, A.I.: Selection of criteria for initial optimization and the construction of an optimal model of Recognition Systems for K-classes of patterns in a teaching mode
Avtomat. Upr. i vychisl. Tekn. Moskow, 1972, 10, 104-115 (VI.1.)

7158. Garder, L.; Freeman, H.: A pictorial Jigsaw puzzles: The computer solution of a problem in pattern recognition
IEEE Transaction on electronic computers, 1964, Vol. EC-13, No. 2, 118-127
(VI.8.)

7159. Garvey, W.D.; et al.: Research studies in Patterns of scientific communication: I. General description of research program
Info. Storage and Retrieval, 1972, 8, 3, 111-122 (VI.6.7.)

7160. Gelig, A.Kh.; Yakubovich, V.A.: Application of a learning recognition system for the separation of a unknown signal from noise
U.S.G.R.D.R., 1970, Vol. 70, 12, AD-705-156 (VI.9.)

7161. George, N.; et al.: Diffraction pattern sampling for real-time Pattern Recognition
Recognition system inc. VAN NUYS Calif., 1972 (VI.1.)

7162. Giebel, H.; Marko, H.: Recognition of handwritten charakters with a system of homogenous layers
NTZ, 1970, Heft 9, 455-459
(VI.8.)

7163. Giebel, H.: Optimization of pattern layer-lattice structures by feature synthesis
Nachrichtentechn. J., 1975, 28, 12, 413-417 (VI.8.)

7164. Gilbert, R.M.; Sutherland, N.S. (Eds.): Animal Discrimination Learning
Academic Press, New York, 1969
(VI.9.)

7165. Giuliano, V.E.; et al.: Automatic Pattern Recognition by a Gestalt method
Information and Control, 1961, 4, 332-345
(VI.8.)

7166. Glucksman, H.A.: A parapropagation pattern classifier
IEEE Transactions on electronic computers, 1965, Vol. EC-14, No. 3, 434-443
(VI.1.)

7167. Görner, W.: Lineare Transformationen als analytische Merkmalsextraktionsverfahren in der Objekterkennung
msr, 1971, 14, 12 (VI.1./8.)

7168. Gössel, M.: Beiträge zur Automatentheorie und Zeichenerkennung
Dissert. B. TU Dresden, 1971
(VI.1.)

7169. Goldstein, A.G.; Mackenberg, E.J.: Recognition of human faces from isolated facial features: A developmental study
Psychonomic Sciences, 1966, 6, 4, 149-150
(VI.8.)

7170. Gorshkov, et al.: Digital modelling of the method of recognition of standard characters
STAR, Vol. 5, p. 2671, Aug. 8, 1967, TT-67-31045, J PRS-40400
(VI.9./6.6.)

7171. Gose, E.E.; et al.: Evolutionary pattern recognition networks
Hawaii International Conference on Systems Science, Honululu, Hawaii, January 29-31, 1968 (VI.1.)

7172. Gregory, R.L.: The intelligent eye
McGraw-Hill, New York, 1970
(VI.1.)

7173. Grenander, U.: Pattern synthesis (Lectures in Pattern Recognition)
Springer-Verlag, Berlin - Heidelberg - New York, 508 p., 1967
(VI.1.)

7174. Grigorev, et al.: Filtration of images in Pattern Recognition
Automat. Upr. i vy. Tekhn. Moscow, Mashinostroyeniye, 1972, 10, 116-140
(VI.8.)

7175. Grimm, H.-J.: Die kybernetische Lösung eines Zeichenerkennungsproblems der experimentiellen Hochenergie-Physik
Diss., Univ. Heidelberg, 1972
(VI.8.)

7176. Grinold, R.C.: A comment on "Pattern Recognition design by linear programming"
IEEE Computer Group Repository, Order No. R. - 69-19, Jan. 1969, 7 pp.
(VI.1.)

7177. Grunelt, A.: A quantitative theory of recognition
STAR, 1967, Vol. 5, p. B 977
(VI.1.)

7178. Hahn, S.F.; Nelson, G.D.: Comparative study of non-parametric methods for Pattern Recognition
STAR, 1973, 11, 9, p. 99
(VI.1.)

7179. Harteinstein, R.: Über die Anwendung des endlichen Akzeptors auf das Zeichenerkennungsproblem
Dissertation, Karlsruhe, F. f. Elektrotechnik, 1970 (VI.1./9.)

7180. Hautamaki, L.: Some classification methods in regional geography
Fennia, 1971, No. 103, 3 p.
(VI.7./IV.7.)

7181. Held, R.; Richards, W. (Eds.): Perceptions: Mechanism and Models
Freeman, New York 1972
(VI.2.6.)

7182. Heller, R.M.; van Blekom, R.: Associative processing applied to Pattern Recognition
U.S. Gov. Repts. announce; 1972, No. 18, p. 42 (VI.1.)

7183. Hochberg, J.; Galper, R.E.: Recognition of faces: 1. An exploratory study
Psychonomic Science, 1967, vol. 9, No. 12, 619-620 (VI.8.)

7184. Honda, N.: Recognition of fuzzy languages in: Fuzzy sets and their applications to cognitive and decision processes (Proc. U.S.-Japan, Univ. Calif. Berkeley, Calif., 1974)
Academic Press, Inc., New York - London, 1975, x+ 496 pp. (VI.1.)

7185. Hosagasi, S.: Ein linearer Erkenner für gedruckte Zeichen mit einem inkohärent-optischen Korrelator
Diss., TU Karlsruhe, 1973
(VI.8.)

7186. Hosking, K.H.: A feature detection method for optical characters recognition
Marconi Rev., 1969, vol. 32, 3-20
(VI.8.)

7187. Huang, T.: Stochastic languages and their applications to Pattern Recognition
Ph. D. Thesis; see: Dissertat. Abstracts Intern. B-Sci. Eng., 1972, 33, 2, 716-B
(VI.9./6.6.)

7188. Huber, W.A.: MINOS III - Adaptive-learning/digital computer data classifier
U.S. Gov. Res. and Dev. Repts., 1969, vol. 69, p. 67, AD-691 323
(VI.1./2.6.)

7189. Hudson, J.C.: Pattern recognition in empirical map analysis
J. regional Sci., 1969, 9, No. 2, 189-199
(VI.7.)

7190. Hunt, G.L.; Coates, C.L.: Automatic Recognition of spoken English words
U.S. Gov. Repts. Announce; 1973, Vol. 73 No. 9, 77 pp. (VI.6.6.)

7191. Husak, T.: Computer program for chromosome classification
Biologia (Bratisl.), 1970, 25, 621-624
(VI.3.4.)

7192. Ichino, M.: Multiclass pattern recognition systems based on independent subrecognition systems
IEEE Transac. Systems, Man, and Cybernet., 1976, SMC-6, 4, 256-269
(VI.1.)

7193. Ide, E.R.; Tunis, C.J.: An experimental investigation of an unsupervised adaptive algorithm
Computer Group Repository, 1967, No. 67-30, 36 pp. (VI.1.)

7194. Ide, E.R.; et al.: Some conclusions on the use of adaptive linear decision functions
AFIPS conf. proc., 1968, Vol. 33, part. 2, 1117-1124 (VI.1.)

7195. Image analysis
Industr. Res., Aug. 1972, 38-42
(VI.8.)

7196. Impedovo, S.; et al.: Real-time recognition of handwritten numerals
IEEE Trans. Syst., Man and Cybern., 1976, SMC-6, 2, 145-148 (VI.1.)

7197. Irani, K.B.: A finite-memory adaptive pattern recognizers
IEEE Trans., 1968, Vol. SSC-4, 2-11
(VI.1.)

7198. Jagolnitzer, M.A.; Becker, A.W.: siehe Teil in russischer Sprache (kyrillische Schrift)

7199. Jamati, Y.: Automation de la perception
Herrmann, Paris, 1970
(VI.1./2.6.)

7200. Jones, D.: Pattern recognition for VLF Studies
Radio Sci., 1973, Vol. 8, No. 5, 467-473
(VI.8.)

7201. Julez, B.: Foundations of cylopean perception
University of Chicago Press, 1971
(VI.1./2.6.)

7202. Kameny, J.; Pitea, H.B.: Description and analysis of the Vicens-Reddy recognition algorithms
U.S. Gov. Repts. Announcem., 1971, Vol. 71, 11, p. 97 (VI.1.)

7203. Kamilov, M.M.; et al.: Calculation of -threshold in the recognition of objects by a voting algorithm
Ref. Th. Kibernetika, 1971, No. 10, Abstr. No. 10 V 831 (VI.9.)

7204. Kanal, L.; Chandrasekaran, B.: On linguistic, statistical and mixed models for Pattern Recognition
U.S. Gov. Repts. Announce., 1971, 8, p. 105 (VI.6.6.)

7205. Kanal, L.N.: Generative, descriptive, heuristic, and formal modeling in Pattern Analysis and Classification
Gov. Repts. Announce, 1971, vol. 71, No. 22, p. 43, HD-730 285 (VI.1.)

7206. Kaneff, S. (Ed.): Picture language machines
Academic Press, New York, 1971
(VI.8.)

7207. Karpov, L.; Zukovskaja, V.: Application of multifact analysis in the identification and classification of agricultural regions
Region Sci. Assoc. Pap., 1968, vol. XX, 55-62 (VI.7.)

7208. Kassler, M.; Thomas, R.B.: Advanced recognition techniques study
U.S. Gov. res. and dev. Rept., 1968, Vol. 68, p. 93, AD-413505
(VI.1.)

7209. Kaufman, G.J.; Breeding, K.J.: The automatic recognition of human faces from profile silhouettes
IEEE Transactions on Systems, Man, and Cybernetics, 1976, SMC-6, 2, 113-121
(VI.8.)

7210. Kaylor, D.J.; Ablow, C.M.: A committee solution of the pattern recognition problem
IEEE Trans. IT, Vol. IT-4, July 1965, No. 3, 453-455 (VI.1.)

7211. Kedar, E.K.: Applications of the discriminant function in automatic Pattern Recognition of Side-Looking Radar Imagery
Proc. Spic. Imaging Tech. L. A. Calif., 1972, 29, 145-148 (VI.8.)

7212. Kemeskis, P.P.; Vechkis, A.S.: Statistical relations in Recognition of a limited set of words (Russ.)
Automat. i vychisl. tekn., Vilnyus, Mintis, 1971, 131-137 (VI.6.6.)

7213. Kharichev, V.V.; Schmidt, A.A.: Problem in Pattern Recognition
Automation and remote control, 1973, Vol.34, No. 1, Pt. 2, 98-109
(VI.1.)

7214. Kickert, W.J.M.: Application of fuzzy set theory to syntactic pattern recognition of handwritten capitals
IEEE Trans. Syst., Man and Cybern., 1976, SMC-6, 2, 148-151 (VI.1./9.)

7215. King, R.C.; Swain, P.H.: Two effective feature selection criteria for multispectral remote sensing
Proceedings of the First International Joint Conference on Pattern Recognition, Washington, D.C., Oct. 30 - Nov. 1, 1973, IEEE Catalog, No. 73, CHO 821-9C
(VI.8.)

7216. Kinoshita, G.-J.: A pattern classification by dynamic tactile sense information processing
Pattern Recognition, 1975, 7, 4, 243-251
(VI.1.)

7217. Kirsch, R.A.: Computer interpretation of English text and picture patterns
IEEE Transactions on electronic computers, 1964, Vol. EC-13, No. 4, 363-376
(VI.6.6./9.)

7218. Kita, Y.; et al.: Two-dimensional shift array of magnetic bubbles and its application to pattern processing
IEEE Trans., 1972, Vol. Mag-8, No. 3, 367-369 (VI.8.)

7219. Kittler, J.: Mathematical methods of feature selection in pattern recognition, Technical Report CUED/F-Control/TR-80
Cambridge Univ., 1974
(VI.1.)

7220. Kittler, J.: Development and application of pattern recognition techniques,
Ph. D. Thesis, Cambridge University, 1974
(VI.1.)

7221. Kittler, J.: A nonlinear distance metric criterion for feature selection in the measurement space
Information Sci., 1975, 9, No. 4, 359-363
(VI.1.1.)

7222. Kittler, J.: Mathematical methods of feature selection in pattern recognition
Intern. J. Man-Machine Studies, 1975, 7, 5, 609-637 (VI.1.)

7223. Klopf, A.H.: Evolutionary pattern recognition systems
M.S. Thesis, Case Institut of technology, Cleveland, Ohio, June 1966
(VI.9.)

7224. Knoke, P.; Wiley, R.: A linguistic approach to mechanical pattern recognition
IEEE Computer Conf., 1967 (VI.8./6.6.)

7225. Kolers, P.A.; Eden, M. (Eds.): Recognizing Patterns
M.I.T. Press, 1968 (VI.1.)

7226. Korolev, A.N.; Blok, A.S.: Pattern Recognition device (Russ.) USSR Anth. Cert. No. 343279
Otkrytiya Izobreteniya, Prom. obraztsy Tovarnyye znaki, 1972, No. 20, p. 170
(VI.8.)

7227. Kovalevsky, W.A. (Ed.): Characters readers and Pattern Recognition
Spartan, Washington, 1968
(VI.6.6.)

7228. Kovalewskij, W.A.: siehe Teil in russischer Sprache (kyrillische Schrift)

7229. Kovalevski, W.A.: Probleme und Methoden der optischen und akustischen Zeichenerkennung
Z. elektr. Inform.- und Energietechnik, 1971, 1, 1, 2-6 (VI.8.)

7230. Kowalski, B.R.; Bender, C.F.: K-nearest neighbor classification rule (Pattern Recognition) Applied to nuclear magnetic resonance spectral interpretation
Analyt. Chem., 1972, 44, 8, 1405-1411
(VI.1./8.)

7231. Kowalski, B.R.; et al.: Classification of archaelogical artifacts by applying Pattern Recognition to trace element data
Analyt. Chem., 1972, 44, 13, 2176-2180
(VI.6.1.5.)

7232. Krause, P.: Informationsverarbeitung bei automatischer Mustererkennung mit Loéve-Karhunen-Entwicklung durch Rechenanlagen
IITB, Interner Bericht, Jan. 1972
(VI.1.)

7233. Krischer, J.P.: Applications of sequential methods in Pattern Recognition to diagnosis
Math. Biosci., 1972, Vol. 13, Nos. 112, 33-45 (VI.4.)

7234. Kulikowski, J.L.: niektore problemy strukturalnej analizy obrazov zložonych
Archivum Automatyki i Telemechaniki, 1970, xv, No. 3 (VI.1.)

7235. Kulikowski, J.: Algebraic methods in Pattern Recognition Course held at the Department of Automation and Information, July 1971
Udine, Wien, 1972, 82 S.
(VI.1.)

7236. Kulikowski, J.L.: Cybernetycze uklady rozpoznajace
PWN, Warszawa, 1973
(VI.1./9.)

7237. Kulya, V.I.: Multidimensional Scaling, and the problem of recognizing audible patterns
Tallin, VI VSES Seminar, Avtomat. Razpoznavaniye skukhovykh obrazov (Arso VI), Dokl. i Svobshch-Sbornik, 1972, pp. 116-120 (VI.8.)

7238. Kylin, D.H.: Design for automated inspection via pattern recognition
Ph. D. Thesis, 1971
see: Dissertation Abstracts International B-Sci. and Eng. 1972, Vol. 33, No. 4, pp. 1507 B-1508 B (VI.8.)

7239. Lance, G.M.; Lange-Nielsen, T.: Pattern search algorithm for feedback control system parameter optimization
IEEE Trans., Vol. C-21, 1972, No. 11, 1222-1227 (VI.1.)

7240. Lange-Nielsen, T.; Lance, G.M.: Pattern search algorithm for feedback control system parameter optimization
IEEE Trans., Vol. C-21, 1972, No. 11, 1222-1227 (VI.1.)

7241. Lasker, G.E.: Sequential Pattern Recognition technique
Bul. Operations Res., Soc. Am., 1967, Vol. 15, Suppl. 1, p. B-88
(VI.1./9.)

7242. Lebedev, B.J.; et al.: Statistical aspects of Pattern Recognition (Russ.)
Automat. upr. i vychish. tekn., 1972, 10, 6-40 (VI.1.)

7243. Leder, G.: A program chain for pattern recognition, reconstruction and data evaluation of the experiment π^- pn$^+$ gammas
Acta Phys. Austriaca, 1975, 43, 3-4, 241-248 (VI.1.)

7244. Lee, E.T.: Shape-oriented chromosome classification
IEEE Trans. Systems, Man Cybernet., SMC-5, 1975, 6, 629-632
(VI.3.4.)

7245. Levi, G.; Sirovich, F.: Structural descriptions of fingersprint images
Info. Sci., 1972, 4, 4, 327-356
(VI.8.)

7246. Levi-Strauss, C.: La structure et la forme
Cahiers de l'I.S.E.A., 35. Bd. des Capucines, Paris (2°), No. 99, 1960
(VI.1.)

7247. Levy, J.C.: Systéme autoadaptif de reconnaissance des configurations dynamiques
Symposium on medical data processing, Toulouse, 1967 (VI.1.)

7248. Li, C.C.; Vagnucci, A.H.: Pattern classification of renal electrolyte cyclesin primary aldosteronism
Computers and biomed res., 1971, 4, 3, 291-314 (VI.4.)

7249. Lin, W.C.; Michael, M.: Experimental study of information measure and inter-class distance ratios on feature selection and ordering
IEEE Trans., SMC 3, 1973, 172
(VI.2.)

7250. Lissack, T.; Fu, K.S.: A separability measure for feature selection and error estimation in pattern recognition
Purdue University, TR EE 72-15, May 1972
(VI.1.)

7251. Lipkin, B.S.; Rosenfeld, A. (Eds.): Picture Processing and Psychopictories
Academic Press, 1970
(VI.8.)

7252. Lovingood, D.E.; Cowen, D.J.: A multivariate approach to the analysis of changing crop-livestock
International geography, 1972, No. 6, 899-901 (VI.7./5.)

7253. Lysyj, I.; Newton, P.R.: Multicomponent Pattern Recognition and Differentiation method
Analyt. Chem., 1972, 44, 14, 2385-2387
(VI.1./8.)

7254. Mackenberg, E.J.; Goldstein, A.G.: Recognition of human faces from isolated facial features: A developmental study
Psychonomic Science, 1966, 6, 4, 149-150
(VI.8.)

7255. Marcus, S.: Algebraic linguistic, analytical models
New York - London, 1967
(VI.6.6.)

7256. Mariot, P.: Contribution to the possibilities to extent the graphical methods of multi-factorial analysis in geography
Geogr. čas., 1968, txx, 280-290
(VI.7./I.7.)

7257. Marko, H.; Giebel, H.: Recognition of handwritten characters with a system of homogenous layers
NTZ, 1970, Heft 9, 455-459
(VI.8.)

7258. Marney, O.G.: Lightning model for Pattern Recognition
Ph. D., Thesis
see: Dissertat. Abstracts. Intern. B-Sci. engeneer., Vol. 33, No. 2, Aug. 1972, pp. 719-B
(VI.8.)

7259. Martens, G.: Das Nachzeichnen von Linienzügen - ein Verfahren zur automatischen Schrifterkennung
Fortschrittsberichte VDI-Zeitschrift, 1967, Reihe 10, No. 6 (VI.8.)

7260. McCormick, B.H.: The Illinois pattern recognition computer (Illiac III) Digital Computer Lab. Un. of Illinois
Rep. No. 148, 1963 (VI.10.)

7261. McCormick, B.H.; Schwebel, J.C.: Properties of a discrete space preserved by image processing relations
Dept. of Computer Science Univ. of Illinois, File No. 769, July 1968
(VI.8.)

7262. McCormick, B.H.: Illiac III computer system brief description and annotated bibliography
Dept. of Comp. Science Un. of Illinois, File No. 841, June 1970
(VI.10.)

7263. McLaughlin, J.A.; Raviv, J.: Nth order autocorrelations in pattern recognition
Research Report IBM Watson Research Center, Yorktown Heights, New York, 1967
(VI.1.)

7264. McNee, F.J.: Optical computer-based character recognition technique
U.S. Gov. Repts. Announce, 1973, 73, No. 15, 66 pp. (VI.8.)

7265. Medvedev, F.I.; Trufus, V.M.: Machine recognition of handwritten numbers
U.S. Gov. Res. and dev. Rept., 1969, Vol. 69, 37-38, AD-677-217
(VI.9./6.6.)

7266. Megla, G.K.: Leukozyte Identification by Pattern Recognition
Paper presented at program of the 1973 meeting of the Optical Soc. of American Denver, Colo., Mar. 13-16, 1973
(VI.4./8.)

7267. Mercier, G.: Reconnaissance des formes. Approximation des fonctions de décision et application à la reconnaissance des phoménes
Rennes, Nat. Diss., 1969
(VI.1.)

7268. Meyer-Brötz, G.; Schürmann, J.: Problems of pattern recognition in automatic letter sorting systems (Deutsch)
Wiss. Ber. AEG-Telefunken, 1975, 48, 2-3, 85-90 (VI.8.)

7269. Michael, M.T.: Feature evaluation criteria for Pattern Recognition
Ph. D., Case Western Univ., 1972
see: Dissert. Abstr. Intern. B-Sci., and Engeneer., Vol. 33, No. 4, Oct. 1972, p. 1553 B (VI.1.)

7270. Michael, M.; Lin, W.C.: Experimental study of information measure and inter-class distance ratios on feature selection and ordering
IEEE Trans., SMC 3, 1973, 172
(VI.1.)

7271. Milenkij, A.W.: siehe Teil in russischer Sprache (kyrillische Schrift)

7272. Minot, O.N.: Automatic devices for recognition of visible twodimensional patterns: A survey of the field
U.S. Gov. Res. and Dev. Repts, 1967, Vol. 67, 36-37, AD-645100
(VI.8.)

7273. Minsky, M.; Papert, S.: Perceptrons
M.I.T. Press, 1969 (VI.2.6.)

7274. Montanari, U.: Networks of constraints: fundamental properties and applications to picture processing
Information sciences, 1974, 7, 95-132
(VI.1./8.)

7275. Moore, D.J.H.: An approach to the analysis and extraction of pattern features using integral geometry
IEEE Trans., Vol. SMC-2, 1972, 1, 97-101
(VI.1./9.)

7276. Moore, J.W.; et al.: Learning control systems and Pattern Recognition
U.S. Gov. Repts. Announce, 1973, Vol. 73, 8, 295 pp. (VI.1.)

7277. Muchnik, I.B.: Simulation of process of forming the language for description and analysis of the forms of images
Pattern Recognition, 1972, 4, 1, 101-140
(VI.8.)

7278. Mühlenfeld, E.: Nichtlineare Verarbeitungsprozesse inkohärent leuchtender Bildmuster
1. Teilbericht: Konzeption je eines diskret und kontinuierlich arbeitenden Erkennungssystems
ITB. Interner Bericht, Juni 1963
(VI.8.)

7279. Müller, D.: Beitrag zur automatischen Zeichenerkennung durch Untersuchung der Klassifizierbarkeit von punktabgetasteten Zeichen über die Auswertung des Frequenzinhaltes und der Entropieverteilung
Dissertat., Karl-Marx-Stadt, TH, 1968
(VI.8.)

7280. Murthy, J.S.N.; Udupa, K.J.: Some new concepts for encoding line patterns
Pattern Recognition, 1975, 7, 4, 225-233
(VI.1.)

7281. Mylopoulos, J.: On the application of formal language and automata theory to Pattern Recognition
Pattern Recognition, 1972, Vol. 4, No. 1, 37-51 (VI.10./9.)

7282. Nadler, M.: Empyrean. An alternative paradigm for pattern recognition
International Symposium on Information Theory, San Remo, 1967
(VI.1.)

7283. Nagasawa, K.; et al.: Fundamental consideration on the statistical classifier
Journ. Inst. Electronics Comm. Engrs., Japan, Dec. 1966 (VI.1.)

7284. Narasimhan, R.: BUBBLE SCAN I program.
Digital computer Lab. Univ. of Illinois
Rep. No. 121, July 1962
(VI.8./10.)

7285. Narasimhan, R.: A linguistic approach to pattern recognition
Digital Computer Lab. Uni. of Illinois
Rep. No. 121, Kuly 1962
(VI.1./6.6.)

7286. Nath, A.K.; Some, A.: Method of sequential Pattern Recognition
IEEE Trans., 1972, Vol. CI-21, No. 12, 1433-1439 (VI.1./8.)

7287. Nelson, G.D.; Serreyn, D.V.: Pattern recognition system and procedures
4th Ann. Earth Resources progr. Rev., 1972, Vol. 2, p. 21 (VI.8.)

7288. Nelson, G.D.; Hahn, S.F.: Comparative study of nonparametric methods for Pattern Recognition
STAR, 1973, 11, 9, p. 99
(VI.1.)

7289. Nesteruk, V.F.; Porfireva, N.N.: A two-pattern recognition problem for a noisy channel, solvable by extensive game theory (Russ.)
Probl. Peredachi Inf., 1973, 9, 1, 98-103
(VI.8.)

7290. Nevin, S.; Wolfgang, L.G.: Pattern threshold recognition device (NTS No. AD-746 246)
U.S. Gov. repts. announce., 1972, p. 35
(VI.8.)

7291. Newton, P.R.; Lysyj, J.: Multicomponent Pattern Recognition and Differentation method
Analyt. Chem., 1972, 44, 14, 2385-2387
(VI.1./8.)

7292. Niemann, H.: Methoden der Mustererkennung Frankfurt/a.M.
Akademische Verlagsgesellschaft, 1974, 482 S. (VI.8.)

7293. Nilsson, N.J.: Learning machines, Foundations of trainable Pattern Classifying Systems
McGraw-Hill, New York, 1965
(VI.1./10.)

7294. Orlov, V.A.; Blokh, A.Sh.: Restoration of values of characteristics upon recognition of patterns
Ref. Zh. Kibernetika, 1971, No. 10, Abstr. No. 10, V 824
(VI.1.)

7295. Palgen, J.J.: International Bibliography of Pictorial Pattern Recognition
Allied Research Associates. Concord, Mass.. 1970 (VI.1./8.)

7296. Papert, S.; Minsky, M.: Perceptrons
M.I.T. Press, 1969 (VI.2.6.)

7297. Parks, J.R.: Automated recognition of low-quality printed characters using analog techniques
Radio and electronic. engr., 1967, 34, 67-80 (VI.9./6.6.)

7298. Parrish, E.A. (Jr.): A three stage character recognition system
Ph. D. Thesis, see: Dissertation Abstracts Vol. 29 B, Febr. 1969, 68-18, 228
(VI.6.6./9.)

7299. Parrish, E.A. (Jr.); Brown, W.G.S.: A model for Pattern Recognition with binary pattern vectors
IEEE Trans., 1972, Vol. C-21, No. 2, p. 219
(VI.1.)

7300. Patrick, E.A.; Fisher, F.P.: Nonparametric feature selection
IEEE Trans., 1969, IT-15, 577
(VI.1.)

7301. Patrick, E.A.: Fundamentals of Pattern Recognition
Prentice-Hall, 1972 (VI.1./10.)

7302. Partridge, B.: Developments in Pattern Recognition for medical instrumentation
Proc. 16th Ann. techn. meet. Soc. photo-opt. instr. engr. Redondo Beach, Calif., 1972, Vol. 44 (VI.8.)

7303. "Pattern Recognition"
Automat. Upr. i Luychish. Tekn., No. 10, 1972 (VI.1.)

7304. Pavel, M.: Fondements mathématiques de la reconnaissance des structures
Hermann, Paris, 1969
(VI.1.)

7305. Perennou, G.; Castan, S.: Etudes sur les discriminateurs
Symposium on medical data processing, Toulouse, 1967 (VI.1.)

7306. Perennou, G.; Castan, S.: Classification des stimuli-séperation linéaire par apprentissage, journées électroniques de Toulouse - 7-11-mars 1966 - Laboratoire d'informatique Faculté des Sciences de Toulouse
(VI.9.)

7307. Perennou, G.; Caston, S.: Optimisation d'un discriminateur-symposium sur l'informatique médicale et les intelligences artificielles 7-8-9-mars 1967
Laboratoire d'informatique, 31-Toulouse
(VI.1./4.)

7308. Perone, S.P.; Sybrandt, L.B.: Computerized pattern classification of strongly overlapped peaks in stationary electrode polarography
Analyt. Chem., 1972, 44, 14, 2332-2339
(VI.8.)

7309. Peschanel, F.-D.: Über ideales Lesen und Bildentropien
Diss., Aachen, 1971 (VI.6.6./9.)

7310. Philbrick, O.: A study of shape recognition using the medial axis transformation
U.S. Gov. Res. and Dev. Repts., 1967, Vol. 67, p. 33, AD-646 258
(VI.8./1.4.)

7311. Pinder, D.A.; Witherick, M.E.: Nearest neighbor analysis of linear point patterns
Tijds. econ. soc. Geogr., 1973, t. 64, 3, 160-163 (VI.1./7.)

7312. Pinsker, J.S. (Ed.): siehe Teil in russischer Sprache (kyrillische Schrift)

7313. Pinsker, J.Sh.; Shakin, V.V.: Total superimposition as a method of Pattern Recognition (Russ.)
Problemy peredachi infor., Moskow, 1972, 8, 4, 83,87 (VI.1.)

7314. Piske, V.A.W.; Steinbuch, K.: Learning matrices and their applications
Trans. IEEE on Electr. Computers, 1963, Vol. EC-12, 846-862 (VI.1.)

7315. Plomp, R.; et al.: Dimensional analysis of vowel spectra
Star, 1967, Vol. 5, p. 2441, IZF-1966-14; TDCK-46914 (VI.6.6.)

7316. Plotnikov, V.N.; Sukhanov, V.A.: Problems of the formation of attribute space in Pattern Recognition (Russ.)
Automat. Upr. i vychis. tekn., 1972, 10, 229-240 (VI.9.)

7317. Plotnikov, V.N.; Sukhanov, V.A.: Certain problems in the formation of symbol spaces in Pattern Recognition (Russ.)
Automat. upr. i vychisl. tekn. Moskow, 1972, 10, 229-240 (VI.9.)

7318. Pollock, D.K.; et al. (Ed.): Optical processing of information
Spartan, Washington, 1963
(VI.8./9.)

7319. Poncin, J.; Roux, G.: Reconnaissance de la parole-Etudes préliminaires - C.N.E.T. - Etude C.R.L. 2011 - ETA/CEI
(VI.6.6.)

7320. Poplavskij, N.N.: Pattern Recognition by a master pattern method. The "REM-216" program
TR. ZAP-SIB. N-I. GEDLOGORAZ-VED. NEFT IN-T, 1972, No. 55, 96-111
(VI.10.)

7321. Poplavskij, N.N.: Pattern Recognition by methods of multidimensional statistic analysis. The "Romaschkaprogram"
TR Jap. - Sub N-I. Geologograzved NEFT, IN-t, 1972, No. 55, 53-95
(VI.1./8.)

7322. Porfireva, N.N.; Nesteruk, V.F.: A two-pattern recognition problem for a noisy channel, solvable by extensive game theory (Russ.) Probl. Peredachi Inf., 1973, 9, 1, 98-103 (VI.8.)

7323. Possel de, R.: La Lecture automatique: un essai de réalisation Automatisme, x., October 1965 (VI.6.6./9.)

7324. Possel de, R.: Lecture automatique et problémes des formes, Automatisme Sept. 1968, No. 9 (VI.6.6.)

7325. Preston, K. (Jr.): Machine techniques for automatic leukocyte pattern analysis Annals of the New York academy of sciences, 1964, Vol. 115, 482-490 (VI.4.)

7326. Preston, K.: Coherent optical computers McGraw-Hill, 1972 (VI.8.)

7327. Preston, K.: Comparison of analog and digital techniques for Pattern Recognition Proc. IEEE, 1972, Vol. 60, No. 10, 1216-1231 (VI.1.)

7328. Protasow, K.T.; Serych, A.P.: siehe Teil in russischer Sprache (kyrillische Schrift)

7329. Rajasekaran, P.K.; Srinath, M.D.: Unsupervised learning structure and parameter adaptive pattern recognition with discrete data Info. Sci., 1973, 5, 247-264 (VI.1./9.)

7330. Ramirez, G.: Pattern Recognition of multiple tests values as a diagnostic tool Computers in Biol. and Med., 1972, 2, 1, 39-44 (VI.4.)

7331. Rao, P.S. R.S.: On selecting variables for pattern classification Information Research Associates, Inc. Technical report, No. 11, 1967 (VI.1.)

7332. Rao, V.A.: Multimodal distribution based clustering algorithm
Ph. D. Thesis, see: Dissertat. Abstracts Int. B-Scin., Engen., Vol. 33, No. 2, Aug. 1972, pp. 677-B
(VI.1.)

7333. Rasek, E.: Über die technische Zeichenerkennung im Rahmen der Daten- und Textverarbeitung
Angewandte Informatik, 1971, 10, 13, 445-454 (VI.9.)

7334. Raviv, J.; McLaughlin, J.A.: Nth order autorcorrelations in pattern recognition
Research Report, IBM Watson Research Center, Yorktown, Heights, New York, 1967
(VI.1.)

7335. Reed, S.K.: Psychological processes in Pattern Recognition
Academic Press, 1973
(VI.2.1.)

7336. Reich, J.M.: Investigation into regional infrastructure equipments, First results of a factor analysis approach
Kiel, Inst. Regionalforschung, 1971, Discussion Pap. No. 6, 32 p.
(VI.7./I.7.)

7337. Reineke, P.; Trenkel, H.: Automatische Zeichenerkennung - Geräte und Anwendung, Reihe Automatisierungstechnik Bd. 105
Verlag Technik, Berlin, 1970
(VI.8.)

7338. Richards, W.; Held, R.: Perception: Mechanism and Models
Freeman, New York, 1972
(VI.2.6.)

7339. Richardson, J.M.: Theory of property filtering in Pattern Recognition
Rome Air Development Center (RADC) Report, Aug. 1966 (VI.1.)

7340. Richardson, J.M.: Some inequalities related to the classification error for composite classes
Information Sciences, 1975, 9, 239-247
(VI.1.)

7341. Rikler, A.E.; Caceres, C.A.: Diagnostic computers
Charles C. Thomas, 1969
(VI.4.)

7342. Ritea, H.B.; Kameny, I.: Description and analysis of the Vicens-Reddy Recognition algorithms
U.S. Gov. Repts. Announcm., 1971, Vol. 71, 11, p. 97 (VI.1.)

7343. Rohava, S.Y.: Instrumentation of non-deterministic learning patterns (Russ.)
Soviet automatic. control, 1968, 13, 67-69 (VI.1./9.)

7344. Rosenfeld, A.; Lipkin, B.S. (Eds.): Picture Processing and Psychopictories
Academic Press, New York, 1970 (VI.8.)

7345. Roux, G.; Poncin, J.: Reconnaissance de la parole- Études préliminaires - C.N.E.T. - Etude C.R.L. 2011-ETA/CE (VI.6.6.)

7346. Roy, R.J.; Sherman, J.: Two viewpoints of k-tuple Pattern Recognition
IEEE Trans. Vol. SSC-3, 1967, 117-120 (VI.1.)

7347. Sage, A.P.; Smith, N.J.: Hierarchical structing for system identification
Information sciences, 1974, 4, 49-72 (VI.1.)

7348. Saha, R.K.: Statistical Pattern Classification (Southern Methodist Univ.)
Ph. D. Thesis, see: Dissertation Abstracts, Int. B-Sc. and Eng., 1972, 33, 4, p. 1555-B (VI.1.)

7349. Samonastwanijwajnschichsja sistemij: siehe Teil in russischer Sprache (kyrillische Schrift)

7350. Sammon, J.W.; et al.: Time domain analysis for inverse scattering
Volume I. Time domain analysis
Volume II. Acoustic signature analysis
Volume III. Magnetic signature analysis
U.S. Gov. Repts. Announce., 1973,
Vol. 73, No. 9, 88 pp.
Vol. 73, 9, 74 pp.
Vol. 73, 9, 215 pp. (VI.8.)

7351. Sauvain, R.: An adaptive pattern description program
Inf. Working Paper, No. 5, Univ. of Michigan, June 1966 (VI.10.)

7352. Sauvan, J.; Berthelemy, J.: Recognition of shapes and forms. Specific application to character recognition (French)
Automatisme, 1969, 14, 321-329
(VI.8.)

7353. Sayre, K.M.: Recognition: A study in the philosophy of artificial intelligence
University of Notre Dame Press, 1965
(VI.1./6.3.)

7354. Scarbrough, J.M.: Electronic Pattern Recognition (U.S. Patent No. 3707598)
Official Gaz. Patent Ofc. Patents, 1972, 905, 4, p. 825 (VI.8.)

7355. Schitkow, G.N.: siehe Teil in russischer Sprache (kyrillische Schrift)

7356. Schlezinger, M.I.: Interaction of learning and self learning in Pattern Recognition
Cybernetics, 1968, Vol. 4, No. 1, p. 66
(VI.9.)

7357. Schmidt, A.A.; Kharichev, V.V.: Problem in Pattern Recognition
Automation and remote control, 1973, Vol. 34, No. 1, Pt. 2, 98-109
(VI.1.)

7358. Schüler, G.: Automatische Zeichenerkennung mittels der Extremwerte im Verlauf des zweiten Differentialquotienten der Ziffernkontur
Dissertation, T.H. Ilmenau, 1965
(VI.1.)

7359. Schürmann, J.: Über die Anwendung der Regressionsanalyse auf das Zeichenerkennungsproblem
Diss. TU Berlin-West, 1968
(VI.1.)

7360. Schwarz, R.J.; Copper, D.B.: On suitable conditions for statistical Pattern Recognition without supervision
Siam J. appl. Math., 1969, Vol. 17, 872-896
(VI.1.)

7361. Schwebel, J.C.; McCormick, B.H.: Properties of a discrete space preserved by image processing relations
Dept. of Computer Science Univ. of Illinois, File No. 769, July 1968
(VI.8.)

7362. Schwebel, J.C.: Use of graph transformations to characterize an image: an illustrative example
Dept. of computer Science Univ. of Illinois, File No. 770, July 1968
(VI.8.)

7363. Schwerdtmann, W.: Mustererkennung mit einem hierarchischen System
IITB-Mitteilungen, 1971, 22-26
(VI.1.)

7364. Seabrook, K.: A case for character recognition
Data processing, London 1970, 3, 12, 247-248, 250-253 (VI.6.6./9.)

7365. Sebestyen, G.: Decision-making processes in Pattern recognition
Macmillan, London, 1962
(VI.1.)

7366. Seeber, A.: Ein Beitrag zur psychologischen Analyse von Komponenten der Musterwahrnehmung und ihre Nutzung bei der Gestaltung von Arbeitsanforderungen
Dissert., Humboldt-Univ., Berlin 1971
(VI.2.1.)

7367. Sellen von, W.: Pattern recognition of mammals
Kybernetik, 1970, 7, 2, 43-59
(VI.4.)

7368. Semple, R.K.: An oblique "simple structure" factor analysis of viability measures for Southern Ontario towns
Univ. Toronto Dep. Geogr. Discuss. Pap., 1969, No. 2, 14 p. (VI.7./I.7./1.4.)

7369. Serafini, M.: Pattern Recognition method applied to EEG analysis
Computers Biomed. Res., 1973, Vol. 6, No. 2, 187-195 (VI.4.)

7370. Serreyn, D.V.; Nelson, G.D.: Pattern Recognition system and procedures
4th Ann. Earth Resources Progr. Rev., 1972, Vol. 2, p. 21 (VI.8.)

7371. Serych, A.P.; Protasow, K.T.: siehe Teil in russischer Sprache (kyrillische Schrift)

7372. Shakin, V.V.; Pinsker, I.Sch.: Total superimposition as at method of Pattern Recognition (Russ.) Problemy Peredachi Inform., Moscow, 1972 8, 4, 83-87 (VI.1.)

7373. Shanmugam, K.: A parametric procedure for learning with an imperfect teacher IEEE Trans.: 1972, Vol. IT-18, No. 2, 300-301 (VI.9.)

7374. Sharma, O.P.: Syntax-Specification system for Patterns J. the Franklin Inst., 1973, 295, No. 1, 39-58 (VI.9.)

7375. Sherman, H.: A quasi-topological method for the recognition of line patterns Information Processing UNESCO, Paris, 1960 (VI.1.)

7376. Sherman, J.; Roy, R.J.: Two viewponts of k-tuple Pattern Recognition IEEE Trans., 1967, Vol. SSC-3, 117-120 (VI.1.)

7377. Shikunow, Yn.A.: Method of Pattern Recognition (Russ.) Vychish. Tekhn. v Maskinostr. Nauk. Tekhn., 1971, 57-63 (VI.1.)

7378. Shimura, M.: An approach to pattern recognition and associative memories using fuzzy logic in: Fuzzy sets and their applications to cognitive and decision processes (Proc. U.S.-Japan, Univ. Calif. Berkeley, Calif., 1974) Academic Press, Inc., New-London, 1975, x+, 496 pp. (VI.1.)

7379. Silverman, H.F.; Barnea, D.J.: A class of algorithms for fast digital image registration IEEE Trans., 1972, Vol. C-21, 2, 179-186 (VI.8.)

7380, Simon, J.C.; et al.: A method of comparing two patterns independent of possible transformations and small distortions Pattern Recognition, 1972, 4, 1, 73-81 (VI.9.)

7381. Sirovich, F.; Levi, G.: Structural descriptions of fingerprint images Info. Sci., 1972, 4, 4, 327-356 (VI.8.)

7382. Skorokhodov, O.V.; et al.: Recognition of a class of objects by the method of deterministic fields of attributes (Russ.)
Automat. upr. i vychisl. tekhn., 1972, vol. 10, 176-189 (VI.8.)

7383. Slagie, J.R.: Automatically finding linear functions that make evaluations and recognize patterns
Int. J. Computer Math., 1970, 2, 3, 201-220 (VI.10.)

7384. Small, D.E.: Classification of overlapping waveforms with pattern recognition techniques M.S.
STAR, Oct. 1972, Vol. 10, No. 20, p. 2658 (VI.8.)

7385. Smith, K.B.; Berry, B.J.L. (Eds.): City classification handbook, methods and applications
Wiley-Intersc., New York, 1972, x-394 p. (VI.7./I.7./IV.7.)

7386. Smith, N.J.; Sage, A.P.: Hierarchical structuring for system identification
Information sciences, 1974, 7, 49-72 (VI.1.)

7387. Snyder, H.L.: Video image quality and the recognition process
Proc. spie. natl. sem. opt. instr. tool for solving prob. in security surveillance and low enforce soc. photo-opt. instr. engr., Redondo Beach Calif., 1972, Vol. 33 (VI.8.)

7388. Sobczak, W.: Construction of discriminant functions for nonlinear classifiers
Arch. Automat. Telemach., 1968, 13, 4, 458-465 (VI.1.)

7389. Som, A.; Nath, A.K.: Method of sequential Pattern Recognition
IEEE Trans., 1972, Vol. CI-21, No. 12, 1433-1439 (VI.1./8.)

7390. Spooner, M.G.; et al.: An evaluation of certain property formation techniques for pattern recognition. Western Electronics Show and Convention, Los Angeles, August 25-27, 1964 (VI.1.)

7391. Srinath, M.D.; Rajasekaran, P.K.: Unsupervised learning structure and parameter adaptive pattern recognition with discrete data
Info. Sci., 1973, 5, 247-264
(VI.1./9.)

7392. Staniszkis, M.: Porownywanie struktur punktowych
Institute of Automation Polish Academy of Sciences, Warsaw, 1971
(VI.1.)

7393. Stanley, G.L.; et al.: Pattern Recognition Program
Technical Report 567-16, AC Electronics Defense Research Laboratories, Santa Barbara Calif., Nov. 1967
(VI.10.)

7394. Starkus, K.K.: Improving the effectiveness of features for Pattern Recognition
Avtomat. i vychisl. Tekh. Vilnyus Mintis, 1971, No. 3, 113-116
(VI.1./9.)

7395. Steinbuch, K.; Piske, V.A.W.: Learning matrices and their applications
Trans. IEEE on Electr. Computers, 1963, Vol. EC-12, 846-862 (VI.1.)

7396. Stevens, M.E.; et al. (Eds.): Statistical association methods for Mechanised Documentation
U.S. Department of Commerce, Washington, 1965 (VI.6.7.)

7397. Stevens, M.E.: Research and Development in the computer and information sciences
Volume 1. Information Acquisition, Sensing, and Input - A selective literature review
National Bureau of Standards, Monograph, 1970, 113 (VI.6.7.)

7398. Stoffel, J.: Discrete variables in Pattern Recognition
U.S. Gov. Repts. Announce., 1973, Vol. 73, No. 8, 141 pp. (VI.1./9.)

7399. Stratonovich, R.L.: Optimal recognition algorithms
Automation and Remote Control, 1968, Vol. 29, 270-273 (VI.1.)

7400. Strizheoskiy, V.S.; et al.: Successive recognition method
Avtomat upr. i vychisl. tekn. (Russ.), 1972, 10, 190-205 (VI.8.)

7401. Sublette, I.H.: Recognition of class membership by means of weak, statistically dependent features
U.S. Gov. Res. and Dev. Repts., 1967, Vol. 67, p. 36, AMRL-TR-66-74, AD-650492
(VI.1.)

7402. Sukhanov, V.A.; Plotnikov, V.N.: Certain problems in the formation of symbol spaces in Pattern Recognition (Russ.)
Avtomat. upr. i vychisl. tekn., Moscow, 1972, 10, 229-240 (VI.9.)

7403. Sukhanov, V.A.; Plotnikov, V.N.: Problems of the formation of attribute space in Pattern Recognition (Russ.)
Avtomat. Upr. i vychisl. Tekn., 1972, 10, 229-240 (VI.9.)

7404. Sutherland, N.S.; Gilbert, R.M.: Animal Discrimination Learning
Academic Press, New York, 1969
(VI.9.)

7405. Swain, P.H.; et al.: Comparison of the divergence and B-distance in feature selection, Information Note 020871, Laboratory for Applications of Remote Sensing, Purdue University, Lafayette Indiana, Feb. 1971
(VI.1.1.)

7406. Swain, P.H.; King, R.C.: Two effective feature selection criteria for multispectral remote sensing
Proceedings of the First International Joint Conference on Pattern Recognition, Washington, D.C., Oct. 30 - Nov. 1. 1973, IEEE Catalog No. 73, CHD 821-9 C
(VI.8.)

7407. Swenne, J.C.A.; et al.: Pattern Recognition for JECT-monitoring: An interactive method for the classification of ventricular complexes
Computers and biomed. research, 1973, 6.2., 150-160 (VI.4.)

7408. Sybrandt, L.B.; Perone, S.P.: Computerized pattern classification of strongly overlapped peaks in stationary electrode polarography
Analyt. Chem., 1972, 44, 14, 2332-2339
(VI.8.)

7409. Tanaka, K.: On the pattern classification problems by learning I, II.,
Bull. Math. Statist., 1970, 14, 31-50, 61-74 (VI.1.)

7410. Tappert, C.C.: A preliminary investigation of adaptive control in the interaction between segmentation and segment classification in automatic recognition of continuous speech
IEEE Trans., Vol. SMC-2, No. 1, 1972, 66-71 (VI.9.)

7411. Tatham, L.: Pattern recognition at the NPL
Data proc., Sept. Oct, 1967, 9, 252-256 (VI.10.)

7412. Telknis, L.A.: Two-stage optimal Recognition systems
Cybernetics, 1972, Vol. 4, 2, 72-74 (VI.1.)

7413. Tenery, G.: Pattern recognition function of integral geometry
IEEE Trans. Military Electronics, MIL-7, 1963, 196-199 (VI.1.)

7414. Thomas, R.B.; Kassler, M.: Advanced recognition techniques study
U.S. Gov. Res. and dev. Repts., 1968, Vol. 68, p. 93, AD-413 505 (VI.1.)

7415. Tippett, J.T.; et al. (Eds.): Optical and Electro-Optical Information Processing
M.I.T. Press, 1965 (VI.8.)

7416. Tou, J.T.; Wilcox, R.M. (Eds.): Computer and Information Sciences
Spartan, Washington, 1964 (VI.9.)

7417. Tou, J.T. (Ed.): Software Engineering
Academic Press, 1971 (VI.9.)

7418. Trenkel, H.; Reineke, P.: Automatische Zeichenerkennung - Geräte und Anwendung
Reihe Automatisierungstechnik Bd. 105, Verlag Technik, Berlin, 1970 (VI.8.)

7419. Trufus, V.M.; Medvedev, F.I.: Machine recognition of handwritten numbers
U.S. Gov. Res. and dev. Rept., 1969, Vol. 69, 37-38, AD. - 677-217
(VI.9./6.6.)

7420. Trunk, G.V.: Statistical estimation of the intrinsic dimensionality of a noisy signal collection
IEEE Trans. Computers, C-25, 1976, No. 2, 165-171 (VI.9.)

7421. Tunis, C.J.; Ide, E.R.: An experimental investigation of an unsupervised adaptive algorithm
Computer Group Repository, 1967, No. 67-30, 36 pp. (VI.1.)

7422. Two-Dimensional digital signal processing Conference proceedings
IEEE Computer Society, Northridge, Calif., 1971, pp. 345 (VI.9./10.)

7423. Udupa, K.J.; Murthy, J.S.N.: Some new concepts for encoding line patterns
Pattern Recognition, 1975, 7, 4, 225-233
(VI.1.)

7424. Uhr, L.: Pattern recognition, learning and thought
Prentice-Hall, New York, 1973
(VI.1./9.)

7425. Uttal, W.R.: An autocorrelation theory of form detection
New York, J. Wiley and Sons, 1975, 158 p. (VI.1.)

7426. Ullmann, J.R.: Transference of learning between recognition classes
IEEE Trans., Vol. C-21, 1972, 2, 219-220
(VI.1.)

7427. Vagnucci, A.H.; Li, C.C.: Pattern classification of renal electrolyte cycles in primary aldosteronism
Computers and biomed. res., 1971, 4, 3, 291-314 (VI.4.)

7428. Vasilenko, V.A.: Problems of training Pattern Recognition Machines (Russ.)
Avtomat. upr. i vychisl. tekn. Moskow Mashinostroyenye Press, 1972, 10, 74-103
(VI.8./9.)

7429. Vechkis, A.S.; Kemeshis, P.P.: Statistical relations in Recognition of a limited set of words (Russ.)
Avtomat i vychisl. tekn. Vilnyus, Mintis, 1971, 131-137 (VI.6.6.)

7430. Velichko, V.M.; Zagoruyko, N.G.: Automatic Recognition of 200 words
Int. J. Man-Machine Studies, 1970, 2, 3, 223-224 (VI.9./6.6.)

7431. Vinea, A.; Vinea, V.: A distance criteria for figural pattern recognition
IEEE Trans. Comp., 1971, C-20, 680
(VI.1.1./8.)

7432. De Vos, S.: The use of nearest neighbor methods
Tijds. econ. soc. Geogr., 1973, Z. 64, 5, 307-319 (VI.7.)

7433. Wagner, T.J.; Wolverton, C.T.: Asymptotically optimal discriminant functions for pattern classifications
IEEE Trans., 1969, Vol. JT-15, 258-265
(VI.1.)

7434. Watanabe, S. (Ed.): Frontiers of Pattern Recognition
Academic Press, New York, 1972
(VI.1./10.)

7435. Wather-Dunn, W. (Ed.): Models for the Perception of speech and visual form
M.I.T. Press, 1967 (VI.2.6./6.6.)

7436. Watrasiewicz, B.M.: Character recognition by holography
Nature, 1967, Vol. 216, 302-304
(VI.8.)

7437. Welch, P.D.; Wimpress, R.S.: Two multivariate statistical computer programs and their application to the vowel recognition problem
J. Amer. Stat. Assoc., 1961, vol. 33, No. 4 (VI.1./6.6.)

7438. Weid, G.L.; Barh, G.F. (Eds.): Automated Cell Identification and Cell Sorting
Academic Press, New York, 1970
(VI.3.4.)

7439. Witherick, M.E.; Pinder, D.A.: **Nearest-neighbor** analysis of linear point patterns
Tijdsch. econ.-soc. Geogr., 1973, t. 64, 3, 160-163 (VI.1./7.)

7440. Whitley, S.L.: Summary of 1971 Pattern Recognition Program development
4th Ann. earth resources progr. rev., 1972, vol. 1, p. 33 (VI.9.)

7441. Wilcox, R.M.; Tou, J.T. (Eds.): Computer and Information Sciences
Spartan, Washington, 1964
(VI.9.)

7442. Wilder, J.: A flexible pattern recognition system for industrial applications Conference Journées d'Electronique 1975 sur technologie de pointe pour le traitment des signaux, Lausanne, 14-16 Oct. 1975, Lausanne, Ecole Polytechn. 1975, p. 319-330 (VI.8.)

7443. Wiley, R.; Knoke, P.: A linguistic approach to mechanical pattern recognition
IEEE Computer Conf., 1967 (VI.8./6.6.)

7444. Wilkins, B.R.; Batchelor, B.G.: Evolution of a descriptior set for pattern recognition
I.F.A.C. Symposium, Yerevan, 1968 proceedings publ. by Instrument Society of America, 1970 (VI.8.)

7445. Wilson, R.A.: Optical page reading devices
Reinhold, New York, 1966
(VI.8./6.6.)

7446. Wimpress, R.S.; Welch, P.D.: Two multivariate statistical computer programs and their application to the vowel recognition problem
J. Amer. Stat. Assoc., 1961, vol. 33, No. 4 (VI.1./6.6.)

7447. Wolfgang, L.G.; Nevin, S.: Pattern threshold recognition device (NTS No. AD-746-246)
U.S. Gov. repts. announce, 1972, p. 35
(VI.8.)

7448. Wolverton, III, C.T.: Asymptotically optimal discriminant functions for Pattern Recognition
Ph. D. Thesis, see: Dissert. Abstracts, Vol. 29 (B), p. 2047-B, Dec. 1968, 68-16, 161 (VI.1.)

7449. Wolverton, C.T.; Wagner, T.J.: Asymptotically optimal discriminant functions for pattern classification
IEEE Trans., 1969, Vol. JT-15, 258-265 (VI.1.)

7450. Yakubovich, V.A.; Gelig, A.Kh.: Application of a learning recognition system for the separation of a unknown signal from noise
U.S.G.R.D.R., 1970, Vol. 70, 12, 10-705-156 (VI.9.)

7451. Yarbus, A.L.: Eye movements and vision (Russ.)
Plenum, London, 1967 (VI.8.)

7452. Yatagi, T.; et al.: Pattern classification using correlation with random mask
Japan J. Appl. Phys., 1972, vol. 11, 11, 1642-1647 (VI.1.)

7453. Yau, S.S.; De Palma, G.F.: Fractionally fuzzy grammars with application to pattern recognition
Fuzzy sets and their applications to cognitive and decision theory
(Proc. U.S.-Japan Sem., Univ. Calif. Berkeley, Calif.), 1974, pp. 329-351
Academic Press, New York, 1975 (VI.1./10.)

7454. Yeh, R.T.; Bang, S.Y.: Fuzzy relations, fuzzy graphs, and their applications to clustering analysis in: Fuzzy sets and their applications to cognitive and decision process
(Proc. U.S.-Japan, Univ. Calif. Berkeley, Calif., 1974)
Academic Press, Inc., New York - London, 1975, x+ 496 pp. (VI.1./IV.1.)

7455. Yevseyev, A.: Problems of the use of the information approach to a multilevel Pattern Recognition Problem
VI VSES Seminar "Avtomat. Razpoznavanija slukhovykh obrazov (ARSO III) Dokl. i Srobshch, 1972, 99-103 (VI.9.)

7456. Yevseyev, A.J.: Problems of the Information approach in hierarchical recognition automata (Russ.)
TR. Mosk. energ. In-ta, 1972, 82, 134-145
(VI.9.)

7459. Yezhov, G.A.: Logical Pattern Recognition (Russ.)
Avtomat. upr. i vychisl. tekhn., 1972, 10, 241-256 (VI.1./9.)

7458. Young, T.Y.; Calvert, Th.W.: Classification, estimation and pattern recognition
Academic Press, New York 1974
(VI.1.)

7459. Yovits, M.; et al. (Eds.): Self organizing systems
Spartan, Washington, 1962
(VI.9.)

7460. Yuval, G.: Finding near neighbours in k-dimensional space
Information Processing Letters, 1975, 3, 4, 113-114 (VI.1.1.)

7461. Zacharski, S.: Universal algorithm for recognition of phonomes for visible patterns
Ref. Th. Kibernetika, 1971, 10, Abstr. No. 10, V 836 (VI.9.)

7462. Zadeh, L.A.; et al. (Eds.): Fuzzy sets and their applications to cognitive and decision processes
(Proc. U.S.-Japan, Univ. Calif. Berkeley, Calif. 1974)
Academic Press, Inc., New York - London, 1975, x+ 496 pp.
(including: Bibliography on fuzzy sets and their applications)
(VI.1.)

7463. Zagoruiko, G.; et al.: Automatic Recognition of vocal patterns (survey of literature)
STAR, Vol. 5, p. 2298, July 1967, AEC-TR-6637/10-14 (VI.6.6.)

7464. Zagoruiko, N.G.; Velichko, V.M.: Automatic Recognition of 200 words
Int. J. Man-Machine Studies, 1970, 2, 3, 223-224 (VI.9./6.6.)

7465. Zhuravlev, Ju.I.; et al.: Ob odnom podchode k optimizacii v klasse parametriczeskich algorithmov razpoznavanija
Zh. Vychislit. Mat. i Mat. Fiz. Moskva, 1976, 16, 1, 209-218
(VI.1.)

7466. Zimmermann, R.: Dynamische Beschreibung von Zeichenschreibweisen und ihre Ausnutzung zur Erkennung von Handelsschriftzeichen
NTZ 1972, Heft 12, 542-544
(VI.8.)

7467. Zitkov, G.N.: Einige Methoden der automatischen Klassifizierung in:
Michailova, A.J.: Strukturmethoden der Erkennung und automatisches Lesen
Moskau: Winiti, 1970, 68-85 (Russ.)
(VI.6.6./8.)

7468. Zlolin, V.K.; et al.: Digital computer simulation of the process of automatic scanning of three-dimensional objects during recognition of them (Russ.)
Avtomat. upr. i vychisl. tekhn., 1972, 10, 221-228 (VI.8.)

7469. Zobler, L.: The use of numerical taxonomy to evaluate soil resources
International geography, 1972, No. 6, 899-901 u. 289-290 (VI.7./IV.7.

7470. Zukovskaje, V.; Karpov, L.: Application of multifact analysis in the identification and classification of agricultural regions
Region Sci. Assoc. Pap., 1968, Vol. XX, 55-62 (VI.7.)

7471. Zusne, L.: Visual perception of form
Academic Press, New York, 1970
(VI.2.6./8.)

7472. Alens, N.: Compound Bayes learning without a teacher
Rept. SU-SEL-67-019 (TR No. 6151-2)
Stanford Electronics Laboratories,
Stanford, California, Aug. 1967
(VI.1.)

7473. Alens, N.; et al.: Compound Bayes learning without a teacher, Abstract
Proceedings of the First Annual Princeton Conference on Systems Theory, April 1967
(VI.1.)

7474. Automatische Zeichenerkennung, Ergebnisbericht zum Forschungsauftrag T-S91-K-203 des Bundesministeriums der Verteidigung, Bonn (Forschungsgruppe am Institut für Nachrichtenverarbeitung, Universität Karlsruhe) (VI.8.)

7475. Bajcsy, R.; Tavakoli, M.: Computer Recognition of roads from Satellite pictures
IEEE Transactions on Systems, Man and Cybernetics, Sept. 1976, Vol. SMC-6, No. 9, 623-637 (VI.7.)

7476. Bellmann, R.; et al.: Abstraction and pattern classification
J. Math. Anal. Appl., 1966, 13, 1-7
(VI.1.)

7477. Bergonier, H.; et al.: Une nouvelle méthode d'analyse globale des resultats d'une enquête établissement de typologies
Rev. franç. market 1967, N. 25
(I.6.1.)

7478. Bezdek, J.C.: Fuzzy mathematics in pattern classification
Ph. D. thesis, Cornell University, Aug. 1973 (VI.1.)

7479. Bezdek, J.C.: Cluster validity with fuzzy sets
J. Cybern., 1974, 3, 3, 58-73
(IV.1.)

7480. Bezdek, J.C.: Mathematical models for systematics and taxonomy
in Proc. Eighth Internat. Conf. on Numerical Taxonomy, G. Estabrook, Ed. Freeman, S. F. 1975 (V.1.)

7481. Bezdek, J.C.: A physical interpretation of fuzzy ISODATA
IEEE Transactions on Systems, Man and Cybernetics, May 1976, Vol. SMC-6, 5, 387-389 (IV.1.)

7482. Carrie, A.S.: Numerical taxonomy applied to groups technology and plant layout
Int. J. Prod. Res., 1973, Vol. 11, 399-416
(V.8.)

7483. Duff, M.J.B.; et al.: Parallel Processing Pattern Recognition System UC PR 1, Nuc. Inst. and Meths., 1967, 52, 284-288
(VI.8.)

7484. Dunn, J.C.: A fuzzy relative of the ISODATA process and its use in detecting compact well-separated clusters
J. Cybern., 1974, Vol. 3, 3, 32-57
(IV.1.)

7485. Dunn, J.C.: Well separated clusters and optimal fuzzy partitions
J. Cybern., 1976, in press
(IV.1.)

7486. Dyer, C.R.; et al.: Further experiments in terrain classification by texture analysis
Computer Science Center, Univ. Md., College Park, Tech. Rep. TR-417, Sept. 1975
(VI.7.)

7487. Evans, C.R.: Some studies of Pattern Recognition using a stabilized retinal image
Brit. J. Psychol., 1965, 56, 121-133
(VI.2.4.)

7488. Harner, E.J.; Slater, P.B.: Identifying medical regions using hierarchical clusterung
Dep. Statist. and Comput. Sci., West Virginia Univ. Morgantown, 1975
(IV.4./7.)

7489. Hochberg, J.; et al.: Recognition of faces: I. An exploratory study
Psychonomic Sci., 1967, 9, 619-620
(VI.8.)

7490. Kazmierczak, H.: Konstruktion eines ziffernerkennenden Automaten auf der Grundlage des Potentialverfahrens
Dissertation, TH Karlsruhe, 1965
(VI.8.)

7491. Keller, H.: Ein Beitrag zur Merkmalselektion und -adaption für das Erkennen von alphanumerischen Zeichen.
Dissertation Nr. 4262, Eidgen. Techn. Hochschule, Zürich, 1968
(VI.8.)

7492. Klopf, A.M.: Evolutionary Pattern Recognition Systems
M.S. Thesis, Case Institute of Technology, Cleveland, Ohio, June 1966
(VI.8.)

7493. Knoke, P.; Wiley, R.: A linguistic approach to mechanical Pattern Recognition
IEEE Computer Confer., 1967
(VI.6.6.)

7494. Krishnamurthy, E.V.; Shyamasundar, R.K.: Algorithms for constructing hierarchival graphs
IEEE Trans. Syst., Man, Cybernet., Vol. SM C-4, 1974, 459-461 (IV.1.)

7495. Leimer, J.J.: Design factors in the development of an optical character recognition machine
IRE Transaction on Information Theory IT-8, 1962, 167-171 (VI.8.)

7496. Mackenberg, E.J.: Recognition of human faces from isolated facial features: A developmental study
Psychonomic Sci., 1966, 6, 149-150
(VI.8.)

7497. Maranell, G.M. (ed.): Scaling: A source book for behavioral scientists
Chicago, Ill. Aldine, 1974, 436 p.
(III.2.1.)

7498. McAuley, J.: Machine grouping for efficient production
Prod. Eng., 1972, 53-57
(VI.8.)

7499. Montanari, U.: A method for obtaining skeletons using a quasi Euclidean distance
J. ACM, 1968, Vol. 15, No. 4
(IV.1.1.)

7500. Moyne, J.A.: Some grammars and recognizers for formal and natural languages
Advances in information systems science, 1969, Vol. 5, Plenum Press New York
(VI.9./6.6.)

7501. Nowakowskaja, M.: Analiza czynnikowa: Arbitralne decyzje w ramach modelu matematycznego
Studia socjologiczne, 1973, 51, 4, 23-40
(I.6.2.

7502. Parniczky, G.: The idea of a nomenclature descriptor language
UNCTAD secretariat, Geneva, 1976, 17 p.
(VI.9./6.6.)

7503. Pavlidis, T.: Analysis of set patterns
Pattern Recognition, 1968, 1, 165
(VI.1.)

7504. Pavlidis, T.: Representation of figures by labeled graphs
Pattern Recognition, 1972, 4, 5,
(VI.1.)

7505. Rouget, B.: Graph theory and hierarchisation models
Regional and Urban Economics, 1972, 2, 263-296 (IV.7.)

7506. Rounds, E.M.: A structural approach to pattern recognition and its application to medical decision-making
Ph. D. Northwestern University, 1974
(VI.4.)

7507. Saraga, P.: Optische Zeichenerkennung
Philips Technische Rundschau, 28. Nov. 1967 (VI.8.)

7508. Sharp, J.M.W.: Reverse factor analysis approach to relevance trees
Technological Forecasting, 1969, Vol. 1, No. 1 (I.8.)

7509. Shyamasundar, R.K.; Krishnamurthy, E.V.: Algorithms for constructing hierarchical graphs
IEEE Trans. Syst., Man, Cybernet., Vol. SMC-4, 1974, 459-461
(IV.1.)

7510. Siegel, P.H.: Desarrollo reciente en el analisis de factores para los anilisis economicos y empresariales
Estudios Empresariales, 1974, Vol. 30, No. 3 (I.6.1.)

7511. Slater, P.B.; Harner, E.J.: Identifying medical regions using hierarchical clustering
Dep. Statist. and Comput. Sci., West Virginia Univ. Morgantown, 1975
(IV.4./7.)

7512. Slater, P.B.: Hierarchical clustering of doubly standardized trip distribution matrices: An application to Los Angeles 1970 census data
Regional Research Institute, West Virginia Univ., Morgantown 1975
(IV.7.)

7513. Slater, P.B.: A hierarchical regionalization of Dutch provinces based on 1961-66 interprovincial migration
Regional Research Institute, West Virginia Univ., Morgantown 1975
(IV.7.)

7514. Slater, P.B.: A hierarchical regionalization of Indian states based on 1961 interstate migration
Regional Research Institute, West Virginia Univ., Morgantown 1975
(IV.7.)

7515. Slater, P.B.: Internal migrations regions of Argentina and Brazil: Applications of hierarchical clustering to douply standardized lifetime migration tables, 1975
(IV.7.)

7516. Slater, P.B.: The hierarchical structure of inter-SMLA migration flows in England and Wales
Regional Research Institute, West Virginia Univ., Morgantown 1975
(IV.7.)

7517. Slater, P.B.: Hierarchical internal migration regions of Spain
Regional Research Institute, West Virginia Univ., Morgantown 1975
(IV.7.)

7518. Slater, P.B.: The use of state-to-state college migration data in developing a hierarchy of higher educational regions
Research in Higher Education, 1975
(IV.7.)

7519. Slater, P.B.: A hierarchical regionalization of Russian administrative units using 1966-69 migration data
Soviet Geography, 1975, Vol. 16, 453-465
(IV.7.)

7520. Slater, P.B.: A hierarchical regionalization of Japanese prefectures using 1972 inter-prefectural migration flows
Regional Studies, 1975
(IV.7.)

7521. Slater, P.B.: Hierarchical internal migration regions of Italy
Metron, 1976, in press
(IV.7.)

7522. Slater, P.B.: Hierarchical internal migration regions of France
IEEE Transactions on Systems, Man and Cybernetics, April 1976, SMC-6, 4, 321-324 (IV.7.)

7523. Smith, K.W.: Forming composite scales and estimating their validity through factor analysis
Social forces, 1974, 53, 2, 168-180
(I.1.)

7524. Smith, K.W.: On estimating the reliability of composite indexes through factor analysis
Sociological methods and research, 1974, 2 (4), 485-510 (I.1.)

7525. Spooner, M.G.; et al.: An evaluation of certain property formation techniques for Pattern Recognition
Western Electronics Show and Convention, Los Angeles, August 25-27, 1964
(VI.1.)

7526. Tavakoli, M.; Bajcsy, R.: Computer Recognition of roads from satellite pictures
IEEE Transact. on Systems, Man and Cybernetics, Sept. 1976, Vol. SMC-6, No. 9, 623-637 (VI.7.)

7527. Warfield, J.N.: Toward interpretation of complex structural models
IEEE Trans. Syst., Man, Cybern., Vol. SMC-4, 1974, 405-417
(VI.1.)

7528. Widrow, B.: The rubber-mask technique - I. Pattern measurement and analysis
Pattern Recognition, 1973, 5, 175
(VI.8.)

7529. Widrow, B.: The rubber-mask technique - II. Pattern storage and recognition
Pattern Recognition, 1973, 5, 199
(VI.8.)

7530. Wiley, R.; Knoke, P.: A linguistic approach to mechanical Pattern Recognition
IEEE Computer Confer., 1967
(VI.6.6.)

4. РАБОТЫ СОВЕТСКИХ АВТОРОВ НА РУССКОМ ЯЗЫКЕ
(Titel von sowjetischen Autoren in russischer Sprache)

I. ФАКТОРНЫЙ АНАЛИЗ
(Faktoranalyse)

82. Артемёва, Е. Ю.: Сборник задач по теории вероятностей и математической статистике для психологов
Москва, Т. М. И., 1969
(I.1./2.1.)

89. Аверкович, Н. В.; Зациорский, В. М.: Факторный анализ тестов силовой подготовленности
Теория и практика физической культура, 1966, No. 10
(I.6.4.)

119. Барановский, В. А.; Масальгин, Н. А.: Факторный анализ в изучении тренированности спортсмена
Теория и практика физической культура, 1967, No. 8
(I.6.4.)

153. Башкиров, А. М.: Физкультурная антропология её задачи и связь с антропологией
Вопросы антропологии, 1960, No. 4
(I.4.)

167. Бедретдинов, К. А.: Факторный и компонентный анализ
Выпуск 5 МГУ, вычислительный центр, серия статистика и стохастические системы, Москва 1969
(I.1./II.1.)

196. Беспалько, М. И.: Дискриминантный и факторный анализ данных интеллектуально-психологических методик у больных с нервнопсихическими заболеваниями материалы симпозиума
Математические методы в психиатрии и неврологии, 1968
(I.2.1.)

200. Бизметов, А. Н.: Некоторые типологически обусловленные особенности индивидуального стиля учебной деятельности старшеклассников
Вопросы психологии, 1966, No. 6
(I.2.2.)

237. Борисова, М. Н.; и др.: Материалы и сравнительному изучению различных показателей подвижности нервной системы человека, В сб.:
Типологические особенности высшей нервной деятельности человека, 1963, изд.-во А.П.М., РСФСР
(I.4.)

336. Бутина, М. А.: О Минимальном числе факторов в модели факторного анализа
Экономика и математические методы, Москва 1973, 2 Том IX, 354-357
(I.1.5./1.3.)

616. Дегтярев, К. П.: Исследование факторной структуры показателей быстроты атакующих и защитных действий у боксеров в специальных заданиях
Применение электронно-вычислительной техники в науке о спорте (кибернетика и спорт)
Тезисы докладов, Москва 1968
(I.6.4.)

659. Докторов, Б. З.: Об использовании методов факторного анализа в работах советских исследователей (обзор) Вопросы психологии, 1965, No. 2, АПН, СССР (I.2.1.)

659(а). Долныкова, Р. Н.: Применение факторного анализа и прогнозировании экономического развития развивающихся стран (зарубежный опыт) Анализ и прогнозирование развивающихся стран, Москва, изд. ЦЭМИ АН СССР, 1970 (I.6.1.)

715. Енченко, Ф. А.; и др.: Опыт применения факторного анализа в сравнительном (педагогическом) эксперименте Применение электронно-вычислительной техники в науке о спорте (Кибернетика и спорт) Тезисы докладов, Москва 1968 (I.6.4.)

770. Филип, В. П.; Зациорский, В. М.: К теоретическому обосновании современной методики воспитания быстроты движений: Теория и практика физической культуры, 1962, No. 6 (I.6.4.)

819. Френкель, А. А.; Зейгер, Е. М.: О построении обобщенного показателя размера предприятия Математические методы в экономических исследованиях, Москва, "Наука", 1974 (I.6.1.)

846. Ганенко, А. М.: Факторный анализ Проблем. диферен. психолог. 1969, 6, 276-303 (I.1./2.1.)

861. Геминтерн, В. И.; и др.: Исследование показателей эффективности промышленного производства с помощью метода плавных компонент в "Многомерный статистический анализ в социально экономических исследованиях, изд.-во наука, Москва 1974 (I.6.2.)

902. Годник, М. А.; и др.: К теоретическому обосновании современной методы воспитания быстроты движений: Теория и практика физической культуры, 1962, No. 6 (I.6.4.)

908. Гольдштейн, Э. С.; и др.: Факторной анализ в описании технологических процессов "Статистика качества продукции", Москва, изд.-во "Наука", 1973 (I.8.)

987. Гуревич, К. М.: Материалы и сравнительному изучению различных показателей подвижности нервной системы человека, Всб. Типологические особенности высшей нервной деятельности человека, 1963, изд.-во, А. П. Н, РСФСР (I.4.)

990. Гусева, Е. П.; Шляхта, Н. Ф.: Факторный анализ показателем биоэлектрической активности мозга у модростков Сб. Проблемы диффер ен-психофизиологии. Под ред. В. А. Небылицина. VIII. Москва "Наука" 1974 (I.2.8.)

1285. Игнатев, М. В.: Биометрические проблемы в антропологии Советская антропология 1957, No. 1 (I.6.1.5./4.)

1292. Иовлев, Б. В.; и др.: Факторный анализ в исследованиях с применением оценочных психологических шкал. Материалы сымпозума: Математические методы в психиатрии и неврологии. Л. 1968 (I.2.1.)

1296. Иванова, Е. А.; и др.: Опыт комплексного исследования некоторых индивидуально-типологических особенностей человека В сб. Человека и общество. Под ред. Б. Г. Апаньва и Перимова. ЛГЦ, 1966 (I.4.)

1312. Яцевич, В. В.; и др.: Факторный и компонентный анализ, Москва, 1969 (I.1./II.1.)

1359. Кахк, Ю.: Факторный анализ при изучений некоторых аспектов образа жизни известия академии наук Эстонской ССР, Том 24, общественные науки 1975, No. 4, p. 360-367 (I.6.1.5.)

1396. Каплуновский, А. Ж.: Применение факного анализа для энсефалографической характеристики сна. Физол. жур. СССР, ИМ, И. М. 1973, 1291-1292 (I.4.)

1482. Колодная, Я.; и др.: Материалы к сравнительному изучению различных показателей подвижности нервной системы человека Сб. Типологические особенности высшей нервной деятельности человека. Т. IV. М.; Просвещение, 1967 (I.4.)

1489. Костяков, Б. М.: Сопоставление факторных структур функциональной топографии мышц борцов различной квалификации Применение электронно-вычислительной техники в науке о спорте (кибернетика и спорт) Тезисы докладов, М. 1968 (I.6.4.)

1497. Ковальский, М. И.: К вопросу об отбрапаствании некоторых компонентов при анализа статистических данных по методу главных компонентов Техн. теорегги угрунда - за техн. прогресс, 1971, No. 8, 6-8 (I.1./6.1.)

1502. Кремлева, М. Н.: Факторный анализ показателей динамики роста спортивных результатов. Применение электронно-вычислительной техники в науке о спорте (кибернетика и спорт)
Тезисы докладов, М., 1968
(I.6.4.)

1520. Кузина, И. М.; Жуковская, В. М.: Типологическое изучение сельского хозяйства США и Канады с использованием методов многофакторного анализа
В сб.: Вопросы экономической и политической географии зарубежных стран. М. 1971
(I.6.1./5.)

1522. Кузнецов, В. К.: Применение факторного анализа в социогигиенических эскизах
Стравокр. русс. фед. 1968, 12, 29-32
(I.6.2.)

1587. Левиева, С. Н.; и др.: Опыт комплексного исследования некоторых индивидуально-типологических особенностей человека
В сб. Человека побщество
Под ред. Б. Г. Ананьва и Керимова, ЛГУ, 1966
(I.4.)

1607. Лисенкова, В. П.; и др.: Опыт комплексного исследования некоторых индивидуально-типологических особенностей человека
В сб. Человека побщество
Под ред. Б. Г. Апаньва и Керимова, ЛГУ, 1966
(I.4.)

1646. Людвиг, Р.: факторный анализ как орудие исследования в общественных науках.
Сб. социологи и математика, Новосибирск 1970
(I.6.2.)

1649. Лумельский, В. Я.: Группировка параметров на основе квадратной матрицы связи
Автоматика и телемеханика, 1970, No. 1
(I.1.)

1650. Лумовинова, Н. Ю.: Морфологическая характеристика некоторых групп спортменнов
М. Наука 1964 (I.1.)

1670. Максимов, Г. Т., Сидоров, П. А.: Роль миграции в изменении численности городского населения БССР (опыт расчета на ЭВМ "Минск-2" по алгоритму и программе факторного анализа)
Труды НИИЭМП при Госплане БССР, Минск, 1966
(I.6.1.6.)

1684. Мартиросов, Э. Г.; и др.: Многомерный статистический анализ соматометрических признаков борцов раззных весовых категорий
Теория и практика физической культура, No. 2, 1967 (I.6.4.)

1685. Мартиросов, Э. Г.; и др.: Сопоставление факторных структур функциональной топографии мыслы борцов различной квалификации
Применение электронно-вычислительной техники в науке о спорте (кибернетика и спорт)
Тезисы докладов, М., 1968
(I.6.4.)

1689. Масальгин, Н. А.: Факторы обусловливающие скорость мышечного сокращения
Теория и практика физической культура, 1966, 9
(I.6.4.)

1695. Матвеев, Е. М.: Исследование факторный структуры пронированности в метаниях
Применение электронно-вычислительной техники в науке о спорте (Кибернетика и спорт)
Тезисы докладов М., 1968
(I.6.4.)

1708. Мацегорин, И. В.; Румянцев, В. Ф.: Факторный анализ механических характеристик стали
"Заводская лаборатория", 1970, No. 1, 36
(I.8.)

1709. Мацак, А. П.; и др.: Использование аморитмов автоматической классификации объектов в задаче систематики минералов,
Автоматике и телемеханика, 1968, No. 6
(I.8./IV.8.)

1768. Мерсон, А. И.: Применение факторного анализа для исследования связей между физической подготовленностью и профессиональными навыками
Применение электронно-вычислительной техники в науке о спорте
Тезисы докладов, М. 1968
(I.6.4.)

1802. Мизин, В. Г.; и др.: Факторный анализ в описаний технологических процессов
Статистика качества продукции, М.; изд.-во, Наука, 1973 (I.8.)

1811. Мондрыка, А. Н.: Математические методы и их применение в психотехнике
Соцэклиз, 1931 (I.1.)

1867. Небылицин, В. Д.: Современное состояние факториального анализа
Вопросы психологии, 1960, No. 4
(I.2.1.)

1868. Небылицин, В. Д.: Факториальная структура интеллекта
Вопросы психологии, 1961, No. 2
(I.2.8.)

1869. Небылицин, В. Д.: К проблеме уравновешенности нервных процессов
Вопросы психологии, No. 6, 1964
(I.2.8.)

1870. Небылицин, В. Д.: Основные свойства нервной системы человека, М. изд.-во,
Просвещение, 1965 (I. 2.8.)

1871. Небылицин, В. Д.: Электроэнцефалографическое изучение свойств силы нервной системы и уравновешенности нервных процессов у человека с применением факториального анализа.В сб.:
Типологические особенности высшей нервной деятельности человека. Под ред. Б. Н. Теплова Г.Т.М. изд.-во АПН РСФСР 1963
(I.2.8.)

1872. Небылицин, В. Д.: Сравнительное изучение различных показателей силы нервный системы у человека
Вопросы психологии, 1960, No. 5
(I.2.8.)

1930. Палей, И. М.; и др.: Опыт комплексного исследования некоторых индивидуально-психологических особенностей человека
В сб. Человека побщество
Под ред. Б. П. Ананьва и Керимова ЛГУ, 1966
(I.4.)

2047. Равич-Щербо, И. В.; и др.: Материалы к сравнительному изучению различных показателей подвижности нервной системы человека
Сб. Типологические особенности высшей нервной деятельности человека. Т. IV. М.,
Просвещение, 1967 (I.4.)

2015. Приманов, Ю. Н.: Факторная структура показателей динамики скорости в спринтерском беге (Р - факторный анализ)
Применение электронно-вычислительной техники в науке о спорте (кибернетики и спорт)
Тезисы докладов, М., 1968
(I.6.4.)

2121. Рожденественская, В. И.; и др.: Сравнительное изучение различных показателей силы нервный системы у человека
Вопросы психологии, 1960, No. 5
(I.2.8.)

2143. Румянцев, В. Ф.; и др.: Факторный анализ механических характеристик стали
Заводская Лаборатория, 1970, Т. 36, No. 1
(I.8.)

2155. Сафарян, И. Г.: Выявление факторов, влияющих на максимальную скорость плавания
Применение электронно-вычислительной техники в науке о спорте (кубернетика и спорт)
Тезисы докладов, М. 1968
(I.6.4.)

2166. Запорожанов, В. А.: Лонгитудинальное исследование взаимосвязы в изменетиях скоростно-силовых показателей у прыцнов в высоту
Р-факторный анализ
Тезисы докладов, М., 1968
(I.6.4.)

2167. Зазулина, П. Л.; и др.: Опыт комплексного исследования некоторых индивидуально-психологических особенностей человека
В сб. Человека побщество
Под ред. Б. П. Ананьва и Керимова, ЛГУ, 1966
(I.4.)

2184. Зациорский, В. М.: Статистический анализ техмерных матриц экспериментальный данных как основе к разработке типовых программы для исследований к области теории спорта
Кибернетика и спорт
Тезисы докладов, М., 1968
(I.6.4.)

2185. Зациорский, В. М.; и др.: Основые факторы тренарованности в легкоатлетическом десяти борье "Теория и практика физической культура" No. 8, 1963
Моторика человека, 1966, No. 4
(I.6.4.)

2186. Зациорский, В. М.; и др.: К теоретическому обосновании современной методики воспитания быстроты движений:
Теория и практика физической культуры, 1962, No. 6 (I.6.4./4.)

2240. Шварц, Л. А.; и др.: Матиалы к сравнительному изучению различных показателей подвижности нервной системы человека
Сб. Типологические особенности высшей деятельности человека Т. IV. М., "Просвещение" 1967
(I.4.)

2251. Зейгер, Е. М.; Френкель, А. А.: О построении обобщённого показателя размера предприятия
Математические методы в экономических исследованиях
Москва "Наука", 1974 (I.6.1.)

2255. Секун, В. И.: Изучение тренирующего действия представления движений у гимнастов с помощью факторного анализа
Применение электронно-вычислительной техники

в науке о спорте (кибернетика и спорт)
Тезисы докладов, М., 1968
(I.6.4.)

2274. Жуковская, В. М.: Опыт применения метода многофакторного анализа для характеристика сельскохозяйственных степных провинций Канады сб. количественные метода исследования в экономической географии М. ВинТи, 1964
(I.6.1.)

2280. Сидоров, П. А.; Маквимов, Г. Т.: Роль миграции в изменении численности городского населения БССР. Опыт расчёта на ЭВМ "Минск 2" по аморитму и программе факторного анализа, Минск, 1966
(I.6.1.6.)

2304. Смирнов, Е. С.: Таксономический анализ, М. изд.-во МГЦ, 1969
(I.1./V.1.)

2413. Строкина, А. М.; и др.: Многомерный статический анализ самотометрических признаков борцов размяных весовых категорный
"Теория и практика физической культура", 1967, No. 2 (I.6.4.)

2484. Теплов, Б. М.: Простейшие способы факторного анализа
В сб.: Типологические особенности высшей нервной деятельности человека. Под ред. Б. М. Теплова т.к М. изд.-во
Просвещение, 1967 (I.6.4.)

2552. Чтецов, В. П.: Факторный анализ и его применение к изучению связей некоторях антропологических признаков русских и бурят.
В сб. "Применение математических методов в биологии"
Под ред. Л. С. Каминского и П. В. Тереньева, II., ЛГУ, 1965 (I.3.1.)

2552a. Чтецов, В. П.; Уткина, М. И.; Лумовинова, И. Ю.: Морфологическая характеристика некоторых групп спортменов
"Наука", 1964 (I.6.4.)

2552b. Чтецов, В. П.: Факторный анализ размеров тела и головы русских и бурят
Вопросы антропологии, 1960, No. 5
(I.3.1./6.1.5.)

2552c. Чтецов, В. П.: О различиях в пропорциях тела русских и бурят с факторным анализом некоторых размеров
Вопросы антропологии, 1961, No. 6
(I.3.1./6.1.5.)

2583. Туманян, Т. Е.; и др.: Сопоставление факторных структур функциональной топографии мышц борцов различной квалификации
Применение электронно-вычислительной техники в науке и спорте
Тезисы докладов, Москва, 1968
(I.6.4.)

2598. Уткина, М. И.; и др.: Морфологическая характеристика некоторых групп спортменов
Наука, 1964 (I.6.4.)

2777. Веселая, Г. И.; и др.: Статистический анализ экспертных оценок
Многомерный статистический анализ в социально-экономических исследованиях, изд.
"Наука", Москва, 1974 (I.1./6.1./IV.1./6.1.)

2815. Выханду, Л. К.: Об исследовании многопризнаковых биологических систем сб.
Применение математических методов в биологии, III, ЛГУ, г. 1964, (I.3.1.)

II. Метод главных компонентов

(Hauptkomponentenanalyse)

2999. Русман, А.: Из опыта применения факторного анализа в историческом исследовании
Вестник московского унверситета, восп. 9 истории, No. 6, 1966, 78-91
(II.6.1.5.)

III. Многомерное шкалирование
(Multidimensionale Skalierung)

IV. Кластерный анализ
(Cluster-Analyse)

V. НУМЕРИЧЕСКАЯ ТАКСОНОМИЯ

(Numerische Taxonomie)

5247. Маршак, М.; Рабинович, К.: К вопросу об определении интервалов при группировках
Вестник статистика, 1973, 8, 13-20
(V.1./6.1.)

5258. Михненко, О.: Группировки, корреляции и ЭВМ
Вестник статистики, 1974, No. 8
(V.1./6.1.)

5259. Михненко, О.: Об мерархических группировках
Вестник статистика, 1975, 7, 33-36
(V.1./6.1.)

5322. Рабинович, К.; Маршак, .: К вопросу об определении интервалов при группировках
Вестник статистика, 1973, 8, 13-20
(V.1./6.1.)

VI. РАСПОЗНАВАНИЕ ОБРАЗОВ

(Pattern Recognition)

5482. Ахметов, К.: Составление математической модели процесса гидролиза гидролизного производство методом корреляционного анализа
В сб. "Вопросы кибернетики и вычислительное математики" вып. 35, Ташкент ИК с ВЦ АН УзССР, 1970 (VI.9.)

5483. Адылова, Э. Т.; Лутфуллаев, Р. А.: Некоторые свойства меры важности признаков
В сб. "Вопросы кибернетики", вып. 49, Ташкент, ИКС ВЦ АН УзССР, 1972 (VI.9.)

5487. Агамалова, М. А.; Акопян, Р. А.: Классификация двоичных кодов с помощью обучаемых матриц
Сб. Вопросы радио-электроники. Электронновычислительная техника, вып. 5, 1967
(IV.8./VI.8.)

5488. Айзерман, М. А.; Браверман, Э. Н.; Розоноэр, Л. И.: Теоретические основы метода потенциальных функций в задаче об обучении автоматов разделению вюдных ситуаций на классы
Автоматика и телемеханика, 1964, No. 6
(VI.9.)

5490. Айзерман, М. А.; Браверман, Э. Н.; Розоноэр, Л. И.: Метод потенциальных функций в теории обучения машин, М. изд.-во "Наука", 1970
(VI.9.)

5594. Акопян, Р. А.; Агамалова, М. А.: Классификация двоичных кодов с помощью обучаемых матриц сб.
Вопросы радио-электроники. Электронновы-числительная техника, вып. 5, 1967
(IV.8./VI.8.)

5598. Алиев, Э. М.; Камилов, М. М.: Формальная классификация объектов, представленных признаками произвольного алфавита,
В сб. "Вопросы кибернетика", вып. 43, Ташкент, ИК СВЦ АН УзССР, 1971 (VI.1./IV.1.)

5597. Александрова, В. Д.: Классификация растительности Л., изд.-во "Наука", 1969 (VI.1./IV.1.)

5515. Аркадьев, А. Г.; Браверман, Э. М.: Обучение машины классификации объектов, М., Изд.-во "Наука", 1971 (VI.9./IV.9.)

5529. Барабаш, Ю. Л.: Учет свойств признаков при распознавании, "Изв. АН СССР
Техническая кибернетика, 1965, No. 5
(VI.1./9.)

5530. Барабаш, Ю.Л.; Варский, Б. В.; Зиновьев, В. С.; Кириченко, В. Ф.; Санегин, В. Ф.: Вопросы статической теории распознавания, М., изд.-во "Сов. радио", 1967 (VI.1./9.)

5531. Барашко, А. С.; и др.: Корреляционный читающий автомат со сдвиговым регистром ЧАРС, сборник, "Читающие автоматы и распознавание образов", Киев, 1965 (VI.6.6.)

5540. Башкиров, О. А.; Браверман, Э. М.; Мучник, И. Б.: Алгоритмы обучения машин распознаванию эрительных образов, основанные на использовании потенциальных функции "Автоматика и телемеханика", 1964, No. 5 (VI.5.)

5543. Баумштейн, И. П.; Дорофеюк, А. А.; Торговицкий, И. Ш.: Стабилизация качественных показателей промышленного объекта с помощью методов автоматической классификации "Стандарты и качество", 1969, No. 5 (VI.1./IV.1.)

5544. Баумштейн, И. П.; и др.: Методы автоматической классификации в задаче управления статическим объектом Адаптация. Саморганизация Доклады II. Всесоюзного совещания по статистическим методом теории управления, М., изд.-во "Наука", 1970 (VI.1./IV.1.)

5584. Браверман, Э. М.: Некоторые вопросы построения машин, классифицирующих объекты по не заданному заранее признаку "Автоматика и телемеханика", 1960, No. 10 (VI.1./IV.1.)

5587. Браверман, Э. М.; Дорофеюк, А. А.: Эксперименты по обучению машины распознаванию образов без поощрения сб. "Самообучающиеся автоматические системы" (Труды I Всесоюзный конференции по теории и практике построения самонастраивающихся систем Москва, 1963, изд.-во "Наука", 1966 (VI.9.)

5598. Браверман, Э. М.: Метод потенциальных функций в задаче обучения машины распознаванию образов без учителя "Автоматика и телемеханика", 1966, No. 10 (VI.9.)

5590. Браверман, Э. М.; и др.: Применение методов распознавания образов без учителя в естественнонаучных исследованиях. Международный симпозиум ИФАК по техническим и биологическим проблемам управления, Ереван, 1968 г. В сб. "Адаптивные системы" Распознавание образов, М., изд.-во "Наука", 1971 (VI.9./1.)

5591. Автоматический анализ сложных изображений Сб. под ред. Бравермана, Э. М., М., изд.-во "Мир", 1969 (VI.9./1.)

5592. Браверман, Э. М.: Методика экстремальной группировка параметров и задача выделения существенных факторов
"Автоматика и телемеханика", 1970, No. 1
(VI.9.)

5593. Браверман, Э. М.; и др.: Диагонализация матрицы связи и выявление скрытых факторов
в: Проблемы расширения возможностей автоматов сборник трудов выпуск 1, Москва 1971
(VI.1./9.)

5594. Браверман, Э. М.; Аркадьев, А. Г.: Обучение машины классификации объектов, М., изд.-во "Наука", 1971 (VI.8.)

5605. Бугаец, А. Н.; и др.: К вопросу о некоторых формальных методах в задаче классификации и разграничения геологических объектов. Сб.
Геологические формации, Л., ВСЕГЕЙ, 1968
(VI.8.)

5606. Бугаец, А. Н.; и др.: Применение алгоритмов, основанных на методе потенциальных функций, для классификации и разграничения геологических объектов С. Геология и разведка месторождений твердых полезных ископаемых, Алма-Ата, изд.-во "Казахстан", 1968 (VI.8.)

5607. Бугаец, А. Н.; и др.: Формальные методы разграничения геологических объектов и их применение при решении некоторых задач минералогии и металлогении Сб. Применение математических методов в геологии" Алма Ата, изд.-во "Наука", 1968
(VI.8.)

5608. Бугаец, А. Н.; и др.: Использование алгоритмов автоматической классификации объектов в задаче систематики минералов
Автоматика и телемеханика, 1968, No. 6.
(VI.8.)

5626. Харкевич, А. А.: О выборе признаков при машинном опознавании образов, "Изв. АН СССР", сер. техн. кибернетики, 1963, No. 2 (VI.1./9.)

5627. Харкевич, А. А.: Опознавание образов
"Радиотехника", т. 14, 1959, No. 5
(VI.9.)

5720. Дмитриев, А. Н.; Журавлёв, Ю. И.; Кренделев, Ф. П.: О математических принципах классификации предметов и явлений, В сб.
Дискретный анализ , вып. 7, Новосибирск, изд.-во "Наука" СОАН, 1966
(VI.1.)

5723. Дорофеюк, А. А.; Браверман, Э. М.: Эксперименты по обучению машины распознаванию образов без поощрения сб. "Самообучающиеся автоматические системы" (Труды I. Всесоюзный конференции по теории и практике построения самонастраивающихся систем), Москва, 1963, изд.-во "Наука", 1966
(VI.9.)

5724. Дорофеюк, А. А.: Алгоритмы обучения машины разпознаванию образов без учителя, основанные на методе потенциальных функций
"Автоматика и телемеханика", 1966, No. 10
(VI.9.)

5725. Дорофеюк, А. А.: Обучение машины распознаванию образов без поощрения. Сб.
"Вопросы технической кибернетики", изд.-во "Наука", 1966 (VI.9.)

5726. Дорофеюк, А. А.; Торговицкий, И. Ш.: Применение методов автоматической классификации данных
К задачам контроля качества изделий
"Стандарты и качество", 1967, No. 4
(VI.9.)

5727. Дорофеюк, А. А.: Алгоритмы автоматической классификации, основанные на методе потенциальных функций и их практическое использование. В сб. Вопросы технической кибернетики, Москва, изд-во "Наука", 1968 (VI.9.)

5728. Дорофеюк, А. А.; и др.: Применение методов автоматической классификации для построения статической модели объекта
Автоматика и телемеханика, 1970, No. 1
(VI.9.)

5729. Дорофеюк, А. А.; и др.: Контроль качества и восстановление характеристик объектов, работающих в нескольких режимах
Идентификация, доклады II. Всесоюз. совещания по статистическим методам теории управления, М., изд.-во "Наука", 1970
(VI.9.)

5730. Дорофеюк, А. А.; Торговицкий, И. Ш.: Использование методов автоматической классификации данных в задачах контроля качества изделий и оценки потерянных наблюдений
(Труды I. Всесоюзного симпозиума по статистическим проблемам в технической кибернетике, Т. 3, изд.- во "Наука", 1971
(VI.1./9.)

5731. Дорофеюк, А. А.: Алгоритмы автоматической классификации (обзор литературы)
b: Проблемы расширения возможностей автоматов сборник трудов выпуск 1, Москва 1971
(VI.9.)

5759. Еганов, Э. А.; Воронин, Ю. А.: К построению формальных основ учения о формация сб.
Геологические формации, Л., ВСЕГЕИ, 1968
(VI.8.)

5766. Энделадзе, Э. Л.; Павленко, В. В.: Об одной задаче автоматической классификации
Труда ТНИИСА, Т. 8, М., изд.-во "Энергия", 1968 (VI.1./IV.1.)

5775. Фельдбаум, А. А.: О некоторых принципах распознавания образов. В сб.
"Самообучающиеся автоматические системы", М., изд.-во "Наука", 1966
(VI.9.)

5851. Горенков, Э. В.; и др.: Использование метода автоматической классификации для индивидуального прогнозирования долговечности мошных клистронов
Автоматика и телемеханика, 1969, No. 1
(VI.9.)

5852. Горелик, А. А.: Об одном подходе к выбору пространства признаков, используемого при построении системы распознавания объектов и явлений
"Кибернетика", 1972, No. 4, Киев
(VI.9.)

5862. Гребнев, В. А.; Шлезингер, М. И.: Самонастроаивающийся алгоритом распознавания машинописных знаков сб.
"Распознавание образов и конструирование читающих автоматов", вып. 2, Киев, 1967
(VI.6.6.)

5879. Гулямов,, Д. Х.; Журавлёв, Ю. И.: Оценка качества экмертов, формирующих таблицу обучения в задаче распознавания образов
"Журнал вычислительной математики и математической физики", т. 12, 1972
(VI.8./9.)

5958. Ивахненко, А. Г.: Самообучающиеся системы распознавания и автоматического управления, изд.-во "Техника", Киев, 1967
(VI.1./6.2.)

5959. Ицкович, Э. Л.: Статистические методы при автоматизации производства, М., изд.-во "Энергия", 1964 (VI.1./10.)

5971. Елкина, В. Н.; Загоруйко, Н. Г.: Алфавит объектов распознавания.
Вычислительные системы, вып. 22, Новосибирск, изд.-во "Наука", 1966
(VI.10.)

5972. Елкина, В. Н.; Елкин, Е. А.; Загоруйко, Н. Г.: О возможности применения методов распознавания образов в палеонтологии
Геология и геофизика, 1967, No. 9
(VI.8./3.1.)

5973. Елкина, В. Н.; и др.: Таксономия двоичных кодов. Сб. Применение математических методов в геологии, Алма Ата, изд.-во "Наука", 1968
(VI.9.)

5974. Елкина, В. Н.; Загоруйко, Н. Г.: Количественные критерии качества таксономии и их изпользование в процессе принятия решений, В сб. "Вычислительные системы", вып. 36, Новосибирск, изд.-во "Наука" СОАМ 1969
(VI.9.)

5975. Елкина, В. Н.; Загоруйко, Н. Г.: Количественные критерии качества таксономии и их использование в процессе принятия решений
"Вычислительные системы", вып. 36, Новосибирск, изд.-во Наука, 1969 (VI.1.)

5976. Елкина, В. Н.; Загоруйко, Н. Г.: Алгоритмы таксономии, основанные на использовании кратчайшего незамкнутого пути. Материалы II Всесоюзной конференции "Вычислительные системы", секция III. СОАН СССР, Новосибирск, 1969
(VI.1.)

5981. Юнусов, Р.: Алгоритмы таксономии типа "форэль". В сб. "Вопросы кибернетики", вып. 41, Ташкент, ИКсВЦ АНУзССР, 1970 (VI.1./V.1.)

5982. Юнусов, Р.; Журавлёв, Ю. И.: Об одном способе уточнения таксономии при помощи распознающих методов типа голосования
"Журнал вычислительной математики и математической физики", т. 11, 1971, No. 5
(VI.1./V.1.)

5986. Камилов, М. М.: Система моделей алгоритмов вычисления оценок, В сб. "Вопросы кибернетики", вып. 46, Ташкент, ИКсВЦ АН УзССР, 1971
(VI.9.)

5987. Камилов, М. М.; Алиев, Э. М.; Ким, А. Н.: О вычислении Е-порогов при распознавании объектов алгоритмами голосования, В сб.
"Вопросы кибернетики", вып. 43, Ташкент, ИКсВЦ АН УзССР, 1971 (VI.9.)

5988. Камилов, М. М.; Туляганов, Ш. Е.: Мера важности признака и задача распознавания образов. Материалы Международной конференции по теории автоматов, Берлин, изд. Университета им. Гумбольдта 1971
(VI.9.)

5989. Камилов, М. М.; Алиев, Э. М.: Формальная классификация объектов, представленных признаками произвольного алфавита, В сб. "Вопросы кибернетика", вып. 43, Ташкент, ИКсВЦ АН УзССР, 1971 (VI.9.)

5990. Камилов, М. М.; Ким, А. И.: Распознающий комплекс, основанный на алгоритмах вычисления оценок, В сб. "Вопросы кибернетики", вып. 52, Ташкент, ИКсВЦ АН УзССР, 1972 (VI.1./9.)

5991. Камилов, М. М.: Возможность применения алгоритмов голосования в последовальных решающих моделях для классификации объектов. В сб. "Вопросы киберненики", вып. 53, Ташкент, ИК с ВЦ АН УзССР, 1972 (VI.1.)

5992. Камилов, М. М.: О программном распознающем комплексе ПРАСК-I, В сб. "Вопросы кибернетики", вып. 51, Ташкент, ИКсВЦ АН УзССР, 1972 (VI.1./9.)

5993. Камилов, М. М.; Марипов, Т. М.; Тишабасава, М.: Классификация геологических объектов с помощью олгоритмов голосования. В сб. "Вопросы кибернетики", вып. 50, Ташкент, 1972, ИКсВЦ АН УзССР (VI.1./8.)

6006. Катыс, Г. П.; Широков, В. Б.: Твердотельное устройство распознания Авт. свид. No. 221400 Бюлл. изобр., 1968, No. 21 (VI.1.)

6007. Катыс, Г. П.; Зотов, В. Д.; Широков, В. Б.: Способ двумерной развертки изображений на одном монокристалле. Авт. свид. No. 213988, Бюлл. изобр., 1968, No. 11 (VI.1./8.)

6008. Катыс, Г. П.; Широков, В. Б.: Способ распознавания знаков. Авт. свид. No. 2177754, Бюлл. изобр. 1968, No. 16 (VI.9.)

6009. Катыс, Г. П.; Здор, С. Е.: Устройство для распознавания конечного числа графических символов. Авт. свид. No. 289459 Бюлл. изобр. 1971, No. 1 (VI.9.)

6010. Катыс, Г. П.; Здор, С. Е.; Широков, В. Б.: Оптимальные структуры опто-электронных систем и распознавания - В сб. "Цифровая вычислительная техника и программирование, вып. 7, изд.-во "Сов. радию", 1972 (VI.9.)

6018. Кельманс, Г. К.; Цыпкин, Я. З.: Рекуррентные алгоритмы самообучения, Изв. АН СССР "Техническая кибернетика", 1967, No. 5 (VI.9.)

6019. Ким, А. Н.; Камилов, М. М.: Распознающий комплекс, основанный на алгоритмах вычисления оценок, В сб. "Вопросы кибернетики", вып. 52, Ташкент, ИКСВЦ АН УзССР, 1972 (VI.9.)

6021. Киселевский, Ф. Н.; Широчкин, В. А.: Классификация средств автоматического программного управления электронно-лучевыми установками Вестник Киевского политехнического института, 1970, No. 7 (VI.8.)

6039. Ковалевский, В. А.: Корреляционный метод распознавания изображений "Журнал вычислительной математики и математической физики", т. 2, 1962, No. 4 (VI.1.)

6040. Ковалевский, В. А.: О корреляционном методе распознавания В сб. "Распознавание образов, Киев, изд.-во "Наукова думка", 1965 (VI.1.)

6041. Ковалевский, В. А.: Задача распознавания образов с точки зрения математической статистики В сб. "Читающие автоматы", Киев, изд.-во "Наукова думка", 1965 (VI.1.)

6053. Куперштох, В. Л.; Миркин, Б. Г.: Об одной задаче классификации. Сб. "Математические методы в экономике", Новосибирск, изд.-во "Наука", 1968 (VI.1./6.1./V.6.1.)

6090. Лумельский, В. Я.; Семенова, Л. К.: Применение методов распознавания образов для изучения развития двигательных качеств у детей. Материалы X. Всесоюзной научной конференции по физиологии, биомеханике, и биохимики мышечной деятельности. Тезисы докладов, т. 2, М., 1968 (VI.2.2.)

6091. Лумельский, В. Я.: Агрегирование объектов на основе квадраной матрицы связы Автоматика и телемеханика, 1970, No. 1 (VI.9./1.)

6092. Лумельский, В. Я.: Агрегирование матрицы межотраслевого баланса с помощью методов диагонализации матриц связы "Автоматика и телемеханика", 1970, No. 9 (VI.1./9.)

6093. Лутфуллаев, Р. А.; Адылова, Э. Т.: Некоторые свойства меры важности признаков. В сб. "Вопросы кибернетики", вып. 43, Ташкент, ИКСВЦ АН УзССР, 1972 (VI.1./9.)

6132. Миленький, А. В.: Определение статистических характеристик распознаваемых образов в режиме самообучения "Кибернетика", Киев, 1967, No. 3 (VI.1./9.)

6139. Миркин, Б. Г.; Куперштох, В. Л.: Об одной задаче классификации сб. "Математические методы в экономике", Новосибирск, изд.-во "Наука", 1968 (VI.6.1.)

6154. Мучник, И. Б.: Алгоритмы формирования локальных признаков для зрительных образов "Автоматика и телемеханика", 1966, No. 10 (VI.1./9.)

6155. Мучник, И. Б.; Завалишин, Н. В.: Лингвистический (структурный) подход к проблеме распознавания образов. Обзор, Автоматика и телемеханика, 1969, No. 8 (VI.1./9.)

6167. Неймарк, Ю. И.; Баталова, З. С.; и др.: Распознавание образов и медицинская диагностика, М., Изд.-во "Наука", 1972 (VI.4.)

6180. Носков, В. Н.: О тупиковых и минимальных тестах для одного класса таблиц, В сб. "Дискретный анализ", вып. 12, Новосибирск, Изд.-во "Наука" СОАН, 1968 (VI.1.)

6196. Паан, Ю. А.: Опыт классификации терриленных рыхлых отложений по их гранулометрическому составу на ЭВМ.Сб. Применение математических методов в геологии, Алма-Ата, изд.-во "Наука", 1968 (VI.8.)

6215. Павленко, В. В.; Энделадзе, Э. Л.: Об одной задаче автоматической классификации. Труды ТНИИСА, т. 8, М., изд.-во "Энергия", 1968 (VI.1./IV.1.)

6226. Пугачев, В. С.: Статистические проблемы теории распознавания образов. Труды III. Всесоюзного совещания по автоматическому упавлению т. III, М., Изд.-во "Наука", 1967 (VI.1./6.2.)

6240. Рябов, Г. Г.: Применение методов распознавания образов к техническому прогнозированию. В сб. Самообучающиеся автоматические системы Труды I. Всесоюзный конференции по теории и практике построения самонастраивающихся систем (Москва 1963), М., изд.-во "Наука" 1966 (VI.8.)

6254. Ружанский, В. И.: Некоторые алгоритмы обучения "без поощрения" распознающих автоматов
"Вычислительная техника и вопросы программирования", вып. 4, ЛГУ, 1965
(VI.1.)

6263. Сафронов, Ю. П.; Тихомиров, И. Н.; Ульянов, Г. И.: Распознающие устройства, М., Воениздат, 1970
(VI.1.)

6264. Загоруйко, Н. Г.; Заславской, Т. И.: Распознавание образов в социальных исследованиях
Новосибирск, изд.-во "Наука", 1968
(VI.6.2.)

6265. Загоруйко, Н. Г.; Елкина, В. Н.: Алфавит объектов распознавания
Вычислительные системы, вып. 22, Новосибирск изд.-во "Наука", 1966
(VI.8.)

6266. Загоруйко, Н. Г.; Елкина, В. Н.: Количественные критерии качества таксономии и их изпользование в процессе принятия решений, В сб.
"Вычислительные системы", вып. 36, Новосибирск, Изд.-во "Наука" СОАН 1969
(VI.1.)

6267. Загоруйко, Н. Г.; Елкина, В. Н.: Алгоритмы таксономии, основанные на использовании кратчайшего незамкнутого пути. Материалы II. Всесоюзной конференции
Вычислительные системы, секция III. СОАН СССР, Новосибирск, 1969 (VI.1.)

6268. Загоруйко, Н. Г.; Елкина, В. Н.: Количественные критерии качества таксономии и их использование в процессе принятия решений
"Вычислительные системы", вып. 36, Новосибирск, изд.-во Наука, 1969 (VI.1.)

6269. Загоруйко, Н. Г.: Одновременный поиск эффективной системы признаков и наилучшего варианта таксомономии
"Вычислительные системы", вып. 36, Новосибирск изд.-во "Наука" 1969
(VI.1./V.1.)

6270. Загоруйко, Н. Г.: Методы распознавания и их применение, М. изд.-во
"Советское радио", 1972
(VI.1.)

6271. Загоруйко, Н. Г.: Методы распознавания и их применение, изд.-во
"Советское радио", 1972
(VI.1.)

6272. Загоруйко, Н. Г.: О минимальном алфавите в сложной системе распознавания и таксономии
"Вычислительные системы", вып. 28, Новосибирск, изд.-во "Наука" (VI.1./V.1.)

6280. Самохвалова, В. И.: Возрастные и индивидуальные различия в запоминании разных видов материала в сб.
Возрастные и индивидуальные различия памяти
Под. ред. 1. 1. Смирнова, М. проавещение, 1967
(VI.2.1.)

6283. Сапожков, М. А.: Речевой сигнал в кибернетике и связи
"Связьиздат", М., 1967
(VI.9.)

6284. Заславской, Т. И.; Загоруйко, Н. Г.: Распознавание образов в социальных исследованиях. Новосибирск, изд.-во
"Наука", 1868 (VI.6.2.)

6287. Завалишин, Н. В.; Мучник, И. Б.: Лингвистический (структурный) подход к проблеме распознавания образов. Обзор,
Автоматика и телемеханика, 1969, No. 8
(VI.6.6.)

6290. Шибин, А. Б.: Некоторые методы распознавания образов с применением пороговых элементов. В сб.
"Самообучающиеся автоматические системы", М., изд.-во "Наука", 1966 (VI.9.)

6291. Широков, В. Б.; Катыс, Г. П.: Способ распознавания знаков. Авт. свид. No. 2177754
Бюлл. изобр. 1968, No. 16
(VI.6.6.)

6292. Широков, В. Б.; Катыс, Г. П.: Твердотельное устройство распознания. Авт. свид. No. 221400
Бюлл. изобр. 1968, No. 21
(VI.9.)

6293. Широков, В. Б.; Здор, С. Е.: Оптический поиск п распознавание. Изд.-во
"Наука", Москва, 1973
(VI.8.)

6294. Широчкин, В. А.; Кисслевский, Ф. Н.: Классификация средств автоматического программного управления электроно лучевыми установками
Вестник Киевского политехнического института, 1970, No. 7 (VI.8.)

6295. Шлезингер, М. И.: Взаимосвязь обучения и самообучения распознаванию образов
"Кибернетика", Киев, 1968, No. 2
(VI.9.)

6296. Шлезингер, М. И.; Гребнев, В. Н.: Самонастраивающийся алгоритмы разпознавания машинописных знаков. Сб. "Разпознавание образов и конструирование читающих автоматов", вып. 2, Киев, 1967
(VI.6.6.)

6312. Здор, С. Е.; Катыс, Г. П.: Устройство для распознавания конечного числа графических символов.
Авт. свид. No. 289459
Бюлл. изобр. 1971, No. 1
(VI.6.6.)

6313. Здор, С. Е.; Широков, В. Б.: Оптический поиск и распознавание
Изд.-во "Наука", Москва, 1973
(VI.8.)

6320. Семенова, Л. К.; Лумельский, В. Я.: Применение методов распознавания образов для изучения развития двигательных качеств у детей. Материалы X. Всесоюзной научной конференции по физиологии, биомеханике, и биохимики мышечной деятельности.
Тезисы докладов т. 2, М., 1968
(VI.2.2.)

6321. Жантиев, Д. Д.: Опыт таксономического анализа рода Dermestes L. (Coleoptera, Dermestidae)
Зоологический журнал, 1967, т. 46, No. 9
(VI.3.1./V.3.1.)

6328. Житков, Г. Н.: Некоторые методы автоматической классификации (обзор). В сб. "Структурные методы опознавания и автоматического чтения", М., ВИНИТИ 1970
(VI.1.)

6329. Журавлёв, О. Г.; Торговицкий, И. Ш.: Оптимальный метод объективной классификации в задачах распознавания образов
"Автоматика и телемеханика", 1965, No. 11
(VI.1.)

6330. Журавлёв, Ю. И.; Туляганов, Ш. Е.: Меры важности признака. В сб.
"Вопросы кибернетики", вып. 38, Ташкент, ИКсВЦ АН УзССР 1970 (VI.1.)

6331. Журавлёв, Ю. И.; Никифоров, В. В.: Алгоритмы распознавания, основанные на вычислении оценок
"Кибернетика", 1971, No. 3, Киев
(VI.1.)

6332. Журавлёв, Ю. И.; Юнусов, Р.: Об одном способе уточнения таксономии при помощи распознающих методов типа голосования
"Журнал вычислительной математики и математической физики", т. 11, 1971, No. 5
(VI.1./V.1.)

6333. Журавлёв, Ю. И.; Гулямов, Д. Х.: Оценка качества экспертов, формирующих таблицу обучения в задаче распознавания образов
"Журнал вычислительной математики и математической физики", т. 12, 1972
(VI.9.)

6334. Журавлев, Ю. И.; Каминилов, М. М.; Туляганов, Ш. Е.: Алгоритмы вычисления оценок и их применение изд.
"Фан", Ташкент 1974, т. 120
(VI.1./9.)

6346. Слепян, В. А.: Вероятностные характеристики распределения тупиковых тестов, В сб.
"Дискретный анализ", вып. 12, Новосибирск, Изд.-во "Наука", СОАН, 1968
(VI.1.)

6347. Слепян, В. А.: О числе тупиковых тестов и мере информативности столбца почти всех бинарных таблиц ДАН СССР, т. 191, 1970, No. 1
(VI.1.)

6352. Смирнов, Е. С.: Таксономический анализ, Москва, изд.-во МГУ, 1969
(VI.1./V.1.)

6397. Тейлор, В. К.: Самонастраивающееся устройство управления, использующее распознавание образов. Труда II. Международного конгресса ИФАК, т. 3, изд.-во "Наука", 1965 (VI.1.)

6413. Торговицкий, И. Ш.; Журавлёв, О. Г.: Оптимальный метод объективной классификации в задачах распознавания образов
"Автоматика и телемеханика", 1965, No. 11
(VI.1.)

6414. Торговицкий, И. Ш.; Дорофеюк, А. А.: Применение методов автоматической классификации данных к задачам контроля качества изделий
"Стандарты и качество", 1967, No. 4
(VI.1.)

6415. Торговицкий, И. Ш.: Распознавание образов при отсутствии процесса обучения. Сб.
"Вопросы бионики", Москва, изд.-во "Наука", 1967 (VI.9.)

6416. Торговицкий, И. Ш.; Дорофеюк, А. А.: Использование методов автоматической классификации данных в задачах контроля качества изделий и оценки потерянных наблюдений. Труды I. Всесоюзного симпозиума по статистическим проблемам в технической кибернетике. Т. 3, изд.-во "Наука", 1971 (VI.1./9.)

6436. Туляганов, Ш. Е.; Журавлёв, Ю. И.: Меры важности признака, В сб. "Вопросы кибернетики", вып. 38, Ташкент, ИКсВЦ АН УзССР, 1970
(VI.1.)

6437. Туляганов, Ш. Е.; Камылов, М. М.: Мера важности признака и задача распознавания образов. Материалы Международной конференции по теории автоматов, Берлин, изд. Университета им. Гумбольдта, 1971
(VI.1.)

6439. Турбович, И. Т.; Гитис, В. Г.; Маслов, В. К.: Опознавание образов, М., Изд.-во "Наука", 1971 (VI.1./9.)

6476. Вапник, В. И.; Задача обучения распознаванию образов, М., Изд.-во "Знание", 1971
(VI.1./9.)

6498. Вольтер, Б. В.; и др.: Анализ химико-технологических процессов методами автоматической классфиикации данных
"Теоретические основы химической технологий", 1970, No. 4 (VI.8.)

6501. Воронин, Ю. А.; Еганов, Э. А.: К построению формальных основ учения о формация сб.
"Геологические формации", Л., ВСЕГЕИ, 1968
(VI.8.)

6527. Цыпкин, Я. З.; Кельманс, Г. К.: Рекуррентные алгоритмы самообучения, Изв. АН СССР
"Техническая кибернетика", 1967, No. 5
(VI.8./9.)

ДОПОЛНЕНИЯ К СПИСКУ НАУЧНЫХ ПУБЛИКАЦИЙ

I. ФАКТОРНЫЙ АНАЛИЗ

(Faktoranalyse)

6544. Беккер, А. А.; Лукацкая, М. Л.: Выбор значимых факторов при моделировании экономических показателей. В сб. "Вопросы построения и применения статистических моделей экономических показателей предприятий, Новосибирск, 1971, 79-87
(I.6.1.)

6587. Дубровский, С. А.: Факторный анализ в задачах описания и регулирования доменного процесса. Автореф. дисс. на соискание ученой степени канд. техн. наук, Новокузнецк (Сибирский металлургический институт) (I.8.)

6588. Дубровский, С. А.; и др.: Исследование взаимосвязей периодов рудного и чистого кипения с использованием компонентного и факторного анализа
Известия вузов, Черная металлургия, 1973, No. 4
(I.1./II.1.)

6589. Дубровский, С. А.; и др.: Факторный анализ в описании технологических процессов
Статистика качества продукции, М., изд.-во "Наука", 1973 (I.8.)

6590. Дубровский, С. А.; Шабашев, В. А.: Использование факторного анализа для исследования социально-экономических отношений в производственном коллективе. Многомерный статистический анализ в социально-экономических исследованиях, Москва, изд.-во "Наука", 1974 (I.8.)

6591. Дукарский, О. М.; Кошевник, Ю. А.: Применение факторного анализа для исследования производительности труда при монтаж средств контроля и автоматизации ТЭС. в.
Многомерный статистический анализ в социально-экономических исследованиях, Москва, изд.-во "Наука", 1974 (I.6.1.)

6664. Кошевник, Ю. А.; Дукарский, О. М.: Применение факторного анализа для исследования производительности труда при монтаж средств контроля и автоматизации ТЭС. в
Многомерный статистический анализ в социально-экономических исследованиях, Москва, изд.-во "Наука", 1974 (I.6.1.)

6684. Лукацкая, М. Л.; Беккер, А. В.: Выбор значимых факторов при моделировании экономических показателей. В сб.: Вопросы построения и применения статистических моделей экономических показателей предприятий, Новосибирск, 1971, 79-87
(I.6.1.)

6688. Максимов, Г. Т.: Изучение системы городских поселений БССР методами математической статистики. Минск, изд.-во "Наука и техника", 1972
(I.8.)

6691. Масловский, П. М.; и др.: Об использовании компонентного и факторного анализа при описании металлургических объектов
Вопросы оптимального управления в черной металлургии, Новокузнецк, 1969
(I.8.)

6692. Масловский, П. М.; и др.: Факторный анализ в задаче оценки состояния доменного процесса
Известия вузов. Черная металлургия, 1970, No. 12 (I.8.)

6730. Заславская, Т. И.; Виноградова, Е. В.: Факторный анализ причин миграции сельского населения
Социология и математика, Новосибирск, 1970
(I.6.2./6.1.6.)

6731. Шабашев, В. А.; Дубровский, С. А.: Использование факторного анализа для исследования социально-экономических отношений в производственном коллективе. Многомерный статистический анализ в Социально-экономических исследованиях, Москва, изд.-во "Наука", 1974 (I.8.)

6764. Тулупчук, Ю. М.; Волохов, В. С.: Методы формирования описаний с помощью факторного анализа. Распознавание образов и конструирование читающих автоматов, вып. 1, Киев 1969
(I.1.)

6776. Виноградова, Е. В.; Заславская, Т. И.: Факторный анализ причин миграции сельского населения
Социология и математика Новосибирск, 1970
(I.6.2./6.1.6.)

6783. Волохов, В. С.; Тулупчук, Ю. М.: Методы формирования описаний с помощью факторного анализа. Распознавание образов и конструирование читающих автоматов, вып. 1, Киев 1969
(I.1.)

ДОПОЛНЕНИЯ К СПИСКУ НАУЧНЫХ ПУБЛИКАЦИЙ

II. МЕТОД ГЛАВНЫХ КОМПОНЕНТОВ

(Hauptkomponentenanalyse)

6789. Андрукович, П. Ф.: Применение метода главных компонент в практических исследованиях
Межфакультетская лаборатория статистических методов МГУ, изд.-во МГУ, 1973, No. 36
(II.1.)

6790. Багров, Н. А.: Аналитическое представление последовательностей метеорологических полей посредством естественных ортогональных составляющих
"Труды ЦИП", 1959, вып. 74
(II.1.)

6791. Бородкина, Ф. М.; и др: Статистические алгоритмы и программы
Новосибирск, 1970 (II.10./I.10.)

6797. Инкин, С. В.; Шнайдман, Л. М.: Применение метода главных компонент при статистическом моделировании технико-экономических показателей.
Исследования в области экономики и организации производства, Тула, Приокское книжное издательство, 1971 (II.6.1.)

6803. Маркова, Е. В.: О структуре связи между факторыми экспериментами и латинскими квадратами
"Заводская лаборатория", 1971, т. 37, No. 1
(II.1./I.1.)

6806. Обухов, А. М.: О статистически ортогональных разложениях эмпирических функций
"Известия АН СССР", Серия геофизики, 1960, No. 3 (II.1.)

6808. Петерсен, И. Ф.: Применение метода главных компонент для описания технологических процессов с коррелированными входными параметрами
Известия АН ЭССР, Серия физико-математических и технических наук, 1965, No. 4
(II.1.)

6810. Шнайдман, Л. М.; Инкин, С. В.: Применение метода главных компонент при статистическом моделировании технико-экономических показателей,
Исследования в области экономики и организации производства, Тула, Приокское книжное издательство, 1971 (II.6.1.)

6812. Тиит, Э.: Об определении простой структуры в факторном анализе
Известия АН ЭССР, 1968, т. XVIII, физика, Математика, No. 1 (I.1.3./II.1.)

ДОПОЛНЕНИЯ К СПИСКУ НАУЧНЫХ ПУБЛИКАЦИЙ

III. МНОГОМЕРНОЕ ШКАЛИРОВАНИЕ

(Multidimensionale Skalierung)

6852. Гуттман, Л.: Основные компоненты шкального анализа "Математические методы в современный буржуазной социологии, Москва, изд.-во "Прогресс", 1966 (III.1.)

6902. Терехина, А. Ю.: Методы многомерного шкалирования и визуализация данных (обзор) Автоматика и телемеханика, 1973, No. 7 (III.1.)

ДОПОЛНЕНИЯ К СПИСКУ НАУЧНЫХ ПУБЛИКАЦИЙ

IV. КЛАСТЕРНЫЙ АНАЛИЗ

(Clusteranalyse)

6922. Беккер, А. В.: Классификационная мера связи - Оптимизация территориальных и отраслевых систем, методы решения экономических задач, ч. III. Новосибирск, 1973 (IV.6.1.)

6923. Беккер, А. В.; Лукацкая, М. Л.: Об анализе структуры матрицы коэффициентов связи. В сб. "Вопросы экономико-статистического моделирования и прогнозирования в промышленности", Новосибирск, 1970, 273-285
(IV.6.1.)

6940. Горяченко, Е. Е.: Обработка ранговых шкал и выделение типичных групп, В сб. "Измерение и моделирование в социологии" Новосибирск, Наука, 1969, 116-126
(IV.6.2.)

954. Лукацкая, М. Д.; Беккер, А. В.: Об анализе структуры матрицы коэффициентов связи. В сб. "Вопросы экономико-статистического моделирования и прогнозирования в промышленности", Новосибирск, 1970, 273-285
(IV.6.1.)

6960. Миркин, Б. Г.; Черный, Л. Б.: Аксиоматический подход к измерению близости между различными классификациями объектов данного множества. В сб. "Математические методы моделирования экономических задач", Новосибирск, 1969, 151-159
(IV.6.1.)

6963. Налимов, В. В.: Теория эксперимента. Москва, Наука, 1971
(IV.1.)

6977. Степанова, Е. И.; Грановская, Л. Н.: Изменение структуры взаимосвязей интеллектуальных функции у взрослых
Вопросы психологии, 1975, 30-38
(IV.2.8.)

6982. Терентьев, П. В.: Изменчивость раковины Limnaena stagnalis из окр. г. Чердаш. "Русский гидробиологический журнал", 1928, т. 7, No. 3,4 (IV.3.1.)

6983. Терентьев, П. В.: Метод корреляционных плеяд "Вестник ЛГУ", 1959, No. 9
(IV.1.)

V. Нумерическая таксономия
(Numerische Taxonomie)

ДОПОЛНЕНИЯ К СПИСКУ НАУЧНЫХ ПУБЛИКАЦИЙ

VI. РАСПОЗНАВАНИЕ ОБРАЗОВ
(Pattern Recognition)

7039. Айвазян, С. А.; Бежаева, З. И.; Староверов, О. В.: Классификация многомерных наблюдений, Москва, изд.-во "Ститистика", 1974 (I.1./II.1./IV.1./VI.1.)

7064. Беккер, А. В.: Об одном подходе к построению экономико-статистических моделей - Распознавание образов и регрессионный анализ в экономических исследованиях, Новосибирск, 1972 (VI.6.1.)

7065. Беккер, А. В.; Ягольницер, М. А.: Алгоритм выделения однородных совокупностей объектов Распознавание образов и регрессионный анализ в экономических исследованиях, Новосибирск, 1972 (VI.1./6.1.)

7128. Дубровский, С. А.; и др.: Об учете управления при идентификации конвертерного процесса Известия вузов, Черная металлургия, 1973, No. 8 (VI.8.)

7129. Дургарян, И. С.; и др.: Идентификация и методы теории информации. Методы управления большими системи, Иркутск, 1970 (VI.9.)

7198. Ягольницер, М. А.; Беккер, А. В.: Алгоритм выделения однородных совокупностей объектов Распознавание образов и регрессионный анализ в экономических исследованиях, Новосибирск, 1972 (VI.1./6.1.)

7228. Ковалевский, В. А.: Распознавание образов: Эвристика или наука (обзор) АН СССР, Институт кибернетики, Киев, 1970 (VI.1.)

7271. Миленький, А. В.: Определение статистических характеристик распознавания образов в режиме самообучения Кибернетика, 1967, No. 3, 56-61 (VI.1.)

7312. Пинскер, Ж. И.: Распознавание образов Москва, изд.-во Мир, 1970, 288 стр. (VI.9.)

7328. Протасов, К. Т.; Серых, А. П.: Определение информативных признаков из условия минимума риска в задаче распознавания образов. В сб. Об наружение и распознавание, Планирование экспериментов, Доклады II. Всесоюзного совещания по статистическим методам теории управления, Ташкент 1970, Москва, "Наука", 1970, 3-10 (VI.6.1.)

7349. Самонастраивающиеся системы Разпознавание образов. Конечные автоматы и релейные устройства. Труда III. Всесоюзного совещания по автоматическому управлению (Одесса 1965 г.), изд.-во "Наука", 1967 (VI.1.)

7355. Житков, Г. Н.: Некоторые методы автоматической классификации (обзор). В сб.
Структурные методы опознавания и автоматическое чтение, Москва, 1970, 68-85
(VI.1.)

7371. Серых, А. П.; Протасов, К. Т.: Определение информативных признаков из условия минимума риска в задаче распознавания образов. В сб.
Обнаружение и распознавание. Планирование экспериментов, Доклады II. Всесоюзного совещания по статистическим методам теории управления Ташкент, 1970, Москва,
"Наука", 1970, 3-10 (VI.6.1.)

5. MONOGRAPHIEN · STANDARDWERKE · BIBLIOGRAPHIEN

I. FAKTORANALYSE

6528. Achley, W.R.; Bryant, H.E.: Multivariate statistical methods
John Wiley and Sons, 1975, 480 p.
(I.1./II.1./IV.1.)

20. Adelman, J.; Morris, C.T.: Society, politics, and economic development: a quantitative approach
Baltimore: John Hopkins, 1967 (I.6.11./6.1.3./6.2.)

68. Anderson, T.W.: An introduction to multivariate statistical analysis
New York, J. Wiley and Sons, 1958, 374 pp.
(I.1./II.1.)

199. Biermann, H.: Einführung in die Faktorenanalyse
Münster, 1969 (I.1.)

219. Bolton, B.; Hinman, S.; Tuft, Sh.: Annotated Bibliographie: Factor analysis studies 1941-1970
Vol. 1-4
Arkansas Rehabilitation Research and Training Center, University of Arkansas, 577 p. (I.1./2.1.)

257. Brand-Koolen, M.J.M.: Factorenanalyse in het sociologisch onderzoek: Explicatie en evaluatie van enige modellen
Leiden, Stanford Kroese, 1972, XV, 263 p.
(I.6.2.)

308. Burt, C.: The factor of mind; an introduction and manual for the psychologists and social scientists
McMillan, New York, 1941, 509 p.
(I.1./2.3.)

391. Cattell, R.B.: Factor analysis: An introduction and manual for the psychologist and social scientist
New York, Harper and Brothers, 1952, 462 p. (I.1./2./4./6.)

438. Cattell, R.B.; et al.: Handbook of multivariate experimental psychology
Chicago, 1966 (I.1./2.)

473. Child, D.: The essentials of factor analysis
Holt Rinehart, London and Winston, 1970
(I.1.)

6575. Clyde, D.J.; et al.: Multivariate statistical programs
Biometrics Laboratory, Univ. of Miami,
Coral Gables, Florida, 1961, 61 pp.
(I.10./II.10.)

535. Cooley, W.W.; Lohnes, P.R.: Multivariate procedure
for behavioral sciences
New York, John Wiley and Sons, 1962
(I./II./III./IV.)

536. Cooley, W.W.; Lohnes, P.R.: Multivariate data analysis
New York, John Wiley and Sons, 1971,
364 pp. (I./II./III./IV.)

542. Coombs, C.H.; et al.: Mathematical Psychology
Prentice Hall, Inc., 1970, 419 pp.
(I.1./2.1.)

587. Dalmulder, J.J.J.; Schilderinck, J.H.F.: Regression
and factor analysis in applied econo-
metrics
Tilburg studies on economics, 1975, Vol. 15
(I.1./6.1.1.)

599a. Anderson, T.W.; Das Gupta, S.; Styan, G.Ph.: A biblio-
graphy of multivariate statistical
analysis
Edinburgh, Oliver and Boyd, 1972, 642 pp.
(I.1./II.1./III.1./
IV.1.)

636. Dhrymes, Ph.: Econometrics: Statistical foundation
and application
New York, London, Harper and Row, 1970,
pp. XII, 592, Socond ed. 1974
(I.1./II.1.)

1830. Morrison, D.F.: Multivariate statistical methods
New York, McGraws Hill, Book Company,
1967, Xiii + 338 pp.
(I.1./II.1.)

826. Fruchter, B.: Introduction to factor analysis
New York, D. Van Nostrand, Co., 1954, XII.,
280 pp. (I.1./2.1.)

858. Geer, J.P. van de: Inleiding in de multivariate analyse
Loghum Slaterns, Arnhem, 1967
(I.1.)

1067. Harman, H.H.: Modern factor analysis
Chicago, The Univ. of Chicago Press, 1960, 471 pp.
(Second edition, revised 1967, XX + 474 pp. translated in Russian, Izd. "Statistika", Moskau, 1972) (I.1./2.1.)

1165. Hofstätter, P.R.: Einführung in die quantitativen Methoden der Psychologie
München: J.A. Barth, 1953, 1755
(I.2.1.)

1169. Hofstätter, P.R.; Wendt, D.: Quantitative Methoden der Psychologie
München, 1966 (I.2.1.)

1193. Hölzinger, K.J.: Statistical résumé of the Spearman two factor theory
Chicago: Univ. of Chicago Press, 1930, iv + 44 pp. (I.2.1.)

6634. Hope, K.: Methods of multivariate analysis, with handbook of multivariate methods programmed in atlas autocode
University of London, Press Ltd., London, 288 pp., 1968 (I.10./II.10.)

1235. Horst, P.: Factor analysis of data matrices
Holt, Rinehart and Winston, Inc. New York, London, 1965, XIX + 730 pp.
(I.1./2.1.)

1328. Jöreskog, K.G.: Statistical estimation in factor analysis
Uppsala, 1963
Diss., Almquist och Wiksell
(I.1.3./2.1.)

6649. Kelley, T.L.: Crossroads in the mind of man; a study of differentiable mental abilities
Stanford University Press, Stanford, 1928, Calif. vii + 238 pp.
(I.1.)

1432. Kendall, M.G.: A course in multivariate analysis
London: Clares Griffin and Co., 1957, 185 pp. (I.1.)

1434. Kendall, M.G.; Stuart, A.: The advanced theory of statistics
London, 1966, Bd. 3, 552 pp.
(I.1.)

1495. Kouwer, B.J.: Inleidning tot de factoranalyse
Wolters-Nordhoff, Groningen, 1971
(I.1./6.2.)

1504. Krishnaiah, P. (Ed.): Multivariate analysis
Academic Press, New York, 1966
(I.1./II.1.)

1516. Kshirgasar, A.M.: Multivariate analysis
Marcel Dekker, Inc. New York, 1972, 534 S.
(I.1./II.1.)

1549. Lawley, D.N.; Maxwell, A.E.: Factor analysis as a statistical method
Butterworth and Co. London, 1963, 117 pp.
(translated in Russian)
(I.1.)

1848. Mulaik, S.A.: The foundations of factor analysis
McGraw Hill, New York, 1972
(I.1.)

1900. Nunnally, J.: Psychometric theory
New York: McGraw Hill, 1967
(Kapitel 9 und 10) (I.2.1.)

1905. Okoń, J.: Analizy czyǹnikowa w psychologii
Warszawa, PWN, 1960
(Wydamia drugie, 1964; übersetzt in Russisch) (I.2.1.)

1944. Pawlik, K.: Dimensionen des Verhaltens
Bern, 1968 (I.2.1./I.1.)

2011. Press, S.J.: Applied multivariate analysis
New York: Holt, Rinehart and Winston, Inc., 1972 (I.1./II.1.)

2042. Rao, C.R.: Linear statistical inference and its applications
New York, 1965
(translated in Russian and German)
(I.1./II.1.)

2075. Reuchlin, M.: Méthodes d'analyse factorielle à l'usage des psychologues
Presses universitaires de France, 1964
(I.1./2.1.)

2119. Roppert, J.; Fischer, G.: Lineare Strukturen in Mathematik und Statistik
Wien und Würzburg, 1965
(I.1./1.4./2.1.)

2142. Rulon, P.J.; et al.: Multivariate statistics for personnel classification
New York: John Wiley and Sons, 1967
(I.1./II.1./IV.1.)

2144a. Rummel, R.J.: Applied factor analysis
Evanston: Northwestern Univ. Press, 1970
(I.6.2.)

6729. Sample, C.J.: Patterns of regional economic change: A quantitative analysis of U.S. regional growth and development
Cambridge, Mass. Ballinger, 1974,
296 pp. (I.6.1.1./7.)

2247. Seal, H.L.: Multivariate statistical analysis for biologists
Methuen and Co., Ltd., London, 1964
(I.1./II.1.)

2294. Sixtl, F.: Meßmethoden der Psychologie
Weinheim, 1967 (I.2.1.)

2344. Spearman, C.: Abilities of man; their nature and measurement
Macmillan, Co., New York, 1927, 416 pp.
(reprinted 1932, French translation 1936)
(I.2.1.)

2359. Spies, C.J.: A bibliography of factor analytic studies of learning in Ph. Du Bois, W.K. Manning and C.J. Spies (Eds.: Factor analysis and related techniques in the study of learning.
CNR Tech. Rep. No. 7, St. Louis:
Washington Univ., Dept. of Psychology,
1959 (I.2.3.)

2500. Thomson, G.H.: The factorial analysis of human ability
New York: Houghton Mifflin Co., 1961,
xvi + 383 pp.
(firsted Univ. of London Press Ltd. 1939, second ed. 1946, third 1948, fourth 1950, fifth 1951, fifth reprinted 1956)
(I.2.1./2.3.)

2510. Thurstone, L.L.: A simplified multiple factor method and an outline of the computation
Chicago, Th. Univ. of Chicago Press, 1933,
25 p. (I.1./2.1.)

2511. Thurstone, L.L.: The theory of multiple factors
Ann Arbor, Edward Brothers, 1934, 65 p.
(I.1./2.1.)

2512. Thurstone, L.L.: The vectors of mind; Multiple-factor analysis for the isolation of primary traits
The University of Chicago Press, Chicago, xv + 266 pp. (I.2.1.)

2525. Thurstone, L.L.: Multiple-factor analysis; a development and expansion of the "The vectors of mind"
The University of Chicago Press, Chicago, xix + 535 pp. (I.2.1./1.)

2494. Überla, K.: Faktorenanalyse; eine systematische Einführung für Psychologen, Mediziner, Wirtschafts- und Sozialwissenschaftler
Springer-Verlag, Berlin/Heidelberg/New York, 1968 (I.1./2.4.)

2605. Vahle, H.; Jahn, W.: Die Faktorenanalyse
Verlag: Die Wirtschaft Berlin, 1970
(übersetzt ins Ungarische)
(I.1./6.1.)

2662. Weber, E.: Einführung in die Faktorenanalyse
VEB Gustav Fischer Verlag Jena, 1974
(I.1./3.1.)

2717. Whitla, R. (Ed.): Handbook of measurement and assessment in behavioral sciences
Addison-Wesley, 1968
(I.1./2.1.)

2784. Wolfle, D.: Factor analysis to 1940
Psychometric Monogr., 1940, 3, 69 p.
(I.1.)

II. HAUPTKOMPONENTENANALYSE

2900. Guertin, W.H.; et al.: Introduction to modern factor analysis
Edward Brothers, Ann Arbor, 1970
(I.1./II.1.)

2932. Kendall, M.: Multivariate analysis
London, 1975 (II.1.)

2934. Klein, L.R.: A textbook of econometrics
Englewood Cliffs, N.J. Prentice Hall, 1974, 436 p. (II.6./1.1.)

6801. Kmenta, J.: Elements of econometrics
New York, Macmillan, 1971, XIII + 655 pp.
(II.6.1.1.)

2948. Malinvaud, E.: Statistical methods of econometrics
North-Holland-Publ. Company, Amsterdam, 1970, 2. ed., p. 374-414
(II.6.1.1.)

3012. Theil, H.: Principles of econometrics
North-Holland Publ. Amsterdam, 1971, (Kap. 1.9.) (II.6.1.1.)

3017. Tintner, G.: Econometrics
New York, 1952 (II.6.1.1.)

III. MULTIDIMENSIONALE SKALIERUNG

6821. Ahrens, H.-J.: Multidimensionale Skalierung: Theorie und empirische Gültigkeit mit Anwendungen aus der differenziellen Psychologie und Sozialpsychologie
Weinheim, Beltz, 1974, 334 S.
(III.1./2.1./2.6.)

3055. Boulding, K.E.: The image
Ann Arbor, University of Michigan Press, 1968 (III.2.5.)

3068. Carmone, F.J.; Green, P.E.: Multidimensional scaling and related techniques in marketing analysis
Allyn and Bacon, Boston, Mass. 1970
(III.1./6.1.4.)

3093. Coombs, C.H.; et al.: Mathematical psychology: An elementary introduction
Englewood Cliffs, New Jersey
Prentice-Hall, 1970 (III.1./2.1.)

6837. Coombs, C.H.: A theory of psychological scaling
Ann Arbor: Univ. Michigan Press, 1962
(III.2.1.)

6839. Coombs, C.H.: A theory of behavioral data
New York, John Wiley and Sons, 1964
(III.1./2.1.)

3134. Green, P.E.; Rao, V.R.: Applied multidimensional scaling
Holt, New York, 1972
(III.1./6.1.4.)

6849. Greeno, J.G.; Restle, F.: Introduction to mathematical psychology
Reading, Mass., Addison Wesley, 1970
(III.1.)

3255. Shepard, R.N.; et al. (Ed.): Multidimensional scaling theory and applications in the behavioral sciences
Seminar Press, London, 1972, Vol. I. II.
(III.1.)

3272. Torgersen, W.S.: Theory and methods of scaling
John Wiley and Sons, New York, 1960
(III.1./2.1.)

IV. CLUSTER-ANALYSE

3323. Anderberg, R.M.: Bibliographie of cluster analysis
University of Texas at Austin, 1972
(IV.1.)

3324. Anderberg, R.M.: Cluster analysis for applications
Academic Press, New York, 1973, p. 376
(with FORTRAN IV - programs)
(IV.1.)

3418. Bijnen, E.J.: Cluster analysis survey: an evaluation of techniques
Groningen, 1973, 111 p.
(IV.1.)

3435. Bock, H.H.: Automatische Klassifikation. Theoretische und praktische Methoden zur Gruppierung und Strukturierung von Daten
(cluster analyse)
Vanderhoek u. Ruprecht, Göttingen, 1974, p. 480 (IV.1.)

3578. Crouch, D.B.: Cluster analysis: Bibliography, ACM SIGIR
Forum 6, 1971, No. 3, 11-14
(IV.1.)

3648. Duran, B.S.; Odell, P.L.: Cluster analysis
Springer-Verlag, Berlin, Heidelberg, New York, 1974 (IV.1.)

3679. Everitt, B.: Cluster analysis
New York, John Wiley and Sons, 1974, 122 p.
(IV.1.)

3696. Fisher, W.D.: Clustering and aggregation in economics
John Hopkins Press, Baltimore, Maryland, 1968 (IV.6.1.1.)

3700. Flament, C.: Applications of graph theory to group structure
Prentice-Hall, Englewood Cliffs, 1968
(IV.1.)

3845. Hartigan, J.A.: Clustering algorithms
John Wiley and Sons, New York, 1975
(IV.1.)

4011. Kleiter, E.T.: Technik und Anwendung der Clusteranalyse
Verlag für Psychologie, Dr. G.J. Hogrefe, Göttingen - Toronto - London, 1976
(IV.2.1.)

4095. Lerman, J.C.: Les bases de la classification automatique
Gauthier-Villars, Paris, 1970
(IV.1.)

6966. Posten, H.O.: Bibliography on classification, discrimination, generalized distance and related topics, IBM Corporation, Thomas J. Watson Research Center, Yorktown Heights, New York, 20 pp., Research report, RC-743, 1962
(IV.1.)

4374. Overall, J.E.; Klett, C.J.: Applied multivariate analysis
New York: McGraw-Hill, 1972
(I.1./II.1./IV.1.)

4458. Rajskaja, N.N.; et al.: Mnogomernyi statisticeskij analiz v social'no-ekonomiceskich issledovazijach, Kapitel: Anwendung der Clusteranalyse bei der Untersuchung ökonomischer Kennziffern, Moskva: "Nauka", 1974, S. 116-134
(IV.6.1./6.2.)

6971. Rodionow, D.A.: Statistische Methoden der Abgrenzung geologischer Objekte durch einen Komplex von Merkmalen
Islat. Nauka Moskau, 1968, 158 S.
(IV.1.)

4644. Skarabis, M.: Mathematische Grundlagen und praktische Aspekte der Diskrimination und Klassifikation
Physica-Verlag, Würzburg, 1970
(IV.1./V.1./VI.1.)

4670. Späth, H.: Cluster-Analyse-Algorithm
Zur Objektklassifizierung und Datenreduktion
R. Oldenbourg Verlag, München, Wien, 1975
(IV.1.)

4730. Tryon, R.C.: Cluster-analysis; Correlation profile and orthometric factor analysis for the isolation of unities in mind and personality
Edwards Brothers, Inc. Ann Arbor, Mich., 122 p.
(IV.1.)

4758. Tryon, R.C.: Bailey, D.E.: Cluster analysis
McGraw-Hill Book Company, New York, 347 pp.
(IV.1.)

4907. Woronin, Ja.A.: et al.: Geologie and Mathematik
Izdat. Nauka, Novosibirsk, 1970
(IV.8.)

V. NUMERISCHE TAXONOMIE

4961. Baumann, K.: Psychologische Taxometrie. Eine Methodenstudie über Ähnlichkeitskoeffizienten, Q-Clusteranalyse Q-Faktoranalyse
N. Huber, Stuttgart, 1971
(V.2.1./I.2.1.)

4977. Benzécri, J.P.: L'analyse des données
I. La taxinomie
II. L'analyse des correspondances
Dunod, 1973, Paris, 615 et 619 p.
(V.1./6.1.1./3.1.)

4984. Blackith, R.E.; Reyment, R.A.: Multivariate Morphometrics
Academic Press, London, 1974
(V.1./3.1.)

4985. Blackwelder, R.A.: Taxonomy: A text and reference book
John Wiley, New York, 1966
(V.1.)

5188. Jardine, N.; Sibson, R.: Mathematical Taxonomy
J. Wiley and Sons, London, 1971
(V.1.)

5211. Kreger-van Rej, N.J.L.; Lodder, J.: The yeast, a taxonomic study
North Holland Publ. Comp., Amsterdam, 1971, 713 p.
(V.3.1.)

5228. Leuschner, D.: Einführung in die numerische Taxonomie
VEB Gustav Fischer Verlag Jena, 1974
(V.1.3.1.)

5399. Sneath, P.H.; Sokal, R.P.: Principles of numerical taxonomy
Freeman, San Francisco, London, 1964
(V.1.)

VI. PATTERN RECOGNITION

AUTOMATISCHE ZEICHENERKENNUNG

7039. Айвазян, С.А.; Бежаева, З.И.; Староверов, О.В.: Классификация многомерных наблюдений, Москва, изд.-во Статистика, 1974
(I.1./II.1./IV.1./VI.1.)

5508. Andrews, H.C.: Computer techniques in image processing
Academic Press, New York, 1970
(VI.8./9.)

5510. Andrews, H.C.: Introduction to mathematical techniques in Pattern Recognition
John Wiley, New York, 1972
(VI.1.)

7044. Auerbachs Publishers: Auerbach on optical character Recognition, 1971 (VI.8.)

5514. Arkedev, A.G.; Braverman, E.M.: Computers and pattern recognition
Thompson, Washington, D.C., 1966
(VI.1.)

7046. Avhruk, M.L.; et al.: Reading machines Joint Publications
Research Service Translation N 66-28060, Washington, 1966 (VI.6.6.)

5535. Batchelor, B.G.: Practical approach to pattern classification
Plenum, London, 1974
(VI.1./9.)

5551. Becker, P.W.: Recognition of patterns using the frequencies of occurence of binary words.
2. revised edition, 1974
Springer-Verlag, Wien, New York
(VI.8./9.)

5571. Blin, J.M.: Patterns and configurations in economic science
D. Reidel Publ. Comp., Dordrecht - Holland, Boston - USA, 1973 (VI.6.1.)

5576. Bongard, M.: Pattern recognition
Spartan books, Washington, D.C., 1970
(VI.1./9.)

7087. Brodatz, P.: Textures
Dover, 1966 (VI.1.)

7050. Caceres, C.A.; Rikli, A.E.: Diagnostic computers
Charles C. Thomas, 1969
(VI.4.)

7091. Calvert, Tr.W.; Young, T.Y.: Classification, estimation and pattern recognition
Academic Press, 1974
(VI.1.)

5616. Carne, E.B.: Artificial intelligence techniques
Washington, D.C.: Spartan Division (Books, Inc.), 1965 (VI.1./9.)

5617. Casparsson, T.; et al.: Chromosome identification
New York: Academic Press, Stockholm, 1973
(VI.3.4.)

7101. Chase, W.G. (Ed.): Visual information processing
Academic Press, New York, 1973
(VI.9.)

7102. Chen, C.H.: Statistical Pattern Recognition
Hayden Book Co., Rochelle Park, New Jersey, 1973 (VI.1.)

7104. Cheng, G.C.; et al. (Eds.): Pictorial Pattern Recognition
Thompson, Washington, 1968
(VI.8.)

7108. Corcoran, D.W.J.: Pattern Recognition
Penguin Books, 1971 (VI.1.)

7109. Cornsweet, T.N.: Visual Perception
Academic Press, New York, 1979
(VI.8.)

5704. Deutsch, J.A.: The structural basis of behavior
Chicago:
University of Chicago Press, 1969
(VI.2.1.)

7113. David, E.E. Jr.; Denes, P.B. (Eds.): Human communication: A unified view
McGraw-Hill, New York, 1972
(VI.1.)

7124. Dodwell, P.C.: Visual Pattern Recognition
Holt, Rinehart and Winston, Inc., New York, 1970 (VI.8.)

7126. Dodwell, P.C. (Ed.): Perceptual Processing Stimulus Equivalence and Pattern Recognition
Appleton-Century-Crofts, 1971
(VI.2.6.)

5741. Duda, R.O.; Hart, P.E.: Pattern recognition and scene analysis
John Wiley, New York, 1973
(VI.1./8.)

7137. Fajn, V.S.: Opoznavanje izobrazenij (Russ.)
Izd. Nauka, Moskwa, 1970
(VI.1.)

5773. Feigenbaum, E.A. (Ed.); Feldmann, J.: Computers and thought
New York, McGraw-Hill, 1963
(VI.1.)

7145. Fewkes, S.E. (Ed.): Mashine Perception of Patterns and Pictures
National Physical laboratory, Teddington, England, 1972 (VI.2.6./8.)

5793. Fisher, G.L.; et al.: Optical character recognition
Spartan books, Washington, D.C., 1962
(VI.8.)

5815. Fu, K.S.: Sequential methods in pattern recognition and mashine learning
Academic Press, New York 1968
(VI.1./9.)

5808. Fu, K.S.; Mendel, J.M.: Adaptive, learning and pattern recognition systems
Academic Press, New York, 1970
(VI.1./10.)

6816. Fu, K.S.: Syntactic methods in pattern recognition
New York: Academic Press, 1974
(VI.9./6.6.)

7152. Fukunaga, K.: Introduction to statistical Pattern Recognition Systems: Theory and Applications
Academic Press, New York, 1972
(VI.1.)

7164. Gilbert, R.M.; Sutherland, N.S. (Eds.): Animal discrimination learning
Academic Press, New York, 1969
(VI.9.)

5850. Gonzales, R.C.; Tou, J.T.: Pattern recognition principles
Reading, Mass., Addison-Wesley, 1974, 373 pp. (VI.1.)

5857. Grasselli, A. (Ed.): Automatic interpretation and classification of images
Academic Press, New York, 1969
(VI.1./9.)

7172. Gregory, R.L.: The intelligent eye
McGraw-Hill, New York, 1970
(VI.1.)

7173. Grenander, U.: Pattern synthesis (Lectures in Pattern Recognition)
Springer-Verlag, Berlin, Heidelberg, New York, 508 p., 1976 (VI.1.)

7181. Held, R.; Richards, W. (Eds.): Perception: Mechanism and Models
Freeman, New York, 1972
(VI.2.6.)

7199. Jamati, Y.: Automatisation de la perception
Hermann, Paris, 1970
(VI.1./2.6.)

7201. Julez, B.: Foundations of cyclopean perception
University of Chicago Press, 1971
(VI.1./2.6.)

5996. Kanal, L.N. (Ed.): Pattern Recognition
Thompson, Washington, D.C., 1968
(VI.1.)

7206. Kaneff, S. (Ed.): Picture language machines
Academic Press, New York
(VI.8.)

6028. Klix, F.; et al. (Hrsg.): Erkennungs- und Klassifizierungsprozesse
Berlin, Dt. Verlag d. Wissenschaften, 1974; 1975 (Kybernetik Forschung, Heft 4)
(V.1./VI.1.)

7225. Kolers, P.A.; Eden, M. (Eds.): Recognizing Patterns
M.I.T. Press, 1968 (VI.1.)

7227. Kovalevsky, V.A. (Ed.): Character readers and Pattern Recognition
Spartan, Washington, 1968
(VI.6.6.)

7236. Kulikowski, J.L.: Cybernetycze uklady rozpoznajace
PWN, Warszawa, 1973 (VI.1./9.)

7251. Lipkin, B.S.; Rosenfeld, A. (Eds.): Picture Processing and Psychopictories
Academic Press, New York, 1970
(VI.8.)

7255. Marcus, S.: Algebraic linguistics; analytical models
New York - London, 1967
(VI.6.6.)

6119. Meisel, W.S.: Computer-oriented approachs to pattern recognition
Academic Press, New York 1970
(VI.1.)

6120. Mendel, J.M.; Fu, K.S.: Adaptive, learning and pattern recognition systems
Academic Press, New York, 1970
(VI.1./10.)

6125. Meyer-Brötz, G.; Schürmann, J.: Methoden der automatischen Zeichenerkennungs-Verfahren der Datenverarbeitung
R. Oldenburg, München u. Wien, 1970
(VI.1.)

7273. Minsky, M.; Papert, S.: Perceptrons
M.I.T. Press, 1969 (VI.2.6.)

7292. Niemann, H.: Methoden der Mustererkennung, Frankfurt/a. Main
Akademische Verlagsgesellschaft, 1974, 482 S. (VI.1.)

7293. Nilsson, N.J.: Learning machines: Foundations of trainable Pattern-Classifying Systems
McGraw-Hill, New York, 1965
(VI.1./10.)

6176. Nilsson, N.J.: Problem solving methods in artificial intelligence
McGraw-Hill, New York, 1971
(VI.1.)

7295. Palgen, J.J.: International Bibliography of pictorial Pattern Recognition
Allied Research Associates, Concord, Mass., 1970 (VI.1./8.)

6199. Pan, L.F. (Ed.): Topics in pattern recognition
Copenhagen, 1973, 159 p.
(VI.1.)

7301. Patrick, E.A.: Fundamentals of Pattern Recognition
Prentice-Hall, 1972 (VI.1./10.)

7304. Pavel, M.: Fondements mathématiques de la reconnaissance des structures
Hermann, Paris, 1969
(VI.1.)

7312. Pinsker, J.S. (Ed.): Raspoznavanie obrazov (Russ.)
Moskva, Izd. Mir, 1970, 288 p.

7318. Pollock, D.K.; et al. (Ed.): Optical processing of information
Spartan, Washington, D.C., 1963
(VI.8./9.)

7326. Preston, K.: Coherent optical computers
McGraw-Hill, New York, 1972
(VI.8.)

7335. Reed, S.K.: Psychological Processes in Pattern Recognition
Academic Press, New York, 1973
(VI.2.1.)

6252. Rosenfeld, A.: Picture - making processes in Pattern recognition
Academic Press, New York, 1969
(VI.1./8.)

6253. Rozin, B.B.: Die Theorie der Gestalterkennung in ökonomischen Untersuchungen
Teorija raspoznavanija obrazov v ekonomiceskich issledovanijach (Russ.)
Moskva: "Statistika", 1973, 224 S.
(VI.6.1./IV.6.1./II.6.1./I.6.1.)

7353. Sayre, K.M.: Recognition: A study in the philosophy of artificial intelligence
University of Notre Dame Press, 1965
(VI.1./6.3.)

7365. Sebestyen, G.: Decision-making processes in Pattern Recognition
Macmillan, London, 1962
(VI.1.)

7396. Stevens, M.E.; et al. (Eds.): Statistical Association Methods for Mechanised Documentation
U.S. Department of Commerce, Washington 1965 (VI.6.7.)

7397. Stevens, M.E.: Research and Development in the computer and information sciences Volume 1. Information Acquisition, Sensing, and Input - A selective literature review, National Bureau of Standards Monograph, 1970, 113
(VI.6.7.)

6300. Schürmann, J.; Meyer-Brötz, G.: Methoden der automatischen Zeichenerkennungs-Verfahren der Datenverarbeitung
R. Oldenburg, München u. Wien, 1970
(VI.1.)

7415. Tippett, J.T.; et al. (Eds.): Optical and Electro-Optical Information Processing
M.I.T. Press, 1965 (VI.8.)

7416. Tou, J.T.; Wilcox, R.H. (Eds.): Computer and Information sciences
Spartan, Washington, 1964
(VI.9.)

7417. Tou, J.T. (Ed.): Software Engineering
Academic Press, New York, 1971
(VI.9.)

6419. Tou, J.T. (Ed.): Computer and information sciences
Academic Press, New York, 1967
(VI.9.)

6449. Uhr, L. (Ed.): Pattern recognition
New York: Wiley, 1966
(VI.1.)

7424. Uhr, L.: Pattern recognition, learning and thought
Prentice-Hall, New York, 1973
(VI.1./9.)

6456. Ullmann, J.R.: Pattern recognition techniques
New York: Crane-Russak, 1973, 412 pp.
(VI.1.)

7425. Uttal, W.R.: An autocorrelation theory of form detection
New York, J. Wiley and Sons, 1975, 158 p.
(VI.1.)

6480. Watanabe, S. (Ed.): Methodologies of Pattern recognition
Academic Press, New York, 1969
(VI.1.)

6479. Watanabe, M.S.: Knowing and guessing
John Wiley, New York, 1969
(VI.1.)

7434. Watanabe, S. (Ed.): Frontiers of Pattern Recognition
Academic Press, New York, 1972
(VI.1./10.)

7435. Wather-Dunn, W. (Ed.): Models for the perception of speech and visual form
M.I.T. Press, 1967 (VI.2.6./6.6.)

7438. Weid, G.L.; Barh, G.F. (Eds.): Automated Cell Identification and Cell Sorting
Academic Press, New York, 1970
(VI.3.4.)

7445. Wilson, R.A.: Optical page reading devices
Reinhold, New York, 1966
(VI.8./6.6.)

7451. Yarbus, A.L.: Eye movements and vision (Russ.)
Plenum, London, 1967
(VI.8.)

7459. Yovits, M.; et al. (Eds.): Self-organizing systems
Spartan, Washington, 1962
(VI.9.)

7471. Zusne, L.: Visual perception of form
Academic Press, New York, 1970
(VI.2.6./8.)

6. LISTEN DES SACHVERZEICHNISSES IN CODIERTER FORM REGISTER

I. **FAKTORANALYSE (FAKTORENANALYSE) / ФАКТОРНЫЙ АНАЛИЗ / FACTOR ANALYSIS / ANALYSE FACTORIELLE**

1. **METHODE, VERFAHREN, MATHEMATISCH-STATISTISCHES MODELL (ALLGEMEIN) / МЕТОД, ПРИЁМ, МАТЕМАТИЧЕСКИ-СТАТИСТИЧЕСКАЯ МОДЕЛЬ [В ОБЩЕМ] / METHOD, TECHNIQUE, MATHEMATICAL-STATISTICAL MODEL (GENERAL) / MÊTHODE, PROCÊDÊ, MODÈLE MATHÊMATIQUE-STATISTIQUE (GÊNÊRALITÊS)**

2	5	6	7	10	11	12	13	14	15
16	17	30	32	36	47	50	59	62	64
65	66	67	68	70	71	72	85	88	90
96	98	103	106	108	117	122	125	128	136
137	138	143	147	148	150	154	158	170	185
194	199	203	207	217	219	229	230	231	232
233	243	262	272	278	281	282	283	284	285
294	295	298	299	300	301	302	303	304	306
307	308	309	310	311	312	313	314	316	317
320	321	322	324	325	326	327	328	330	334
338	341	343	344	351	352	353	354	362	365
366	378	379	391	394	397	406	408	412	413
414	415	416	417	419	420	421	422	423	428
435	439	442	443	444	445	450	451	453	454
455	456	457	459	460	461	462	463	465	466
467	468	472	473	474	475	477	485	486	487
488	489	491	492	493	496	498	499	500	502
504	505	506	514	527	530	533	535	536	539
540	541	542	545	546	548	554	556	558	563
564	565	576	578	579	585	586	587	590	591
592	595	596	597	598	599	599a	601	602	606
611	612	615	619	621	623	624	627	628	633
634	637	639	641	643	644	650	651	653	654
655	662	663	664	666	667	669	672	673	679
680	686	687	690	691	696	698	700	701	704
707	708	710	711	713	714	729	730	734	735

742	747	766	769	771	773	776	777	778	779
781	782	785	802	805	822	826	833	844	853
858	864	876	878	879	894	897	906	921	941
950	960	961	982	988	1017	1020	1021	1030	1056
1059	1066	1067	1073	1089	1091	1096	1101	1102	1103
1126	1141	1143	1146	1151	1161	1175	1197	1208	1209
1235	1245	1246	1283	1297	1304	1311	1325	1327	1330
1332	1333	1334	1337	1338	1339	1341	1349	1350	1355
1370	1372	1373	1379	1380	1386	1387	1389	1390	1410
1424	1426	1428	1429	1430	1431	1432	1433	1434	1440
1459	1460	1462	1481	1487	1495	1501	1504	1505	1515
1516	1523	1540	1542	1546	1549	1550	1560	1573	1579
1588	1596	1599	1600	1615	1616	1627	1641	1654	1658
1698	1699	1700	1711	1717	1718	1720	1721	1723	1725
1728	1729	1737	1741	1744	1766	1773	1801	1807	1808
1809	1810	1813	1820	1829	1830	1839	1848	1866	1876
1878	1886	1890	1906	1911	1912	1915	1943	1950	1952
1965	1970	1975	1976	1977	1978	1989	2005	2011	2013
2030	2032	2041	2042	2044	2057	2063	2074	2075	2103
2115	2116	2117	2118	2119	2120	2127	2130	2142	2169
2190	2194	2197	2201	2207	2226	2230	2232	2233	2239
2241	2247	2264	2270	2277	2287	2288	2290	2291	2314
2315	2321	2325	2328	2331	2388	2414	2416	2453	2457
2463	2467	2486	2490	2499	2504	2509	2510	2511	2514
2515	2521	2525	2526	2527	2528	2529	2533	2545	2547
2548	2549	2550	2562	2581	2584	2592	2594	2603	2604
2605	2609	2615	2618	2622	2623	2626	2628	2630	2643
2658	2662	2668	2673	2674	2689	2706	2708	2710	2712
2717	2721	2722	2724	2727	2732	2734	2735	2737	2769
2778	2784	2785	2786	2788	2789	2791	2806	2814	2817
2820	2824	2825	2827	2836	2837	2838	2845	2856	2900
2937	2958	3016	3169	3192	3201	3252	3463	3672	4006
4050	4185	4374	4566	4972	4994	5130	5293	5346	5409
5477									

NACHTRAG / ДОПОЛНЕНИЯ / ADDENDA / APPENDICE

6528	6529	6552	6560	6561	6568	6569	6574	6599	6613
6621	6624	6629	6641	6649	6654	6660	6661	6663	6669
6680	6685	6700	6709	6733	6740	6742	6744	6763	6779
6784	6785	6787	7523	7524					

1.1. ERZEUGUNG DER KORRELATIONSMATRIX BZW. VON ANDEREN ZUSAMMENHANGSMASZEN (ÄHNLICHKEITSMASZE, DISTANZMASZE, KONKORDANZKOEFFIZIENTEN USW.) /ПОРОЖДЕНИЕ КОРРЕЛЯЦИОННОЙ МАТРИЦЫ ИЛИ ДРУГИХ МЕР СВЯЗНОСТИ [СХОДСТВА, РАССТОЯНИЯ, КОЭФФИЦИЕНТА СООТВЕТСТВИЙ И ДР.]/ CALCULATION OF THE CORRELATION MATRIX AND OTHER MEASURES OF RELATIONSHIP (SIMILARITY, CONCORDANCE, DISTANCE ETC.) / CALCULATION DE LA MATRICE DE CORRÉLATION, RESP. D'AUTRES MESURES DE CONNEXION (INDICE DE SIMILARITÉ, COEFFICIENTS DE DISTANCE, COEFFICIENTS DE PROXIMITÉ, ETC.)

33	43	45	49	76	88	197	225	227	228
236	280	305	349	470	508	511	513	562	589
620	632	716	769	810	854	924	973	975	976
1016	1084	1093	1115	1142	1144	1180	1183	1233	1244
1282	1584	1703	1933	1948	1949	1951	1964	2045	2108
2128	2139	2146	2156	2182	2209	2295	2296	2297	2299
2300	2330	2333	2336	2337	2405	2491	2497	2507	2508
2532	2560	2667	2733	2750	2751	2761	2781		

NACHTRAG / ДОПОЛНЕНИЯ / ADDENDA / APPENDICE

6702

1.2. KOMMUNALITÄTENSCHÄTZPROBLEM / ПРОБЛЕМА ОЦЕНКИ ОБЩНОСТЕЙ / ESTIMATION OF COMMUNALITY / ESTIMATION DES COMMUNALITÊS

45	49	217	368	497	538	580	640	657	658
1004	1006	1007	1008	1132	1251	1273	1274	1288	1316
1360	1364	1367	1368	1371	1403	1568	1665	1743	1748
1779	1780	1786	1836	1959	1960	2107	2125	2260	2390
2459	2531	2588	2704	2808	2813				

1.3. FAKTOREXTRAKTION / ВЫВЕДЕНИЕ ФАКТОРОВ / EXTRACTION OF FACTORS OR COMPONENTS (FACTOR LOADINGS) / EXTRACTION DES FACTEURS

41	42	44	45	46	49	60	63	69	73
77	80	125	152	177	202	205	206	236	268
271	275	346	347	356	371	373	404	411	497
521	523	524	562	573	621	627	628	632	642
677	678	679	711	716	759	760	810	831	832
833	836	837	851	852	856	862	878	893	898
899	906	915	920	924	930	963	966	1005	1009
1015	1016	1055	1058	1064	1070	1071	1072	1083	1098
1120	1130	1131	1132	1138	1139	1140	1142	1144	1160
1171	1178	1203	1206	1213	1218	1226	1234	1242	1248
1273	1275	1288	1305	1306	1321	1328	1335	1336	1338
1348	1354	1368	1375	1419	1486	1530	1536	1537	1538
1541	1544	1547	1548	1551	1566	1572	1578	1604	1606
1657	1742	1743	1779	1786	1814	1835	1885	1913	1924
1932	1959	1960	1961	1987	1994	2003	2004	2089	2108
2146	2209	2295	2318	2319	2330	2380	2426	2508	2519
2559	2560	2565	2584	2588	2663	2675	2698	2701	2702
2703	2715	2731	2757	2792	2804	2826	2829	4732	

NACHTRAG / ДОПОЛНЕНИЯ / ADDENDA / APPENDICE

6566	6623	6678	6713

1.4. ROTATION (TRANSFORMATION) / ВРАЩЕНИЕ [ПРЕОБРАЗОВАНИЕ]
ROTATION (TRANSFORMATION) / ROTATION (TRANSFORMATION)

1	29	35	39	45	94	97	99	123	124
159	209	268	276	277	279	297	320	323	337
339	345	363	364	373	377	392	403	418	425
427	430	431	494	495	501	520	528	557	559
560	577	581	627	642	647	650	651	652	678
682	683	722	727	732	760	761	777	778	779
787	809	817	825	827	835	857	870	877	882
901	922	923	936	951	959	977	978	984	1022
1023	1024	1025	1026	1027	1028	1029	1040	1060	1068
1069	1080	1081	1082	1090	1099	1112	1119	1123	1124
1136	1137	1138	1139	1162	1224	1227	1231	1232	1241
1255	1271	1281	1309	1313	1322	1323	1329	1331	1361
1362	1363	1365	1366	1376	1401	1402	1404	1407	1471
1493	1494	1507	1525	1550	1567	1640	1645	1763	1787
1788	1836	1837	1838	1842	1845	1847	1875	1879	1883
1892	1895	1923	1947	1979	1991	2003	2025	2066	2078
2105	2116	2117	2118	2119	2159	2165	2172	2175	2177
2179	2180	2206	2217	2219	2220	2222	2222a	2267	2289
2292	2318	2393	2419	2469	2480	2481	2498	2501	2516
2517	2523	2530	2561	2567	2653	2655	2705	2707	2713
2723	2751	2763	2803	2811	2821	2822	2843	2844	2851
2862	2872	2879	2899	2928	2968				

NACHTRAG / ДОПОЛНЕНИЯ / ADDENDA / APPENDICE

6586	6617	6638	6665	6666	6689	6714	6715	6721	6743
6778	7368								

1.5. **FAKTORWERTSCHÄTZUNG, STATISTISCHE TESTS, VALIDIERUNG, INTERPRETATIONSMÖGLICHKEITEN /ОЦЕНКА ЗНАЧЕНИЙ ФАКТОРОВ, СТАТИСТИЧЕСКИЕ ПРОВЕРКИ, ПРИЗНАНИЕ ВЫБОРКИ СВОБОДНОЙ ОТ СУБЪЕКТИВНЫХ ФАКТОРОВ [ВАЛИДАЦИЯ], ВОЗМОЖНОСТИ ИНТЕРПРЕТАЦИИ /ESTIMATION OF FACTOR SCORES, STATISTICAL TESTS, VALIDATION, INTERPRETATION OF RESULTS / ESTIMATION DES VALEURS DE FACTEUR, TESTS STATISTIQUES, VALIDITÊ, POSSIBILITÊS D'INTERPRÊTATION**

34	43	45	56	60	77	79	80	83	108
116	123	126	130	134	140	141	142	145	146
151	152	157	160	165	173	175	178	179	210
211	226	249	268	269	329	331	332	333	342
348	357	369	372	382	383	390	393	395	396
402	407	410	424	426	433	438	441	452	575
584	603	604	614	617	618	620	621	622	627
632	638	641	652	656	665	673	676	677	679
681	700	704	716	722	726	727	734	757	758
759	772	780	784	799	800	803	804	807	818
831	833	851	852	854	855	871	893	898	912
913	979	980	1009	1028	1041	1055	1093	1095	1121
1125	1140	1160	1210	1212	1215	1216	1217	1264	1314
1329	1342	1369	1373	1374	1383	1385	1415	1425	1463
1543	1545	1551	1589	1605	1612	1669	1674	1688	1722
1730	1736	1762	1786	1789	1790	1832	1857	1876	1881
1887	1923	1925	1959	1961	1988	1990	1993	1994	2025
2027	2028	2031	2040	2077	2100	2112	2211	2221	2275
2292	2293	2319	2370	2372	2396	2421	2463	2471	2518
2538	2556	2557	2574	2584	2588	2593	2641	2652	2664
2665	2676	2691	2693	2701	2702	2719	2810	2828	2878

NACHTRAG / ДОПОЛНЕНИЯ /ADDENDA / APPENDICE

6566 6707 6713

2. PSYCHOLOGIE, PÄDAGOGIK / ПСИХОЛОГИЯ - ПЕДАГОГИКА / PSYCHOLOGY, PEDAGOGY / PSYCHOLOGIE, PÊDAGOGIE

232	297	313	391	439	494	572	574	606	615
632	706	1113	2237	2243	2527	2539	2644		

2.1. PSYCHOMETRIE / ПСИХОМЕТРИКА / PSYCHOMETRICS / PSYCHOMÊTRIE

10	17	29	38	49	58	62	73	88	90
96	103	116	122	130	143	148	150	158	160
161	168	169	175	177	178	198	202	203	209
210	211	212	219	236	238	248	256	269	271
274	277	278	314	318	319	322	323	324	327
329	331	332	333	338	339	348	352	356	357
358	360	363	364	366	368	373	376	377	381
382	383	392	393	403	404	409	410	411	416
417	418	422	424	425	427	428	430	431	436
441	442	445	453	457	459	467	485	486	487
488	491	492	498	499	504	521	523	528	537
542	544	546	554	567	575	576	584	598	599
601	602	612	614	633	642	647	650	651	652
653	664	667	671	672	673	675	678	679	701
705	710	716	719	729	732	734	735	748	749
750	758	760	771	776	777	778	779	780	798
803	804	809	813	822	823	824	825	826	829
831	834	835	837	840	856	862	863	864	872
873	874	875	876	879	880	881	882	883	884
885	886	887	888	894	899	907	909	912	913
917	918	920	922	930	935	937	938	943	949
960	961	962	963	965	966	967	968	969	972
975	976	978	982	986	988	993	994	995	996
997	998	999	1000	1001	1002	1003	1005	1009	1010
1011	1012	1013	1014	1031	1035	1040	1041	1042	1044
1053	1054	1056	1057	1059	1060	1061	1063	1064	1065

1066	1067	1071	1072	1075	1081	1082	1083	1084	1085
1086	1087	1088	1089	1090	1091	1092	1094	1095	1098
1102	1117	1119	1120	1121	1136	1141	1142	1143	1144
1145	1151	1163	1164	1165	1169	1170	1171	1176	1180
1183	1185	1186	1190	1192	1193	1194	1195	1196	1197
1198	1199	1200	1201	1202	1204	1205	1206	1207	1209
1210	1211	1216	1217	1218	1222	1226	1227	1229	1230
1235	1236	1237	1245	1246	1251	1252	1256	1257	1260
1261	1262	1268	1269	1281	1293	1309	1311	1321	1327
1328	1332	1334	1335	1336	1337	1346	1348	1351	1352
1353	1354	1369	1376	1377	1378	1379	1380	1381	1382
1386	1388	1389	1390	1395	1415	1420	1421	1425	1440
1455	1462	1464	1469	1479	1490	1492	1500	1503	1514
1515	1524	1526	1527	1539	1540	1543	1559	1561	1562
1573	1578	1580	1581	1582	1588	1589	1596	1602	1603
1605	1610	1614	1618	1621	1622	1623	1624	1626	1629
1635	1638	1641	1642	1651	1657	1661	1664	1666	1669
1683	1696	1698	1699	1701	1702	1716	1717	1718	1720
1721	1723	1724	1725	1726	1727	1728	1729	1731	1733
1734	1735	1741	1744	1749	1758	1762	1764	1766	1767
1769	1771	1779	1783	1789	1790	1807	1813	1814	1829
1840	1842	1843	1846	1852	1862	1866	1873	1877	1878
1882	1884	1887	1889	1896	1900	1904	1905	1907	1911
1917	1918	1941	1943	1944	1945	1954	1955	1956	1965
1975	1976	1977	1978	1990	2012	2043	2048	2058	2071
2072a	2073	2074	2075	2077	2086	2087	2098	2099	2100
2112	2115	2116	2117	2118	2119	2122	2126	2127	2136
2137	2156	2164	2165	2171	2173	2182	2201	2206	2207
2221	2238	2263	2264	2273	2275	2277	2294	2296	2297
2298	2308	2315	2317	2320	2323	2324	2325	2334	2338
2339	2340	2341	2342	2343	2344	2345	2346	2347	2348
2349	2350	2351	2352	2353	2354	2355	2356	2357	2358
2362	2373	2380	2381	2382	2383	2384	2385	2386	2387
2390	2409	2416	2420	2421	2426	2428	2429	2430	2431
2432	2433	2434	2435	2436	2437	2438	2439	2440	2441
2442	2443	2444	2445	2446	2447	2448	2449	2450	2451

2452	2453	2466	2471	2474	2476	2477	2486	2488	2489
2490	2496	2499	2500	2504	2507	2508	2509	2510	2511
2512	2513	2514	2515	2518	2521	2522	2525	2526	2529
2532	2538	2542	2546	2549	2558	2563	2564	2566	2568
2569	2570	2571	2572	2575	2576	2577	2579	2580	2581
2582	2593	2596	2619	2624	2630	2649	2652	2654	2673
2677	2693	2706	2709	2713	2717	2722	2747	2752	2756
2757	2768	2771	2790	2792	2794	2795	2796	2797	2799
2802	2805	2811	2875	2899	2937	2938	2954	2955	2971
3092	3156	3889	4012	4089	4594	4760	4961		

NACHTRAG / ДОПОЛНЕНИЯ / ADDENDA / APPENDICE

6540	6554	6562	6583	6593	6624	6641	6646	6650	6652
6654	6669	6677	6685	6686	6694	6705	6706	6710	6716
6720	6739	6744	6756	6759	6770	6781	6785		

2.2. ENTWICKLUNGSPSYCHOLOGIE / ВОЗРАСТНАЯ ПСИХОЛОГИЯ / DEVELOPMENTAL PSYCHOLOGY / PSYCHOLOGIE DU DÉVELOPPEMENT

8	109	166	290	291	298	300	310	318	321
353	354	361	378	388	389	399	405	429	546
600	611	612	646	781	905	964	992	1088	1526
1625	1713	1714	1765	1796	1850	1851	1857	1880	2083
2109	2176	2378	2551	2679	2680	2681	3306	3318	3322
3338	3369	3416	3420	3422	3430	3524	3548	3554	3561
3576	3622	3673	3681	3689	3744	3868	3879	3908	3975
4080	4105	4160	4213	4225	4267	4278	4293	4298	4330
4343	4413	4420	4423	4497	4505	4507	4513	4540	4559
4585	4623	4637	4692	4698	4715	4722	4738	4786	4789
4799	4832	4914	4929	5027					

NACHTRAG / ДОПОЛНЕНИЯ / ADDENDA / APPENDICE

6655

2.3. ERZIEHUNGSPSYCHOLOGIE / ПЕДАГОГИЧЕСКАЯ ПСИХОЛОГИЯ / EDUCATIONAL PSYCHOLOGY / PSYCHOLOGIE DE L'ÉDUCATION

61	99	102	105	108	120	129	131	164	180
224	246	247	276	289	300	302	303	304	305
306	308	309	310	311	334a	337	341	362	372
406	450	460	471	479	481	496	503	514	516
543	549	555	565	566	605	609	610	626	640
643	654	674	691	692	693	702	709	723	728
756	781	790	811	815	816	817	818	934	940
942	948	959	985	986	991	1030	1032	1033	1034
1037	1063	1127	1129	1148	1159	1168	1195	1205	1219
1221	1223	1225	1228	1239	1260	1266	1267	1270	1272
1274	1276	1284	1300	1301	1302	1303	1308	1314	1319
1320	1341	1344	1353	1357	1405	1410	1412	1413	1417
1422	1437	1438	1439	1445	1452	1461	1472	1476	1477
1485	1498	1508	1519	1528	1530	1531	1574	1576	1586
1597	1599	1611	1613	1614	1620	1624	1625	1628	1647
1648	1660	1673	1679	1680	1687	1688	1697	1703	1712
1738	1747	1759	1775	1777	1791	1812	1816	1834	1839
1844	1849	1856	1876	1898	1904	1907	1916	1919	1920
1921	1934	1940	1952	1962	1967	1968	1973	1993	2033
2046	2051	2061	2063	2064	2081	2103	2106	2126	2131
2148	2151	2153	2154	2188	2235	2241	2242	2262	2282
2284	2286	2309	2324	2335	2359	2375	2379	2391	2417
2459	2460	2466	2479	2483	2492	2493	2494	2495	2500
2502	2503	2534	2535	2544	2545	2550	2573	2610	2611
2646	2669	2672	2674	2687	2700	2710	2718	2720	2755
2772	2793	2798	2812	2840	2867	2915	3301	3316	3321
3326	3327	3330	3345	3346	3348	3354	3356	3362	3366
3389	3393	3399	3406	3408	3489	3491	3501	3505	3516
3519	3523	3551	3554	3560	3562	3563	3584	3603	3607
3635	3640	3641	3645	3654	3656	3658	3659	3674	3676
3678	3697	3702	3712	3713	3731	3732	3733	3770	3780
3803	3804	3805	3806	3807	3808	3817	3824	3833	3847

3855	3856	3885	3886	3895	3904	3907	3909	3915	3916
3919	3922	3985	3986	3987	3996	4007	4022	4023	4027
4038	4045	4056	4074	4082	4088	4090	4099	4117	4125
4128	4157	4179	4187	4188	4194	4203	4210	4219	4221
4226	4271	4272	4276	4285	4300	4301	4302	4306	4308
4329	4331	4333	4361	4363	4364	4365	4381	4399	4406
4417	4427	4430	4436	4449	4460	4464	4473	4477	4481
4486	4490	4491	4492	4493	4502	4504	4521	4522	4523
4524	4549	4554	4562	4563	4564	4565	4577	4582	4588
4597	4599	4600	4602	4612	4652	4665	4678	4686	4710
4716	4740	4761	4768	4773	4778	4788	4798	4800	4816
4818	4823	4834	4835	4836	4840	4852	4895	4896	4902
4905	4912	4915	4917	4932					

NACHTRAG / ДОПОЛНЕНИЯ / ADDENDA / APPENDICE

6533	6536	6549	6564	6619	6625	6662	6667	6673	6752
6769	6771	6773							

2.4. ANGEWANDTE PSYCHOLOGIE / ПРИКЛАДНАЯ ПСИХОЛОГИЯ / APPLIED PSYCHOLOGY / PSYCHOLOGIE APPLIQUÊE

12	30	54	81	100	101	111	112	113	118
127	133	139	144	171	172	181	184	195	207
218	223	226	227	228	229	235	240	241	242
244	244a	245	249	255	259	266	267	274	286
315	365	367	380	432	458	474	480	532	534
543	550	551	552	553	577	622	629	649	655
656	668	694	704	717	718	725	726	762	763
767	774	775	794	797	806	820	821	828	865
905	967	979	1018	1044	1046	1053	1062	1077	1079
1104	1106	1108	1111	1116	1127	1133	1154	1191	1214
1220	1250	1264	1278	1286	1310	1317	1345	1347	1385
1391	1399	1436	1453	1457	1461	1466	1470	1480	1488
1506	1508	1518	1552	1553	1554	1555	1556	1564	1583

1598	1612	1633	1637	1647	1654	1671	1676	1704	1749
1765	1774	1778	1785	1799	1815	1818	1819	1831	1834
1858	1860	1861	1864	1865	1880	1902	1921	1926	1953
1963	1966	1974	1980	1981	1982	1984	1986	1995	1996
2006	2008	2018	2019	2020	2021	2024	2028	2029	2034
2048	2054	2065	2072	2099	2102	2104	2111	2124	2129
2134	2135	2138	2140	2141	2147	2149	2150	2158	2168
2181	2191	2192	2195	2202	2203	2204	2208	2210	2211
2213	2223	2224	2227	2228	2236	2249	2271	2272	2278
2281	2285	2302	2303	2313	2335	2365	2366	2370	2394
2397	2399	2422	2463	2473	2475	2505	2506	2524	2535
2575	2589	2594	2612	2613	2616	2627	2640	2648	2663
2671	2678	2683	2685	2686	2690	2699	2700	2718	2739
2748	2749	2754	2758	2760	2762	2773	2774	2780	2787
2807	2859	2961	2975	3044	3303	3314	3328	3329	3381
3387	3391	3392	3411	3439	3440	3441	3466	3515	3582
3628	3642	3644	3682	3684	3703	3724	3734	3745	3758
3786	3787	3801	3816	3836	3871	3872	3888	3897	3912
3918	3926	3962	3990	3998	3999	4005	4072	4081	4085
4119	4123	4164	4207	4216	4265	4292	4309	4352	4357
4379	4384	4396	4401	4403	4404	4405	4416	4442	4443
4444	4510	4520	4533	4560	4590	4591	4605	4620	4621
4638	4674	4702	4767	4850	4897	4901	4903	4904	4923
4924	4965a	4981	5102						

NACHTRAG / ДОПОЛНЕНИЯ / ADDENDA / APPENDICE

6530	6534	6554	6555	6567	6570	6573	6582	6594	6600
6601	6607	6608	6620	6626	6627	6631	6635	6647	6650
6651	6653	6658	6675	6679	6681	6724	6734	6737	6741
6745	6753	6761	6774	6780					

2.5. SOZIALPSYCHOLOGIE/ СОЦИАЛЬНАЯ ПСИХОЛОГИЯ / SOCIAL PSYCHOLOGY / PSYCHOLOGIE SOCIALE

15	28	40	52	79	92	93	94	100	149
154	164	166	201	234	239	244	246	253	254
284	286	294	295	296	335	340	350	355	384
387	397	419	432	437	451	456	463	465	480
516	526	534	539	608	631	648	649	691	699
746	752	753	759	763	786	789	811	847	867
895	900	904	919	931	945	970	981	1010	1018
1036	1077	1078	1114	1116	1117	1166	1167	1214	1263
1272	1343	1408	1416	1441	1442	1465	1466	1475	1484
1509	1510	1517	1551	1619	1630	1631	1648	1656	1672
1715	1732	1738	1745	1770	1797	1803	1853	1859	1890
1931	1936	1937	1938	1939	1969	2000	2001	2022	2036
2050	2062	2067	2068	2069	2070	2101	2160	2161	2169
2174	2181	2189	2311	2361	2367	2375	2392	2393	2398
2399	2400	2406	2410	2423	2460	2534	2585	2631	2695
2740	2744	2753	2765	3302	3319	3360	3401	3409	3412
3423	3424	3425	3459	3465	3476	3526	3557	3571	3579
3643	3661	3687	3725	3726	3735	3737	3748	3753	3756
3761	3763	3772	3773	3777	3793	3810	3818 3819 3846 3848		
3853	3865	3867	3882	3887	3890	3896	3911	3917	3921
3924	3978	3991	3993	3994	4002	4014	4016	4018	4052
4053	4054	4118	4126	4136	4148	4149	4153	4181	4182
4190	4222	4268	4282	4286	4334	4339	4345	4410	4414
4438	4440	4446	4459	4461	4482	4485	4496	4503	4511
4532	4542	4543	4576	4592	4606	4608	4643	4684	4685
4704	4725	4746	4747	4811	4814	4838	4841	4843	4867
4908	4919								

NACHTRAG / ДОПОЛНЕНИЯ / ADDENDA / APPENDICE

6563	6565	6571	6580	6585	6596	6598	6632	6656	6696
6768	6777	6788							

2.6. KOGNITIVE PROZESSE, MOTIVATION, WAHRNEHMUNG / ПРОЦЕССЫ РАСПОЗНАВАНИЯ, МОТИВАЦИЯ, ВОСПРИЯТИЕ / COGNITIVE PROCESSES, MOTIVATION, PERCEPTION / PROCÈS COGNITIFS, MOTIVATION, PERCEPTION

9	31	84	85	95	139	155	156	161	247
326	475	483	489	506	547	564	565	623	741
793	795	796	814	839	946	974	1035	1051	1317
1325	1439	1599	1711	1719	1746	1756	1770	1776	1784
1792	1798	1818	1819	1841	1854	1897	1909	1958	2002
2017	2035	2036	2110	2154	2248	2253	2265	2305	2307
2316	2396	2415	2422	2487	2495	2503	2506	2520	2537
2656	2691	2716	2898	3309	3320	3341	3353	3379	3380
3383	3510	3512	3521	3558	3609	3619	3621	3646	3650
3717	3736	3738	3752	3765	3800	3849	3883	4000	4001
4035	4073	4124	4152	4161	4172	4349	4354	4370	4411
4439	4454	4465	4512	4528	4639	4641	4647	4653	4658
4688	4735	4790	4816	4928					

NACHTRAG / ДОПОЛНЕНИЯ / ADDENDA / APPENDICE

6578	6592	6604	6606	6609	6610	6633	6637	6643	6648
6668	6672	6758	6761	6786					

2.7. KLINISCHE PSYCHOLOGIE / КЛИНИЧЕСКАЯ ПСИХОЛОГИЯ / CLINICAL PSYCHOLOGY / PSYCHOLOGIE CLINIQUE

3	6	36	54	55	57	59	78	86	107
134	162	163	173	174	195	206	218	234	285
289	292	294	317	342	351	360	370	374	390
398	402	412	413	421	444	454	455	507	517
518	549	555	564	594	613	661	669	681	693
695	730	737	738	742	745	754	765	768	774
786	789	798	830	889	890	903	911	914	932
933	935	949	952	955	956	957	958	989	1016

1036	1052	1097	1100	1105	1107	1108	1111	1114	1118
1147	1150	1153	1155	1156	1158	1177	1181	1182	1189
1255	1258	1259	1263	1265	1280	1315	1347	1408	1409
1411	1414	1446	1456	1478	1479	1480	1483	1511	1558
1575	1585	1598	1601	1632	1634	1636	1652	1659	1677
1681	1686	1687	1740	1757	1781	1795	1800	1817	1838
1849	1863	1881	1888	1894	1899	1901	1926	1928	1972
2051	2053	2082	2092	2123	2124	2132	2140	2141	2149
2157	2162	2170	2178	2194	2210	2224	2226	2257	2258
2259	2266	2309	2326	2363	2364	2365	2367	2368	2369
2371	2377	2401	2402	2410	2557	2578	2602	2603	2637
2639	2647	2657	2666	2688	2759	2764	2774	2775	2776
2782	2800	2847	2886	2907	2910	2942	2949	2970	3307
3332	3336	3364	3382	3390	3394	3395	3404	3431	3436
3451	3473	3477	3478	3479	3480	3481	3552	3556	3572
3580	3596	3600	3604	3617	3618	3623	3624	3627	3657
3662	3665	3686	3698	3714	3715	3719	3722	3730	3742
3747	3749	3751	3760	3769	3774	3779	3794	3798	3820
3821	3822	3823	3832	3852	3859	3864	3866	3901	3903
3906	3961	3979	3980	4003	4021	4025	4036	4037	4075
4079	4084	4100	4101	4104	4108	4134	4135	4136	4137
4139	4140	4143	4144	4150	4163	4168	4174	4178	4180
4189	4199	4209	4218	4220	4224	4261	4264	4274	4275
4288	4290	4291	4325	4335	4336	4337	4338	4341	4342
4360	4375	4376	4377	4382	4395	4400	4407	4412	4418
4419	4422	4429	4431	4437	4450	4451	4452	4455	4457
4470	4471	4472	4476	4483	4495	4501	4509	4527	4529
4530	4561	4574	4578	4579	4584	4593	4596	4598	4613
4615	4616	4630	4631	4632	4646	4648	4649	4656	4676
4677	4679	4680	4681	4682	4687	4691	4696	4697	4709
4712	4713	4720	4728	4729	4739	4744	4774	4776	4785
4791	4797	4802	4819	4822	4839	4851	4884	4885	4886
4887	4888	4889	4890	4891	4892	4893	4894	4906	4925
4927	5101								

NACHTRAG / ДОПОЛНЕНИЯ / ADDENDA / APPENDICE

6545	6547	6558	6577	6605	6614	6615	6622	6644	6645
6670	6683	6687	6690	6693	6717	6735	6738	6772	6782

2.8. PERSÖNLICHKEIT / ЛИЧНОСТЬ / PERSONALITY / PERSONNALITÊ

4	8	11	18	37	75	91	92	93	104
110	114	115	127	133	144	151	155	165	171
172	176	204	259	265	266	325	328	354	359
367	375	376	379	385	386	394	395	396	400
401	405	406	407	408	414	415	420	423	434
440	443	446	447	448	449	462	464	476	482
490	493	507	509	510	512	515	517	518	519
522	525	529	537	550	591	603	626	630	644
645	655	668	670	674	681	695	703	718	723
731	733	736	739	740	751	763	767	791	792
848	868	869	917	947	953	954	971	973	1037
1038	1134	1154	1179	1220	1238	1253	1254	1277	1278
1291	1400	1418	1436	1457	1470	1473	1496	1521	1533
1565	1632	1633	1639	1655	1663	1667	1675	1682	1888
1897	1927	1942	1945	1970	1971	2010	2016	2026	2055
2056	2076	2079	2080	2084	2094	2129	2174	2176	2183
2187	2193	2196	2208	2212	2225	2256	2261	2310	2372
2374	2412	2470	2472	2474	2482	2513	2543	2587	2601
2614	2629	2658	2661	2668	2696	2697	2738	2741	2742
2743	2783	2798	2833	2834	2835	2846	2874	2887	2901
3308	3311	3312	3317	3325	3337	3342	3344	3351	3352
3365	3377	3378	3384	3385	3386	3400	3407	3410	3415
3426	3428	3429	3437	3438	3455	3456	3464	3472	3482
3484	3487	3488	3504	3525	3530	3531	3532	3533	3534
3535	3536	3537	3538	3539	3540	3541	3542	3543	3544
3545	3546	3547	3549	3559	3569	3570	3574	3575	3599
3615	3621	3638	3639	3649	3651	3652	3660	3663	3666

3670	3690	3741	3746	3762	3771	3775	3776	3790	3797
3812	3813	3825	3850	3854	3858	3876	3884	3914	3936
3942	3953	3973	3983	3992	4008	4009	4015	4017	4019
4020	4024	4039	4055	4076	4077	4078	4083	4086	4087
4107	4111	4121	4127	4129	4130	4131	4132	4133	4138
4141	4145	4146	4158	4184	4186	4196	4198	4206	4215
4266	4269	4273	4279	4283	4284	4305	4324	4326	4340
4344	4350	4351	4353	4362	4372	4378	4383	4391	4397
4415	4428	4434	4435	4453	4466	4474	4484	4487	4506
4526	4534	4539	4550	4555	4573	4580	4581	4595	4607
4614	4624	4627	4633	4636	4650	4651	4666	4673	4675
4683	4689	4693	4698	4699	4703	4707	4711	4731	4734
4737	4738	4745	4765	4766	4781	4782	4812	4813	4815
4827	4828	4829	4830	4837	4842	4844	4847	4848	4869
4879	4880	4881	4882	4883	4909	4910	4911	4918	4926
4931									

NACHTRAG / ДОПОЛНЕНИЯ / ADDENDA / APPENDICE

6537	6538	6539	6541	6542	6546	6550	6556	6557	6576
6609	6612	6630	6636	6639	6642	6651	6659	6676	6695
6703	6704	6708	6723	6725	6727	6732	6747	6748	6749
6751	6762	6765	6767	6775					

3. BIOLOGIE / БИОЛОГИЯ / BIOLOGY / BIOLOGIE

87	121	183	595	663	783	808	939	1135	1392
1393	2332								

3.1. BIOMETRIE / БИОМЕТРИКА / BIOMETRICS / BIOMÉTRIE

850	1349	1617	1692	1739	1793	1941	1999	2044	2113
2133	2214	2229	2321	2322	2662	2873	2911	5084	

NACHTRAG / ДОПОЛНЕНИЯ / ADDENDA / APPENDICE

6553 6613

3.2. BOTANIK / БОТАНИКА / BOTANY / BOTANIQUE

283 585 845 916 1049 1173 1175 1535 1608 1874
1946 1997 2133 2146 2330 2599 2711 2911 2984 3335

NACHTRAG / ДОПОЛНЕНИЯ / ADDENDA / APPENDICE

6603 6671

3.3. ZOOLOGIE / ЗООЛОГИЯ / ZOOLOGY / ZOOLOGIE

58 283 925 928 929 1157 1358 1557 1692 1751
1772 2038 2085 2276 2306 2312 2454 2455 2456 2478
2819 2871 2984 3529 3601 4432 5083

NACHTRAG / ДОПОЛНЕНИЯ / ADDENDA / APPENDICE

6553 6755

3.4. GENETIK, BIOPHYSIK / ГЕНЕТИКА - БИОФИЗИКА / GENETICS, BIOPHYSICS / GÉNÉTIQUE, BIOPHYSIQUE

845 1358 1710 1761 2016 2059 2146 2330 2464 2468
4640

NACHTRAG / ДОПОЛНЕНИЯ / ADDENDA / APPENDICE

6618 6699

3.5. ÖKOLOGIE, UMWELT / ЭКОЛОГИЯ [ОКРУЖАЮЩАЯ СРЕДА] / ECOLOGY, ENVIRONMENT / ECOLOGIE, ENVIRONNEMENT

48 132 191 193 261 273 301 582 635 1073
1152 1279 1874 1992 2205 2312 2461 2599 2642 2645
2984

NACHTRAG / ДОПОЛНЕНИЯ / ADDENDA / APPENDICE

6746

4. MEDIZIN / МЕДИЦИНА / MEDICINE / MÊDECINE

7 59 76 112 208 213 214 215 258 263
264 282 315 317 343 344 391 484 531 533
570 579 661 669 670 706 714 743 744 772
788 812 866 910 911 925 939 943 1031 1034
1052 1109 1112 1135 1181 1182 1184 1188 1249 1259
1264 1265 1287 1295 1301 1313 1318 1340 1392 1394
1441 1474 1501 1532 1559 1571 1590 1591 1636 1668
1678 1694 1705 1706 1707 1713 1714 1740 1752 1753
1754 1755 1760 1800 1855 1859 1873 1902 1903 1910
1922 1934 1953 1967 1968 1972 1998 2023 2093 2158 2159
2196 2228 2235 2254 2268 2279 2327 2329 2366 2388
2389 2401 2407 2418 2467 2485 2524 2536 2590 2591
2595 2606 2592 2607 2644 2670 2679 2680 2681 2682
2683 2684 2685 2686 2692 2736 2745 2818 2823 2830
2831 2852 3376 3591 3672 5356 6110

NACHTRAG / ДОПОЛНЕНИЯ / ADDENDA / APPENDICE

6581 6595 6605 6640 6653 6687 6728

5. LAND- UND FORSTWIRTSCHAFT / СЕЛЬСКОЕ ХОЗЯЙСТВО - ЛЕСНОЕ ХОЗЯЙСТВО / AGRICULTURE AND FORESTRY / AGRICULTURE ET SYLVICULTURE

117	261	582	634	712	720	721	802	1019	1043
1047	1123	1124	1125	1152	1174	1427	1592	1593	1594
1793	1804	1805	1806	1914	1935	2021	2059	2095	2597
2600	2650	2651	2832	2860					

NACHTRAG / ДОПОЛНЕНИЯ / ADDENDA / APPENDICE

6760

6. GESELLSCHAFTSWISSENSCHAFTEN, SPORT. MUSIK UND KUNST / ОБЩЕСТВЕННЫЕ НАУКИ, ФИЗИЧЕСКАЯ КУЛЬТУРА, МУЗЫКА, ИСКУССТВО / SOCIAL SCIENCES, SPORTS, MUSIC, ARTS / SCIENCES SOCIALES, SPORT, MUSIQUE, BEAUX-ARTS

391

NACHTRAG / ДОПОЛНЕНИЯ / ADDENDA / APPENDICE

6531

6.1. ÖKONOMIE (ALLGEMEIN) /ЭКОНОМИКА [ОБЩАЯ] / ECONOMICS (GENERAL) / ECONOMIE (GÊNÊRALITÊS)

117	186	187	188	189	221	222	260	571	607
634	690	697	712	720	721	755	785	788	802
805	891	926	1039	1043	1045	1047	1123	1125	1187
1247	1304	1356	1427	1454	1491	1563	1592	1593	1594
1752	1753	1754	1755	1778	1782	1804	1805	1806	1833
1908	1914	1929	1935	2005	2007	2008	2024	2032	2049
2057	2060	2093	2095	2190	2198	2199	2200	2216	2233

2234 2246 2270 2360 2404 2458 2597 2605 2616 2621
2634 2635 2638 2659 2779 2832 2841 2842 2850 2888
2904 2959 2965 6014 6253

NACHTRAG / ДОПОЛНЕНИЯ / ADDENDA / APPENDICE

6531 6559 6572 6712 6760 7477 7510

6.1.1. ÖKONOMETRIE / ЭКОНОМЕТРИКА / ECONOMETRICS / ECONOMÊTRIE

19 20 21 22 23 24 25 26 27 32
69 106 136 137 194 220 270 299 569 586
587 588 636 637 684 685 688 689 697 853
859 907 921 1149 1447 1448 1449 1450 1451 1458
1467 1513 1653 1691 1773 1794 1821 1822 1823 1824
1825 1826 1827 1892 1915 2052 2090 2091 2244 2245
2252 2283 2403 2462 2728 2729 2730 2770 2890 2952
3010

NACHTRAG / ДОПОЛНЕНИЯ / ADDENDA / APPENDICE

6660 6729

6.1.2. BETRIEBSWIRTSCHAFT / ЭКОНОМИКА ПРОМЫШЛЕННОГО ПРЕДПРИЯТИЯ /BUSINESS ECONOMICS / ECONOMIE DE L'ENTREPRISE (MICRO-ÊCONOMIE)

684 921 1039 2606 2607 5115

6.1.3. VOLKSWIRTSCHAFT, FINANZEN / НАРОДНОЕ ХОЗЯЙСТВО - ФИНАНСЫ / NATIONAL ECONOMY, PUBLIC FINANCE / ECONOMIE NATIONALE, FINANCES

19 20 21 22 23 24 25 26 32 136
137 194 260 270 472 569 685 688 689 859
1149 1448 1450 1491 1513 1653 1750 1794 1821 1822
1823 1824 1825 1826 1827 1992 2057 2090 2091 2096
2097 2620 2726 2727 2729 2730 2839

6.1.4. MARKTFORSCHUNG (MARKETING) / ИССЛЕДОВАНИЯ РЫНКА [СБЫТ] / MARKETING / ETUDE DE MARCHÊS (MARKETING)

47 118 801 1050 1307 1391 1453 1690 1691 1963
1986 2269 2397 2586 5146 5150

NACHTRAG / ДОПОЛНЕНИЯ / ADDENDA / APPENDICE

6548 6602 6804

6.1.5. WIRTSCHAFTSGESCHICHTE. GESCHICHTE. ARCHÄOLOGIE, ANTHROPOLOGIE / ЭКОНОМИЧЕСКАЯ ИСТОРИЯ [ИСТОРИЯ, АРХЕОЛОГИЯ, АНТРОПОЛОГИЯ] / ECONOMIC HISTORY, HISTORY, ARCHEOLOGY, ANTHROPOLOGY / HISTOIRE ÉCONOMIQUE, HISTOIRE, ARCHÊOLOGIE

52 469 624 625 800 838 924 1459 2152 2163
2209 2232 2408

NACHTRAG / ДОПОЛНЕНИЯ / ADDENDA / APPENDICE

6579 6736

6.1.6. **DEMOGRAPHIE / ДЕМОГРАФИЯ / DEMOGRAPHY / DÉMOGRAPHIE**

72 252 287 1019 1122 1279 1569 1570 2205 2424
2425 2461 4050

NACHTRAG / ДОПОЛНЕНИЯ / ADDENDA / APPENDICE

6925

6.2. **SOZIOLOGIE, SOZIOMETRIE, POLITIK / СОЦИОЛОГИЯ [СОЦИОМЕТРИКА, ПОЛИТИКА] / SOCIOLOGY, SOCIOMETRICS, POLITICS / SOCIOLOGIE, SOCIOMÊTRIE, SCIENCES POLITIQUES**

20	21	22	23	24	25	27	28	38	40
50	51	52	53	69	74	98	182	197	212
256	257	280	281	355	369	384	387	397	466
513	526	588	607	610	625	631	648	674	724
841	842	843	847	859	860	867	900	919	924
945	981	983	1021	1045	1048	1078	1128	1166	1167
1172	1247	1326	1350	1384	1406	1423	1424	1444	1451
1454	1465	1475	1495	1529	1534	1609	1644	1662	1676
1693	1707	1803	1822	1823	1824	1825	1826	1833	1859
1891	1893	1931	1936	1937	1938	1939	1957	1985	2009
2013	2014	2022	2034	2045	2050	2067	2068	2069	2070
2088	2144	2145	2160	2161	2189	2190	2209	2218	2231
2246	2250	2271	2279	2301	2328	2362	2395	2400	2408
2411	2423	2424	2425	2465	2540	2585	2604	2631	2632
2633	2724	2746	2758	2766	2798	2801	2809	2816	2849
4410	5131								

NACHTRAG / ДОПОЛНЕНИЯ / ADDENDA / APPENDICE

6532 6580 6656 6754 7501

6.3. PHILOSOPHIE / ФИЛОСОФИЯ / PHILOSOPHY / PHILOSOPHIE

505 1101 1595

6.4. SPORTWISSENSCHAFTEN / СПОРТИВНАЯ НАУКА / SPORT SCIENCE / SPORT

129 579 619 744 1643 1984 2388 2536 2636

NACHTRAG / ДОПОЛНЕНИЯ / ADDENDA / APPENDICE

6682

6.5. KUNST- UND MUSIKWISSENSCHAFTEN / ИСКУССТВОВЕДЕНИЕ - МУЗЫКОВЕДЕНИЕ / MUSIC AND ARTS / MUSIQUE ET BEAUX-ARTS

583 662 707 708 766 1138 1139 1397 1398 1468 1736

6.6. LITERATUR- UND SPRACHWISSENSCHAFTEN / ЛИТЕРАТУРОВЕДЕНИЕ - ЯЗЫКОЗНАНИЕ / LITERATURE AND LINGUISTICS / LITTÉRATURE ET LINGUISTIQUES

365 717 1452 1919 1983 2000 2018 2019 2544 2660

NACHTRAG / ДОПОЛНЕНИЯ / ADDENDA / APPENDICE

6697 6722 6773

6.8. RECHTSWISSENSCHAFTEN / ЮРИСПРУДЕНЦИЯ / JURISPRUDENCE (LAW) / DROIT

607 615 630 1153 1247 1860 2257 2273 2527

NACHTRAG / ДОПОЛНЕНИЯ / ADDENDA / APPENDICE

6543 6584

7. GEOGRAPHIE / ГЕОГРАФИЯ / GEOGRAPHY / GÉOGRAPHIE

33 48 72 132 186 187 188 189 190 191
192 193 216 250 251 252 273 301 466 477
478 593 635 687 849 892 896 926 927 1019
1073 1110 1152 1249 1290 1294 1443 1577 1833 1908
1929 2037 2049 2114 2216 2246 2360 2376 2404 2659
2694 2767 2814 2837 2841

NACHTRAG / ДОПОЛНЕНИЯ / ADDENDA / APPENDICE

6559 6572 6657 6729 7069 7112 7114 7121 7256 7336
7368 7385

8. NATURWISSENSCHAFTEN UND INGENIEURWISSENSCHAFTEN (PHYSIK, CHEMIE, ASTRONOMIE, GEOLOGIE, METEOROLOGIE, BAUWESEN. MASCHINENBAU U.A.) / ЕСТЕСТВЕННЫЕ НАУКИ - ИНЖЕНЕРНОЕ ДЕЛО [ФИЗИКА, ХИМИЯ, АСТРОНОМИЯ, ГЕОЛОГИЯ, МЕТЕОРОЛОГИЯ, СТРОИТЕЛЬНОЕ ДЕЛО, МАШИНОСТРОЕНИЕ И ДР.] NATURAL SCIENCES, TECHNOLOGY, ENGINEERING (PHYSICS, CHEMISTRY, ASTRONOMY, GEOLOGY, METEOROLOGY, CIVIL ENGINEERING, ARCHITECTURE, MACHINE BUILDING ETC.) / SCIENCES NATURELLES ET TECHNIQUES (PHYSIQUE, CHIMIE, ASTRONOMIE, GÉOLOGIE, MÉTÉOROLOGIE, BÂTIMENT, CONSTRUCTION MÉCANIQUE, ETC.)

48 135 183 221 222 282 469 533 632 696
698 764 896 897 944 1074 1076 1157 1240 1243
1289 1298 1299 1324 1435 1499 1512 1828 2039 2243
2306 2332 2541 2625 2670 2714 2848 2950 4518

NACHTRAG / ДОПОЛНЕНИЯ / ADDENDA / APPENDICE

6535 6551 6597 6611 6674 6698 6701 6718 6719 6726
6733 6746 6750 6757 6766 7508

10. DATENVERARBEITUNG, COMPUTERWISSENSCHAFT, COMPUTER-PROGRAMME / АВТОМАТИЧЕСКАЯ ОБРАБОТКА ДАННЫХ, ТЕОРИЯ ЭЛЕКТРОННО-ВЫЧИСЛИТЕЛЬНЫХ МАШИН, ПРОГРАММЫ ДЛЯ ЭЛЕКТРОННО-ВЫЧИСЛИТЕЛЬНЫХ МАШИН / DATA PROCESSING, COMPUTER SCIENCES, COMPUTER PROGRAMMES / INFORMATIQUE

41 238 275 500 524 527 639 676 766 799
800 808 832 833 891 941 1022 1023 1024 1069
1070 1071 1094 1163 1330 1337 1348 1366 1370 1372
1380 1501 1514 1600 1604 1606 1629 1723 1882 1885
1912 2215 2486 2562 2584 2608 2617 2648 2715 2725
2795 2802 2804 2858 3358 4757

NACHTRAG / ДОПОЛНЕНИЯ / ADDENDA / APPENDICE

6575 6616 6628 6634 6711

II. HAUPTKOMPONENTENANALYSE / МЕТОД ГЛАВНЫХ КОМПОНЕНТ / PRINCIPAL COMPONENT ANALYSIS / ANALYSE DES COMPOSANTES PRINCIPALES

1. METHODE, VERFAHREN, MATHEMATISCH-STATISTISCHES MODELL (ALLGEMEIN) / МЕТОД, ПРИЁМ, МАТЕМАТИЧЕСКИ-СТАТИСТИЧЕСКАЯ МОДЕЛЬ [В ОБЩЕМ] / METHOD, TECHNIQUE, MATHEMATICAL-STATISTICAL MODEL (GENERAL) / MÊTHODE, PROCÊDE, MODÊLE MATHÊMATIQUE-STATISTIQUE (GÊNÊRALITÊS)

13 64 68 71 170 262 334 502 535 536
545 556 592 599a 747 898 1103 1175 1208 1387 1487
1615 1616 1728 1737 1830 1906 1950 1989 2011 2041
2042 2142 2170 2247 2331 2533 2604 2618 2628 2712
2732 2735 2853 2855 2856 2862 2866 2872 2879 2880
2881 2882 2883 2887 2889 2897 2900 2902 2906 2909
2913 2914 2916 2917 2918 2919 2921 2922 2923 2927
2928 2931 2932 2933 2937 2940 2944 2945 2946 2956
2958 2960 2968 2973 2974 2975 2980 2988 2990 2993
3009 3014 3016 3020 3022 3028 3029 3030 3031 3032
3135 4185 4375 4566 6495

NACHTRAG / ДОПОЛНЕНИЯ / ADDENDA / APPENDICE

6528 6561 6792 6793 6794 6795 6796 6798 6799 6801
6802 6805 6807 6809 6811

1.1. ERZEUGUNG DER KORRELATIONSMATRIX BZW. VON ANDEREN ZUSAMMENHANGSMASZEN (ÄHNLICHKEITSMASZE, DISTANZMASZE, KONKORDANZKOEFFIZIENTEN USW.) / ПОРОЖДЕНИЕ КОРРЕЛЯЦИОННОЙ МАТРИЦЫ ИЛИ ДРУГИХ МЕР СВЯЗНОСТИ [СХОДСТВА, РАССТОЯНИЯ, КОЭФФИЦИЕНТА СООТВЕТСТВИЙ И ДР.] CALCULATION OF THE CORRELATION MATRIX AND OTHER MEASURES OF RELATIONSHIP (SIMILARITY, CONDORDANCE, DISTANCE ETC.) / CALCULATION DE LA MATRICE DE CORRÉLATION, RESP. D'AUTRES MESURES DE CONNEXION (INDICE DE SIMILARITÉ, COEFFICIENTS DE DISTANCE, COEFFICIENTS DE PROXIMITÉ, ETC.)

2895

1.2. KOMMUNALITÄTENSCHÄTZPROBLEM / ПРОБЛЕМА ОЦЕНКИ ОБЩНОСТЕЙ / ESTIMATION OF COMMUNALITY / ESTIMATION DES COMMUNALITÉS

2931

1.3. FAKTOREXTRAKTION / ВЫВЕДЕНИЕ ФАКТОРОВ / EXTRACTION OF FACTORS OR COMPONENTS (FACTOR LOADINGS) / EXTRACTION DES FACTEURS

2732

1.5. FAKTORWERTSCHÄTZUNG, STATISTISCHE TESTS, VALIDIERUNG, INTERPRETATIONSMÖGLICHKEITEN / ОЦЕНКА ЗНАЧЕНИЙ ФАКТОРОВ, СТАТИСТИЧЕСКИЕ ПРОВЕРКИ, ПРИЗНАНИЕ ВЫБОРКИ СВОБОДНОЙ ОТ СУБЪЕКТИВНЫХ ФАКТОРОВ [ВАЛИДАЦИЯ], ВОЗМОЖНОСТИ ИНТЕРПРЕТАЦИИ / ESTIMATION OF FACTOR SCORES, STATISTICAL TESTS, VALIDATION, INTERPRETATION OF RESULTS / ESTIMATION DES VALEURS DE FACTEUR, TESTS STATISTIQUES, VALIDITÉ, POSSIBILITÉS D'INTERPRÉTATION

604 2878 2912 2941 2964

2. PSYCHOLOGIE, PÄDAGOGIK / ПСИХОЛОГИЯ - ПЕДАГОГИКА / PSYCHOLOGY, PEDAGOGY / PSYCHOLOGIE, PÉDAGOGIE

2884

2.1. PSYCHOMETRIE / ПСИХОМЕТРИКА / PSYCHOMETRICS / PSYCHOMÉTRIE

2875 2894 2899 2903 2920 2929 2930 2937 2938 2954
2955 2971 3003 3019

2.2. ENTWICKLUNGSPSYCHOLOGIE / ВОЗРАСТНАЯ ПСИХОЛОГИЯ / DEVELOPMENTAL PSYCHOLOGY / PSYCHOLOGIE DU DÉVELOPPEMENT

2855

2.3. ERZIEHUNGSPSYCHOLOGIE / ПЕДАГОГИЧЕСКАЯ ПСИХОЛОГИЯ / EDUCATIONAL PSYCHOLOGY / PSYCHOLOGIE DE L'ÉDUCATION

2867 2905 2915 2963

2.4. **ANGEWANDTE PSYCHOLOGIE** / ПРИКЛАДНАЯ ПСИХОЛОГИЯ / **APPLIED PSYCHOLOGY / PSYCHOLOGIE APPLIQUÉE**

2859 2866 2961

2.6. **KOGNITIVE PROZESSE, MOTIVATION, WAHRNEHMUNG** / ПРОЦЕССЫ РАСПОЗНАВАНИЯ, МОТИВАЦИЯ, ВОСПРИЯТИЕ / **COGNITIVE PROCESSES, MOTIVATION, PERCEPTION / PROCÈS COGNITIFS, MOTIVATION, PERCEPTION**

2876 2898

2.7. **KLINISCHE PSYCHOLOGIE** / КЛИНИЧЕСКАЯ ПСИХОЛОГИЯ / **CLINICAL PSYCHOLOGY / PSYCHOLOGIE CLINIQUE**

2856 2864 2886 2907 2910 2942 2949 2970

2.8. **PERSÖNLICHKEIT** / ЛИЧНОСТЬ / **PERSONALITY / PERSONNALITÉ**

2874 2901

3. **BIOLOGIE** / БИОЛОГИЯ / **BIOLOGY / BIOLOGIE**

2865

3.1. **BIOMETRIE** / БИОМЕТРИКА / **BIOMETRICS / BIOMÉTRIE**

2980 2986 2995 2997

3.2. **BOTANIK** / БОТАНИКА / **BOTANY / BOTANIQUE**

1175 2924 2925 2926 2966 2967 2984 3001 3421

3.3. ZOOLOGIE / ЗООЛОГИЯ / ZOOLOGY / ZOOLOGIE

2863 2869 2870 2871 2969 2978 2984 2991 2992 3004
3007 3024 5369

3.4. GENETIK, BIOPHYSIK / ГЕНЕТИКА - БИОФИЗИКА /
GENETICS, BIOPHYSICS / GÉNÉTIQUE, BIOPHYSIQUE

2861 2969 2998

3.5. ÖKOLOGIE, UMWELT / ЭКОЛОГИЯ [ОКРУЖАЮЩАЯ СРЕДА] /
ECOLOGY, ENVIRONMENT / ECOLOGIE, ENVIRONNEMENT

170 2984

4. MEDIZIN / МЕДИЦИНА / MEDICINE / MÉDECINE

2939 2951 2997 5314 6110

5. LAND- UND FORSTWIRTSCHAFT / СЕЛЬСКОЕ ХОЗЯЙСТВО -
ЛЕСНОЕ ХОЗЯЙСТВО / AGRICULTURE AND FORESTRY /
AGRICULTURE ET SYLVICULTURE

1174 2860 2913 2914 5317

6.1. ÖKONOMIE (ALLGEMEIN) / ЭКОНОМИКА [ОБЩАЯ] / ECONOMICS
(GENERAL) / ECONOMIE (GÉNÉRALITÉS)

5 747 2779 2885 2891 2893 2908 2959 2965 2976
2977 2989 3000 3002 3008 3013 3015 3025 6253

6.1.1. ÖKONOMETRIE / ЭКОНОМЕТРИКА / ECONOMETRICS / ECONOMÉTRIE

569 2857 2868 2896 2934 2935 2936 2947 2948 2952 2953 2957 2960 2972 2981 2985 2994 3005 3030 3011 3012 3017 3018 3027 3031 3033

NACHTRAG / ДОПОЛНЕНИЯ / ADDENDA / APPENDICE

6795 6800 6802 6921

6.1.3. VOLKSWIRTSCHAFT, FINANZEN / НАРОДНОЕ ХОЗЯЙСТВО - ФИНАНСЫ / NATIONAL ECONOMY, PUBLIC FINANCE / ECONOMIE NATIONALE, FINANCES

569 2877 2892 2982 3021

6.1.4. MARKTFORSCHUNG (MARKETING) / ИССЛЕДОВАНИЯ РЫНКА [СБЫТ] / MARKETING / ETUDE DE MARCHÉS (MARKETING)

NACHTRAG / ДОПОЛНЕНИЯ / ADDENDA / APPENDICA

6804

6.1.5. WIRTSCHAFTSGESCHICHTE. GESCHICHTE, ARCHÄOLOGIE, ANTHROPOLOGIE / ЭКОНОМИЧЕСКАЯ ИСТОРИЯ [ИСТОРИЯ, АРХЕОЛОГИЯ, АНТРОПОЛОГИЯ] ECONOMIC HISTORY, HISTORY, ARCHEOLOGY, ANTHROPOLOGY / HISTOIRE ÉCONOMIQUE, HISTOIRE, ARCHÉOLOGIE

2987

6.2. SOZIOLOGIE, SOZIOMETRIE. POLITIK /СОЦИОЛОГИЯ [СОЦИОМЕТРИКА, ПОЛИТИКА] / SOCIOLOGY, SOCIOMETRICS, POLITICS / SOCIOLOGIE / SOCIOMÉTRIE, SCIENCES POLITIQUES

1128 2604

7. GEOGRAPHIE / ГЕОГРАФИЯ / GEOGRAPHY / GÉOGRAPHIE

2854 2983 3026

8. NATURWISSENSCHAFTEN UND INGENIEURWISSENSCHAFTEN (PHYSIK, CHEMIE, ASTRONOMIE, GEOLOGIE, METEOROLOGIE, BAUWESEN, MASCHINENBAU U.A.)/ЕСТЕСТВЕННЫЕ НАУКИ - ИНЖЕНЕРНОЕ ДЕЛО [ФИЗИКА, ХИМИЯ, АСТРОНОМИЯ, ГЕОЛОГИЯ, МЕТЕОРОЛОГИЯ, СТРОИТЕЛЬНОЕ ДЕЛО, МАШИНОСТРОЕНИЕ И ДР.] NATURAL SCIENCES, TECHNOLOGY, ENGINEERING (PHYSICS, CHEMISTRY, ASTRONOMY, GEOLOGY, METEOROLOGY, CIVIL ENGINEERING, ARCHITECTURE, MACHINE BUILDING ETC.) / SCIENCES NATURELLES ET TECHNIQUES (PHYSIQUE, CHIMIE, ASTRONOMIE, GÉOLOGIE, MÉTÉOROLOGIE, BÂTIMENT, CONSTRUCTION MÉCANIQUE, ETC.)

262 2865 2922 2950 3006 3023

10. DATENVERARBEITUNG, COMPUTERWISSENSCHAFT, COMPUTER-PROGRAMME / АВТОМАТИЧЕСКАЯ ОБРАБОТКА ДАННЫХ, ТЕОРИЯ ЭЛЕКТРОННО- ВЫЧИСЛИТЕЛЬНЫХ МАШИН, ПРОГРАММЫ ДЛЯ ЭЛЕКТРОННО- ВЫЧИСЛИТЕЛЬНЫХ МАШИН / DATA PROCESSING, COMPUTER SCIENCES, COMPUTER PROGRAMMES / INFORMATIQUE

2858 2909 2943 2962 2979 2996

NACHTRAG / ДОПОЛНЕНИЯ / ADDENDA / APPENDICE

6575 6634

III. MULTIDIMENSIONALE SKALIERUNG / МНОГОМЕРНОЕ ШКАЛИРОВАНИЕ/ MULTIDIMENSIONAL SCALING / ECHELLE MULTIDIMENSIONELLE

1. METHODE, VERFAHREN. MATHEMATISCH-STATISTISCHES MODELL (ALLGEMEIN) / МЕТОД, ПРИЁМ, МАТЕМАТИЧЕСКИ-СТАТИСТИЧЕСКАЯ МОДЕЛЬ [В ОБЩЕМ]/ METHOD, TECHNIQUE, MATHEMATICAL-STATISTICAL MODEL (GENERAL) / MÊTHODE, PROCÊDÊ, MODÊLE MATHÊMATIQUE-STATISTIQUE (GÊNÊRALITÊS)

70	71	272	330	540	599a	1208	1505	1584	1615
1616	1658	1737	2291	3040	3041	3043	3054	3061	3062
3063	3065	3066	3067	3068	3077	3078	3085	3093	3095
3099	3100	3110	3111	3112	3113	3115	3116	3117	3118
3119	3120	3122	3124	3126	3127	3130	3132	3134	3135
3136	3137	3138	3141	3149	3158	3160	3162	3165	3166
3167	3168	3169	3170	3174	3190	3192	3195	3197	3198
3199	3200	3201	3203	3209	3211	3217	3220	3221	3223
3231	3232	3234	3235a	3235b	3235d	3235f	3239	3239	3242
3243	3244	3247	3249	3251	3252	3253	3255	3258	3268
3269	3270	3271	3272	3278	3279	3280	3286	3292	3294
3295	4154	4175	4287	4566	5006	6349			

NACHTRAG / ДОПОЛНЕНИЯ / ADDENDA / APPENDICE

6813	6814	6816	6818	6820	6821	6823	6824	6825	6826
6827	6829	6833	6834	6835	6839	6840	6841	6843	6844
6845	6848	6849	6853	6854	6855	6858	6860	6862	6864
6867	6869	6870	6872	6874	6875	6876	6877	6878	6883
6884	6885	6886	6887	6893	6899	6901	6903	6904	6905
6906	6907	6909	6910	6911	6916	6917	6918	6941	

1.1. ERZEUGUNG DER KORRELATIONSMATRIX BZW. VON ANDEREN ZUSAMMENHANGSMASZEN (ÄHNLICHKEITSMASZE, DISTANZMASZE, KONKORDANZKOEFFIZIENTEN USW.)/ ПОРОЖДЕНИЕ КОРРЕЛЯЦИОННОЙ МАТРИЦЫ ИЛИ ДРУГИХ МЕР СВЯЗНОСТИ [СХОДСТВА, РАССТОЯНИЯ, КОЭФФИЦИЕНТА СООТВЕТСТВИЙ И ДР.]/ CALCULATION OF THE CORRELATION MATRIX AND OTHER MEASURES OF RELATIONSHIP (SIMILARITY, CONCORDANCE, DISTANCE ETC.) / CALCULATION DE LA MATRICE DE CORRÉLATION, RESP. D'AUTRES MESURES DE CONNEXION (INDICE DE SIMILARITÉ, COEFFICIENTS DE DISTANCE, COEFFICIENTS DE PROXIMITÉ, ETC.)

3084 3196 3224 3273 3274 3275 3285

1.4. ROTATION (TRANSFORMATION) / ВРАЩЕНИЕ [ПРЕОБРАЗОВАНИЕ] / ROTATION (TRANSFORMATION) / ROTATION (TRANSFORMATION)

3237

1.5. FAKTORWERTSCHÄTZUNG, STATISTISCHE TESTS, VALIDIERUNG, INTERPRETATIONSMÖGLICHKEITEN / ОЦЕНКА ЗНАЧЕНИЙ ФАКТОРОВ, СТАТИСТИЧЕСКИЕ ПРОВЕРКИ, ПРИЗНАНИЕ ВЫБОРКИ СВОБОДНОЙ ОТ СУБЪЕКТИВНЫХ ФАКТОРОВ [ВАЛИДАЦИЯ], ВОЗМОЖНОСТИ ИНТЕРПРЕТАЦИИ / ESTIMATION OF FACTOR SCORES, STATISTICAL TESTS, VALIDATION, INTERPRETATION OF RESULTS / ESTIMATION DES VALEURS DE FACTEUR, TESTS STATISTIQUES, VALIDITÉ, POSSIBILITÉS D'INTER-PRÉTATION

3219

2. PSYCHOLOGIE, PÄDAGOGIK / ПСИХОЛОГИЯ - ПЕДАГОГИКА / PSYCHOLOGY, PEDAGOGY / PSYCHOLOGIE, PÉDAGOGIE

3045 3049 3051 3175

2.1. PSYCHOMETRIE / ПСИХОМЕТРИКА / PSYCHOMETRICS / PSYCHOMÉTRIE

540	3026	3038	3046	3048	3050	3057	3069	3070	3071
3072	3073	3074	3075	3079	3080	3081	3082	3084	3092
3093	3101	3102	3103	3107	3131	3138	3142	3156	3159
3161	3162	3164	3165	3184	3190	3193	3208	3213	3214
3215	3216	3218	3230	3244	3260	3266	3272	3277	5206

NACHTRAG / ДОПОЛНЕНИЯ / ADDENDA / APPENDICE

6821	6822	6825	6828	6836	6837	6838	6839	6841	6842
6845	6847	6851	6853	6856	6857	6858	6859	6863	6864
6868	6869	6870	6871	6872	6873	6874	6880	6882	6887
6888	6889	6891	6892	6894	6895	6896	6897	6901	6903
6908	6909	6912	6914	6916	6917	7497			

2.3. ERZIEHUNGSPSYCHOLOGIE / ПЕДАГОГИЧЕСКАЯ ПСИХОЛОГИЯ / EDUCATIONAL PSYCHOLOGY / PSYCHOLOGIE DE L'ÉDUCATION

3096 3107

NACHTRAG / ДОПОЛНЕНИЯ / ADDENDA / APPENDICE

6815

2.4. ANGEWANDTE PSYCHOLOGIE / ПРИКЛАДНАЯ ПСИХОЛОГИЯ / APPLIED PSYCHOLOGY / PSYCHOLOGIE APPLIQUÉE

3034	3035	3037	3042	3044	3047	3053	3087	3088	3094
3106	3129	3138a	3143	3148	3150	3151	3152	3155	3157
3163	3171	3172	3173	3191	3202	3204	3205	3207	3212
3222	3225	3236	3238	3240	3241	3245	3246	3248	3250
3256	3257	3265	3267	3282	3283	3298	3299	3977	4032
4622	5006								

NACHTRAG / ДОПОЛНЕНИЯ / ADDENDA / APPENDICE

6819 6820 6830 6861 6881 6898 6900

2.5. SOZIALPSYCHOLOGIE / СОЦИАЛЬНАЯ ПСИХОЛОГИЯ / SOCIAL PSYCHOLOGY / PSYCHOLOGIE SOCIALE

3055 3056 3098 3105 3108 3133 3144 3154 3194 3212
4843 4868

NACHTRAG / ДОПОЛНЕНИЯ / ADDENDA / APPENDICE

6816 6817 6850 6875 6879

2.6. KOGNITIVE PROZESSE, MOTIVATION, WAHRNEHMUNG / ПРОЦЕССЫ РАСПОЗНАВАНИЯ, МОТИВАЦИЯ, ВОСПРИЯТИЕ / COGNITIVE PROCESSES, MOTIVATION, PERCEPTION / PROCÊS COGNITIFS, MOTIVATION, PERCEPTION

3039 3063 3064 3086 3104 3109 3113 3114 3120 3125
3139 3147 3152 3153 3203 3206 3235 3235b 3257 3263
3289 3297

NACHTRAG / ДОПОЛНЕНИЯ / ADDENDA / APPENDICE

6821 6831 6832 6846 6865 6866 6913 6915

2.7. KLINISCHE PSYCHOLOGIE / КЛИНИЧЕСКАЯ ПСИХОЛОГИЯ / CLINICAL PSYCHOLOGY / PSYCHOLOGIE CLINIQUE

3146 3227

2.8. PERSÖNLICHKEIT/ ЛИЧНОСТЬ / PERSONALITY / PERSONNALITÊ

3052 3056 3073 3081 3089 3097 3154

NACHTRAG / ДОПОЛНЕНИЯ / ADDENDA / APPENDICE

6856 6862 6890

3.4. GENETIK, BIOPHYSIK / ГЕНЕТИКА - БИОФИЗИКА / GENETICS, BIOPHYSICS / GENETIQUE, BIOPHYSIQUE

3185 3281

6. GESELLSCHAFTSWISSENSCHAFTEN, SPORT, MUSIK UND KUNST / ОБЩЕСТВЕННЫЕ НАУКИ, ФИЗИЧЕСКАЯ КУЛЬТУРА, МУЗЫКА, ИСКУССТВО / SOCIAL SCIENCES, SPORTS, MUSIC, ARTS / SCIENCES SOCIALES, SPORT, MUSIQUE, BEAUX-ARTS

3237

6.1. ÖKONOMIE (ALLGEMEIN) / ЭКОНОМИКА [ОБЩАЯ]/ ECONOMICS (GENERAL) / ECONOMIE (GÉNÉRALITÉS)

3125 3203

6.1.4. MARKTFORSCHUNG (MARKETING) / ИССЛЕДОВАНИЯ РЫНКА [СБЫТ] / MARKETING / ETUDE DE MARCHÉS (MARKETING)

3068 3094 3118 3121 3123 3124 3128 3202 3206 3207
3222 3235c 3235e 3299

6.2. SOZIOLOGIE. SOZIOMETRIE. POLITIK / СОЦИОЛОГИЯ [СОЦИОМЕТРИКА, ПОЛИТИКА] / SOCIOLOGY, SOCIOMETRICS, POLITICS / SOCIOLOGIE, SOCIOMÉTRIE, SCIENCES POLITIQUES

272 3091 3194 3259 3262 3264 3288 5286

NACHTRAG / ДОПОЛНЕНИЯ / ADDENDA / APPENDICE

6816 6817 6848 6850 6875 6879

6.5. KUNST- UND MUSIKWISSENSCHAFTEN / ИСКУССТВОВЕДЕНИЕ - МУЗЫКОВЕДЕНИЕ / MUSIC AND ARTS / MUSIQUE ET BEAUX-ARTS

3261

6.6. LITERATUR- UND SPRACHWISSENSCHAFTEN / ЛИТЕРАТУРОВЕДЕНИЕ - ЯЗЫКОЗНАНИЕ / LITERATURE AND LINGUISTICS / LITTÊRATURE ET LINGUISTIQUES

3090 3175 3226 3285 3287

7. GEOGRAPHIE / ГЕОГРАФИЯ / GEOGRAPHY / GÊOGRAPHIE

NACHTRAG / ДОПОЛНЕНИЯ / ADDENDA / APPENDICE

6844 6867

10. DATENVERARBEITUNG, COMPUTERWISSENSCHAFT, COMPUTER-PROGRAMME / АВТОМАТИЧЕСКАЯ ОБРАБОТКА ДАННЫХ, ТЕОРИЯ ЭЛЕКТРОННО- ВЫЧИСЛИТЕЛЬНЫХ МАШИН, ПРОГРАММЫ ДЛЯ ЭЛЕКТРОННО- ВЫЧИСЛИТЕЛЬНЫХ МАШИН / DATA PROCESSING, COMPUTER SCIENCES, COMPUTER PROGRAMMES / INFORMATIQUE

3040 3058 3059 3060 3076 3083 3140 3141 3145 3149
3159 3167 3176 3177 3178 3179 3179a 3180 3181 3182
3183 3186 3187 3188 3189 3210 3223 3228 3229 3233
3254 3276 3284 3290 3291 3292 3293 3296

IV. CLUSTERANALYSE / КЛАСТЕРНЫЙ АНАЛИЗ / CLUSTER ANALYSIS / ANALYSE-CLUSTER, ANALYSE DES GRAPPES

1. METHODE, VERFAHREN, MATHEMATISCH-STATISTISCHES MODELL (ALLGEMEIN) / МЕТОД, ПРИЁМ, МАТЕМАТИЧЕСКИ-СТАТИСТИЧЕСКАЯ МОДЕЛЬ [В ОБЩЕМ] METHOD, TECHNIQUE, MATHEMATICAL-STATISTICAL MODEL (GENERAL) / MÊTHODE, PROCÊDE, MODÊLE MATHÊMATIQUE-STATISTIQUE (GÊNÊRALITÊS)

64 71 103 230 502 535 536 548 578 599a
612 988 1208 1487 1615 1616 2130 2142 2457 2547
2548 2549 2615 2643 2806 2827 2945 3061 3062 3065
3111 3112 3115 3220 3310 3323 3324 3333 3334 3339
3343 3349 3373 3397 3398 3402 3403 3405 3413 3418
3427 3432 3433 3434 3435 3442 3443 3444 3445 3446
3447 3448 3449 3457 3461 3462 3463 3467 3468 3469
3471 3474 3485 3490 3496 3499 3502 3503 3506 3507
3508 3509 3522 3527 3528 3555 3564 3565 3578 3581
3583 3585 3587 3589 3590 3592 3593 3594 3595 3606
3611 3612 3613 3616 3620 3625 3629 3631 3632 3633
3634 3636 3648 3667 3668 3669 3671 3672 3675 3677
3679 3680 3683 3692 3693 3694 3695 3700 3701 3705 3706
3707 3708 3709 3711 3721 3727 3728 3729 3740 3750
3754 3755 3757 3764 3781 3782 3783 3792 3809 3814
3815 3826 3827 3828 3834 3835 3837 3838 3839 3840
3841 3842 3845 3870 3874 3877 3878 3881 3898 3899
3900 3905 3910 3920 3923 3931 3932 3933 3939 3940
3941 3944 3945 3946 3947 3949 3951 3954 3959 3964
3965 3966 3967 3968 3969 3970 3971 3974 3976 3981
3982 3989 3995 3997 4004 4026 4028 4029 4030 4031
4034 4040 4044 4046 4047 4049 4057 4058 4059 4060
4061 4062 4063 4064 4065 4066 4067 4068 4071 4091
4093 4094 4095 4096 4098 4102 4112 4113 4114 4115
4116 4122 4142 4151 4154 4156 4165 4166 4167 4169

4170	4175	4177	4191	4192	4204	4205	4208	4211	4217
4223	4260	4277	4281	4287	4294	4299	4307	4312	4313
4315	4316	4318	4319	4320	4322	4327	4328	4332	4348
4355	4356	4358	4359	4373	4374	4385	4386	4392	4393
4402	4421	4426	4448	4462	4463	4467	4468	4469	4478
4479	4498	4499	4500	4508	4516	4517	4525	4531	4535
4536	4537	4538	4541	4545	4546	4547	4551	4552	4556
4557	4558	4566	4568	4569	4570	4571	4601	4603	4604
4610	4611	4617	4618	4626	4635	4642	4644	4645	4662
4663	4664	4669	4670	4671	4701	4714	4717	4719	4721
4726	4727	4749	4750	4758	4759	4763	4769	4770	4771
4772	4777	4779	4780	4784	4787	4794	4796	4803	4804
4805	4807	4808	4809	4820	4821	4824	4825	4853	4854
4855	4856	4857	4858	4859	4860	4861	4862	4863	4864
4872	4873	4875	4878	4899	4916	4921	4922	4930	4972
4991	5008	5093	5162	5293	5297	5512	5536	5619	5638
5710	5711	5713	5714	5751	5779	5783	5841	5855	5893
5897	5964	5965	5966	5997	6017	6025	6026	6037	6068
6074	6148	6178	6179	6216	6304	6412	6424	6428	6432
6461	6465	6482	6496	6512	6515				

NACHTRAG / ДОПОЛНЕНИЯ / ADDENDA / APPENDICE

6528	6561	6792	6814	6826	6829	6919	6924	6926	6930
6931	6933	6934	6935	6937	6938	6939	6941	6942	6944
6946	6948	6955	6957	6958	6959	6964	6966	6969	6971
6972	6973	6974	6975	6976	6979	6980	6981	6984	6985
6987	6988	6989	7045	7103	7119	7134	7454	7476	7481
7484	7485	7494	7509						

1.1. ERZEUGUNG DER KORRELATIONSMATRIX BZW. VON ANDEREN ZUSAMMENHANGSMASZEN (ÄHNLICHKEITSMASZE, DISTANZMASZE, KONKORDANZKOEFFIZIENTEN USW.) / ПОРОЖДЕНИЕ КОРРЕЛЯЦИОННОЙ МАТРИЦЫ ИЛИ ДРУГИХ МЕР СВЯЗНОСТИ [СХОДСТВА, РАССТОЯНИЯ, КОЭФФИЦИЕНТА СООТВЕТСТВИЙ И ДР.]
CALCULATION OF THE CORRELATION MATRIX AND OTHER MEASURES OF RELATIONSHIP (SIMILARITY, CONCOEDANCE, DISTANCE ETC.) / CALCULATION DE LA MATRICE DE CORRÊLATION, RESP. D'AUTRES MESURES DE CONNEXION (INDICE DE SIMILARITÊ, COEFFICIENTS DE DISTANCE, COEFFICIENTS DE PROXIMITÊ, ETC.)

3305 3470 3500 3511 3573 3586 3759 3768 3860 3963
4041 4042 4043 4092 4155 4173 4280 4567 4586 4826
5712 5774

NACHTRAG / ДОПОЛНЕНИЯ / ADDENDA / APPENDICE

7499

1.3. FAKTOREXTRAKTION / ВЫВЕДЕНИЕ ФАКТОРОВ / EXTRACTION OF FACTORS OR COMPONENTS (FACTOR LOADINGS) / EXTRACTION DES FACTEURS

65 4732

1.5. FAKTORWERTSCHÄTZUNG, STATISTISCHE TESTS, VALIDIERUNG, INTERPRETATIONSMÖGLICHKEITEN/ ОЦЕНКА ЗНАЧЕНИЙ ФАКТОРОВ, СТАТИСТИЧЕСКИЕ ПРОВЕРКИ, ПРИЗНАНИЕ ВЫБОРКИ СВОБОДНОЙ ОТ СУБЪЕКТИВНЫХ ФАКТОРОВ /ESTIMATION OF FACTOR SCORES, STATISTICAL TESTS, VALIDATION, INTERPRETATION OF RESULTS / ESTIMATION DES VALEURS DE FACTEUR, TESTS STATISTIQUES, VALIDITÊ, POSSIBILITÊS D'INTERPRÊTATION

3767

2.1. PSYCHOMETRIE / ПСИХОМЕТРИКА / PSYCHOMETRICS / PSYCHOMÊTRIE

3414 3419 3453 3460 3492 3493 3494 3498 3513 3514
3520 3550 3553 3691 3716 3743 3811 3829 3830 3844
3869 3889 3902 3913 3925 3934 3951 3955 3972 4011
4012 4089 4142 4147 4201 4202 4229 4230 4231 4232
4233 4234 4235 4236 4237 4238 4239 4240 4241 4242
4243 4244 4245 4246 4247 4248 4249 4250 4251 4252
4253 4254 4255 4256 4257 4270 4304 4310 4366 4447
4456 4575 4594 4634 4667 4701 4705 4743 4751 4752
4754 4755 4756 4760 4806 4821 4826 4831 4849 4877
4920 5170 5927 6194

NACHTRAG / ДОПОЛНЕНИЯ / ADDENDA / APPENDICE

6828 6863 6912 6927 6947 6951 6953 6958 6959 6961
6967 6968

2.2. ENTWICKLUNGSPSYCHOLOGIE / ВОЗРАСТНАЯ ПСИХОЛОГИЯ / DEVELOPMENTAL PSYCHOLOGY / PSYCHOLOGIE DU DÉVELOPPEMENT

293	461	3306	3318	3322	3338	3367	3369	3416	3420
3422	3430	3524	3548	3554	3561	3576	3608	3622	3673
3681	3689	3744	3868	3879	3908	3975	4048	4080	4105
4160	4213	4225	4267	4278	4293	4298	4330	4343	4413
4420	4423	4497	4505	4507	4513	4540	4559	4577	4585
4623	4637	4692	4698	4715	4722	4738	4786	4789	4799
4832	4914	4929							

2.3. ERZIEHUNGSPSYCHOLOGIE / ПЕДАГОГИЧЕСКАЯ ПСИХОЛОГИЯ / EDUCATIONAL PSYCHOLOGY / PSYCHOLOGIE DE L'ÉDUCATION

2550	3301	3316	3321	3326	3327	3330	3345	3346	3348
3354	3356	3362	3366	3389	3393	3399	3406	3408	3486
3489	3491	3501	3505	3516	3519	3523	3551	3560	3562	3563
3584	3603	3607	3635	3640	3641	3645	3654	3656	3658
3659	3674	3676	3678	3697	3702	3710	3712	3713	3731
3732	3733	3770	3780	3803	3804	3805	3806	3807	3808
3817	3824	3833	3847	3855	3856	3885	3886	3894	3895
3904	3907	3909	3915	3916	3919	3922	3985	3986	3987
3996	4007	4022	4023	4027	4038	4045	4056	4074	4082
4088	4090	4099	4117	4125	4128	4157	4179	4187	4188
4194	4197	4203	4210	4219	4221	4226	4271	4272	4276
4285	4300	4301	4302	4306	4308	4329	4333	4361	4363
4364	4365	4381	4399	4406	4417	4427	4430	4436	4449
4460	4464	4473	4477	4481	4486	4490	4491	4492	4493
4494	4502	4504	4521	4522	4523	4524	4549	4554	4562
4563	4564	4565	4582	4583	4588	4597	4599	4600	4602
4612	4652	4665	4678	4686	4710	4716	4740	4761	4768
4773	4778	4788	4798	4800	4816	4818	4823	4834	4835
4836	4840	4852	4895	4896	4902	4905	4912	4915	4917
4932									

2.4. ANGEWANDTE PSYCHOLOGIE / ПРИКЛАДНАЯ ПСИХОЛОГИЯ / APPLIED PSYCHOLOGY / PSYCHOLOGIE APPLIQUÉE

3303 3314 3328 3329 3359 3381 3387 3391 3392 3411
3439 3440 3441 3454 3466 3515 3582 3628 3642 3644
3682 3684 3703 3724 3734 3745 3758 3784 3786 3787
3788 3801 3816 3836 3871 3872 3880 3888 3897 3912
3918 3926 3950 3962 3977 3990 3998 3999 4005 4010
4032 4072 4081 4085 4119 4123 4164 4207 4216 4265
4292 4309 4352 4357 4371 4379 4384 4396 4401 4403
4404 4405 4416 4442 4443 4444 4510 4520 4533 4560
4590 4591 4605 4620 4621 4622 4625 4638 4659 4674
4690 4702 4733 4736 4767 4793 4817 4850 4876 4897
4901 4903 4904 4923 4924

2.5. SOZIALPSYCHOLOGIE / СОЦИАЛЬНАЯ ПСИХОЛОГИЯ / SOCIAL PSYCHOLOGY / PSYCHOLOGIE SOCIALE

1484 3302 3319 3360 3401 3409 3412 3423 3424 3425
3459 3465 3476 3526 3557 3571 3579 3614 3643 3661
3687 3688 3725 3726 3735 3737 3748 3753 3756 3761
3763 3772 3773 3777 3793 3810 3818 3819 3846 3848
3853 3865 3867 3882 3887 3890 3896 3911 3917 3921
3924 3978 3991 3993 3994 4002 4014 4016 4018 4052
4053 4054 4118 4126 4136 4148 4149 4153 4181 4182
4190 4222 4268 4282 4286 4334 4339 4345 4410 4414
4433 4438 4440 4446 4459 4461 4482 4485 4496 4503
4511 4532 4542 4543 4576 4592 4606 4608 4643 4684
4685 4704 4706 4725 4746 4747 4811 4814 4838 4841
4843 4867 4868 4908 4913 4919

NACHTRAG / ДОПОЛНЕНИЯ / ADDENDA / APPENDICE

6950

2.6. KOGNITIVE PROZESSE, MOTIVATION, WAHRNEHMUNG / ПРОЦЕССЫ РАСПОЗНАВАНИЯ, МОТИВАЦИЯ, ВОСПРИЯТИЕ / COGNITIVE PROCESSES, MOTIVATION, PERCEPTION / PROCÈS COGNITIFS, MOTIVATION, PERCEPTION

3309	3320	3341	3353	3379	3380	3383	3510	3512	3521
3558	3609	3619	3646	3650	3717	3736	3738	3752	3765
3800	3849	3883	4000	4001	4035	4073	4124	4152	4161
4172	4295	4296	4349	4354	4370	4411	4439	4454	4465
4512	4528	4639	4641	4647	4653	4657	4658	4688	4735
4790	4816	4928							

2.7. KLINISCHE PSYCHOLOGIE / КЛИНИЧЕСКАЯ ПСИХОЛОГИЯ / CLINICAL PSYCHOLOGY / PSYCHOLOGIE CLINIQUE

3307	3332	3336	3355	3364	3382	3390	3394	3395	3404	
3431	3436	3451	3473	3477	3478	3479	3480	3481	3552	
3556	3572	3580	3596	3600	3604	3617	3618	3623	3624	3627
3657	3662	3665	3686	3698	3714	3715	3719	3722	3730	
3739	3742	3747	3749	3751	3760	3769	3774	3779	3794	
3798	3820	3821	3822	3823	3832	3851	3852	3859	3864	
3866	3901	3903	3906	3948	3961	3979	3980	4003	4021	
4025	4036	4037	4075	4079	4084	4100	4101	4104	4108	
4134	4135	4136	4137	4139	4140	4143	4144	4150	4163	
4168	4174	4178	4180	4189	4199	4209	4218	4220	4224	
4228	4261	4264	4274	4275	4288	4290	4291	4325	4335	
4336	4337	4338	4341	4342	4360	4375	4376	4377	4380	
4382	4394	4395	4400	4407	4412	4418	4419	4422	4429	
4431	4437	4450	4451	4452	4455	4457	4470	4471	4472	
4476	4480	4483	4495	4501	4509	4527	4529	4530	4561	
4574	4578	4579	4584	4593	4596	4598	4613	4615	4616	
4630	4631	4632	4646	4648	4649	4656	4672	4676	4677	
4679	4680	4681	4682	4687	4691	4696	4697	4709	4712	
4713	4720	4728	4729	4739	4744	4774	4776	4785	4791	
4797	4802	4819	4822	4839	4851	4884	4885	4886	4887	
4888	4889	4890	4891	4892	4893	4894	4906	4925	4927	

NACHTRAG / ДОПОЛНЕНИЯ / ADDENDA / APPENDICE

6952

2.8. PERSÖNLICHKEIT / ЛИЧНОСТЬ / PERSONALITY / PERSONNALITÉ

530 3308 3311 3312 3317 3325 3337 3342 3344 3351
3352 3365 3377 3378 3384 3385 3386 3400 3407 3410
3415 3426 3428 3429 3437 3438 3455 3456 3464 3472
3482 3484 3487 3488 3504 3525 3530 3531 3532 3533
3534 3535 3536 3537 3538 3539 3540 3541 3542 3543
3544 3545 3546 3547 3549 3559 3569 3570 3574 3575
3599 3615 3638 3639 3649 3651 3652 3660 3663 3666
3670 3690 3741 3746 3762 3771 3775 3776 3785 3790
3797 3812 3813 3825 3850 3854 3857 3858 3876 3884
3914 3936 3942 3953 3973 3983 3992 4008 4009 4015
4017 4019 4020 4024 4039 4055 4076 4077 4078 4083 4086
4087 4107 4111 4121 4127 4129 4130 4131 4132 4133
4138 4141 4145 4146 4158 4171 4184 4186 4196 4198
4206 4215 4227 4266 4269 4273 4279 4283 4284 4305
4324 4326 4340 4344 4350 4351 4353 4362 4372 4378
4383 4391 4397 4415 4428 4434 4435 4453 4466 4474
4484 4487 4506 4526 4534 4539 4550 4555 4573 4580
4581 4595 4607 4609 4614 4624 4627 4629 4633 4636
4650 4651 4666 4673 4675 4683 4689 4693 4695 4698
4699 4703 4707 4711 4731 4734 4737 4738 4745 4765
4766 4781 4782 4812 4813 4815 4827 4828 4829 4830
4837 4842 4844 4847 4848 4869 4879 4880 4881 4882
4883 4909 4910 4911 4918 4926 4931

NACHTRAG / ДОПОЛНЕНИЯ / ADDENDA / APPENDICE

6932 6936 6943 6978 6986

3.1. BIOMETRIE / БИОМЕТРИКА / BIOMETRICS / BIOMÉTRIE

3468 3475 3495 3497 3500 3626 3655 3667 3669 3699
3843 3875 4159 4165 4193 4205 4319 4515 4553 4660
4718 4762 4991

3.2. BOTANIK / БОТАНИКА / BOTANY / BOTANIQUE

3335 3421 3452 3483 3637 3685 3860 3937 3936 4398
4408 4409 4514 4724 4775 4810

3.3. ZOOLOGIE / ЗООЛОГИЯ / ZOOLOGY / ZOOLOGIE

3313 3331 3361 3458 3518 3529 3577 3601 3602 3766
3861 3862 3863 4109 4110 4263 4289 4432 4441 4544
4548 4661

NACHTRAG / ДОПОЛНЕНИЯ / ADDENDA / APPENDICE

6962

3.4. GENETIK, BIOPHYSIK / ГЕНЕТИКА - БИОФИЗИКА / GENETICS, BIOPHYSICS / GÉNÉTIQUE, BIOPHYSIQUE

3350 3566 3567 4033 4263

3.5. ÖKOLOGIE, UMWELT / ЭКОЛОГИЯ [ОКРУЖАЮЩАЯ СРЕДА] / ECOLOGY. ENVIRONMENT / ECOLOGIE, ENVIRONNEMENT

3610 3720 3795 3796 3802 3928 3929 4367 4368 4369
4388 4445 4489 4544 4708 4783 4870 4871

NACHTRAG / ДОПОЛНЕНИЯ / ADDENDA / APPENDICE

6966 6970

4. MEDIZIN / МЕДИЦИНА / MEDICINE / MÉDECINE

3315 3376 3388 3591 3647 3653 3668 3672 3893 3958
4106 4183 4262 4314 4319 4424 4425 4654 4655 4743
4801 4845 4846 4874 5662 5663

NACHTRAG / ДОПОЛНЕНИЯ / ADDENDA / APPENDICE

7488 7511

5. LAND- UND FORSTWIRTSCHAFT / СЕЛЬСКОЕ ХОЗЯЙСТВО - ЛЕСНОЕ ХОЗЯЙСТВО / AGRICULTURE AND FORESTRY / AGRICULTURE ET SYLVICULTURE

3669 4069 4195 4311 4346 4587 4741 4764 4792

6. GESELLSCHAFTSWISSENSCHAFTEN. SPORT, MUSIK UND KUNST / ОБЩЕСТВЕННЫЕ НАУКИ, ФИЗИЧЕСКАЯ КУЛЬТУРА, МУЗЫКА, ИСКУССТВО / SOCIAL SCIENCES, SPORTS, MUSIC, ARTS / SCIENCES SOCIALES, SPORT, MUSIQUE , BEAUX-ARTS

3614

6.1. ÖKONOMIE (ALLGEMEIN) / ЭКОНОМИКА [ОБЩАЯ] / ECONOMICS (GENERAL) / ECONOMIE (GÉNÉRALITÉS)

571 3375 3402 3454 3664 3704 3788 3799 3927 3935
3943 3988 4098 4176 4346 4458 4475 4589 5007 5957
5964 6014 6253

NACHTRAG / ДОПОЛНЕНИЯ / ADDENDA / APPENDICE

6945

6.1.1. ÖKONOMETRIE / ЭКОНОМЕТРИКА / ECONOMETRICS / ECONOMÊTRIE

3630 3696 4091 4299

NACHTRAG / ДОПОЛНЕНИЯ / ADDENDA / APPENDICE

6921

6.1.3. VOLKSWIRTSCHAFT, FINANZEN / НАРОДНОЕ ХОЗЯЙСТВО – ФИНАНСЫ / NATIONAL ECONOMY, PUBLIC FINANCE / ECONOMIE NATIONALE, FINANCES

4475 4723

6.1.4. MARKTFORSCHUNG (MARKETING) / ИССЛЕДОВАНИЯ РЫНКА [СБЫТ] / MARKETING / ETUDE DE MARCHÊS (MARKETING)

3300 3333 3343 3417 3718 3791 3792 3960 4097 4468
4619 4668 4742 4992

6.1.5. WIRTSCHAFTSGESCHICHTE, GESCHICHTE, ARCHÄOLOGIE, ANTHROPOLOGIE / ЭКОНОМИЧЕСКАЯ ИСТОРИЯ [ИСТОРИЯ, АРХЕОЛОГИЯ, АНТРОПОЛОГИЯ]/ ECONOMIC HISTORY, HISTORY, ARCHEOLOGY, ANTHROPOLOGY / HISTOIRE ÊCONOMIEUQ, HISTOIRE, ARCHÊOLOGIE

3517 3789 3873 3891 3892 4013 4200 4320 4748

NACHTRAG / ДОПОЛНЕНИЯ / ADDENDA / APPENDICE

6579

6.1.6. DEMOGRAPHIE / ДЕМОГРАФИЯ / DEMOGRAPHY / DÊMOGRAPHIE

4569

NACHTRAG / ДОПОЛНЕНИЯ / ADDENDA / APPENDICE

6925

6.2. SOZIOLOGIE, SOZIOMETRIE, POLITIK / СОЦИОЛОГИЯ [СОЦИОМЕТРИКА, ПОЛИТИКА] / SOCIOLOGY, SOCIOMETRICS, POLITICS / SOCIOLOGIE, SOCIOMÉTRIE, SCIENCES POLITIQUES

3463 3988 4223 4347 4458 4730 4753 4865 5964

6.3. PHILOSOPHIE / ФИЛОСОФИЯ / PHILOSOPHY / PHILOSOPHIE

3740 4991 5687

6.6. LITERATUR- UND SPRACHWISSENSCHAFTEN / ЛИТЕРАТУРОВЕДЕНИЕ - ЯЗЫКОЗНАНИЕ / LITERATURE AND LINGUISTICS / LITTÊRATURE ET LINGUISTIQUES

3340 3347 3588 3956 3957 4046 4120 4321 4323 4387
4389 4777

6.7. BIBLIOTHEKSWISSENSCHAFTEN, INFORMATION, DOKUMENTATION / БИБЛИОТЕКОВЕДЕНИЕ, ИНФОРМАЦИЯ, ДОКУМЕНТАЦИЯ / LIBRARY SCIENCE, INFORMATION AND DOCUMENTATION / BIBLIOTHÊQUE, INFORMATION, DOCUMENTATION

3363 3445 3588 3930 4355 4500

NACHTRAG / ДОПОЛНЕНИЯ / ADDENDA / APPENDICE

6949

7. GEOGRAPHIE / ГЕОГРАФИЯ / GEOGRAPHY / GÉOGRAPHIE

3597 4865

NACHTRAG / ДОПОЛНЕНИЯ / ADDENDA / APPENDICE

6956 6965 7069 7180 7385 7488 7505 7511 7512 7513
7514 7515 7516 7517 7518 7519 7520 7521 7522

8. NATURWISSENSCHAFTEN UND INGENIEURWISSENSCHAFTEN (PHYSIK, CHEMIE, ASTRONOMIE, GEOLOGIE, METEOROLOGIE, BAUWESEN, MASCHINENBAU U.A.) / ЕСТЕСТВЕННЫЕ НАУКИ - ИНЖЕГЕРНОЕ ДЕЛО [ФИЗИКА, ХИМИЯ, АСТРОНОМИЯ, ГЕОЛОГИЯ, МЕТЕОРОЛОГИЯ, СТРОИТЕЛЬНОЕ ДЕЛО, МАШИНОСТРОЕНИЕ И ДР.] NATURAL SCIENCES, TECHNOLOGY, ENGINEERING (PHYSICS, CHEMISTRY, ASTRONOMY, GEOLOGY, METEOROLOGY, CIVIL ENGINEERING, ARCHITECTURE , MACHINE BUILDING ETC.) / SCIENCES NATURELLES ET TECHNIQUES (PHYSIQUE, CHIMIE, ASTRONOMIE, GÉOLOGIE, MÉTÉOROLOGIE, BÂTIMENT, CONSTRUCTION MÉCANIQUE, ETC.)

3831 3843 3984 4070 4212 4214 4518 4519 4572 4694
4700 4833 4907 5662

NACHTRAG / ДОПОЛНЕНИЯ / ADDENDA / APPENDICE

6920

9. KYBERNETIK, INFORMATIONSTHEORIE / КИБЕРНЕТИКА, ТЕОРИЯ ИНФОРМАЦИИ /CYBERNETICS, INFORMATION THEORY / CYBERNÉTIQUE, THÉORIE DE L'INFORMATION

3357 3396 3778 3930 4120 4162 4303 4317 4393 4488
4617 4714

10. DATENVERARBEITUNG, COMPUTERWISSENSCHAFT, COMPUTER-PROGRAMME / АВТОМАТИЧЕСКАЯ ОБРАБОТКА ДАННЫХ, ТЕОРИЯ ЭЛЕКТРОННО- ВЫЧИСЛИТЕЛЬНЫХ МАШИН, ПРОГРАММЫ ДЛЯ ЭЛЕКТРОННО- ВЫЧИСЛИТЕЛЬНЫХ МАШИН / DATA PROCESSING, COMPUTER SCIENCES, COMPUTER PROGRAMMES / INFORMATIQUE

3304	3358	3368	3370	3371	3372	3374	3450	3468	3469
3568	3593	3598	3605	3723	3952	4051	4058	4060	4063
4064	4065	4066	4047	4068	4103	4116	4151	4212	4258
4259	4297	4390	4392	4498	4499	4500	4514	4536	4537
4538	4547	4556	4568	4628	4724	4757	4795	4808	4809
4833	4854	4855	4858	4849	4860	4861	4862	4864	4866
4872	4898	4900	5484	5506	5702	5889	5922		

NACHTRAG / ДОПОЛНЕНИЯ / ADDENDA / APPENDICE

6929

V. NUMERISCHE TAXONOMIE / НУМЕРИЧЕСКАЯ ТАКСОНОМИЯ / NUMERICAL TAXONOMY / TAXONOMIE NUMÉRIQUE

1. METHODE, VERFAHREN, MATHEMATISCH-STATISTISCHES MODELL (ALLGEMEIN) / МЕТОД, ПРИЁМ, МАТЕМАТИЧЕСКИ-СТАТИСТИЧЕСКАЯ МОДЕЛЬ [В ОБЩЕМ] / METHOD, TECHNIQUE, MATHEMATICAL-STATISTICAL MODEL (GENERAL) / MÉTHODE, PROCÉDÉ, MODÈLE MATHÉMATIQUE, STATISTIQUE (GÉNÉRALITÉS)

71 106 502 599a 2317 2321 3683 3939 4566 4644
4938 4943 4946 4948 4951 5953 4954 4960 4963 4964
4968 4969 4970 4971 4972 4973 4974 4976 4977 4978
4979 4980 4984 4985 4986 4990 4991 4994 4995 4999
5000 5002 5006 5008 5012 5013 5015 5016 5017 5018
5021 5029 5032 5033 5039 5040 5041 5047 5048 5058
5059 5060 5064 5065 5066 5067 5068 5071 5072 5074
5075 5076 5081 5082 5085 5086 5088 5090 5091 5093
5094 5098 5099 5103 5104 5108 5112 5124 5130 5137
5141 5142 5147 5148 5151 5154 5156 5157 5158 5162
5167 5168 5169 5175 5180 5182 5184 5188 5189 5190
5192 5195 5199 5209 5212 5215 5217 5218 5226 5227
5228 5236 5238 5240 5241 5254 5255 5257 5260 5261
5262 5266 5267 5274 5278 5283 5292 5293 5294 5295
5297 5306 5307 5308 5310 5311 5312 5316 5320 5333 5338
5340 5345 5346 5347 5348 5349 5362 5364 5366 5377
5378 5379 5381 5387 5389 5390 5393 5394 5396 5397
5398 5399 5400 5403 5404 5406 5407 5408 5409 5410
5411 5414 5416 5417 5422 5425 5429 5434 5435 5442
5449 5457 5459 5461 5462 5463 5464 5465 5475 5476
5477 5603 5670 5682 5757 5838 5929 6028 6080

NACHTRAG / ДОПОЛНЕНИЯ / ADDENDA / APPENDICE

6680 6981 6990 6992 6993 7017 7030 7480

1.1. ERZEUGUNG DER KORRELATIONSMATRIX BZW. VON ANDEREN ZUSAMMENHANGSMASZEN (ÄHNLICHKEITSMASZE, DISTANZMASZE, KONKORDANZKOEFFIZIENTEN USW.) / ПОРОЖДЕНИЕ КОРРЕЛЯЦИОННОЙ МАТРИЦЫ ИЛИ ДРУГИХ МЕР СВЯЗНОСТИ [СХОДСТВА, РАССТОЯНИЯ, КОЭФФИЦИЕНТА СООТВЕТСТВИЙ И ДР.]
CALCULATION OF THE CORRELATION MATRIX AND OTHER MEASURES OF RELATIONSHIP (SIMILARITY, CONCORDANCE, DISTANCE ETC.) / CALCULATION DE LA MATRICE DE CORRELATION, RESP. D'AUTRES MESURES DE CONNEXION (INDICE DE SIMILARITÉ, COEFFICIENTS DE DISTANCE, COEFFICIENTS DE PROXIMITÉ, ETC.)

5063 5069 5070 5105 5107 5109 5110 5111 5133 5135
5136 5161 5172 5173 5191 5303 5304 5343 5373 5405
5441

NACHTRAG / ДОПОЛНЕНИЯ / ADDENDA / APPENDICE

7001 7009 7010 7015

1.5. FAKTORWERTSCHÄTZUNG, STATISTISCHE TESTS, VALIDIERUNG, INTERPRETATIONSMÖGLICHKEITEN / ОЦЕНКА ЗНАЧЕНИЙ ФАКТОРОВ, СТАТИСТИЧЕСКИЕ ПРОВЕРКИ, ПРИЗНАНИЕ ВЫБОРКИ СВОБОДНОЙ ОТ СУБЪЕКТИВНЫХ ФАКТОРОВ [ВАЛИДАЦИЯ], ВОЗМОЖНОСТИ ИНТЕРПРЕТАЦИИ / ESTIMATION OF FACTOR SCORES, STATISTICAL TESTS, VALIDATION, INTERPRETATION OF RESULTS / ESTIMATION DES VALEURS DE FACTEUR, TESTS STATISTIQUES, VALIDITÉ, POSSIBILITÉS D'INTERPRÉTATION

5260 5261

2.1. PSYCHOMETRIE / ПСИХОМЕТРИКА / PSYCHOMETRICS / PSYCHOMÊTRIE

4961 5020 5031 5174 5206 5450

2.2. ENTWICKLUNGSPSYCHOLOGIE / ВОЗРАСТНАЯ ПСИХОЛОГИЯ / DEVELOPMENTAL PSYCHOLOGY / PSYCHOLOGIE DU DÊVELOPPEMENT

5027

2.3. ERZIEHUNGSPSYCHOLOGIE / ПЕДАГОГИЧЕСКАЯ ПСИХОЛОГИЯ / EDUCATIONAL PSYCHOLOGY / PSYCHOLOGIE DE L'ÊDUCATION

4946 5002

2.4. ANGEWANDTE PSYCHOLOGIE / ПРИКЛАДНАЯ ПСИХОЛОГИЯ / APPLIED PSYCHOLOGY / PSYCHOLOGIE APPLIQUÊE

4965a 4981 5006 5102

2.7. KLINISCHE PSYCHOLOGIE / КЛИНИЧЕСКАЯ ПСИХОЛОГИЯ / CLINICAL PSYCHOLOGY / PSYCHOLOGIE CLINIQUE

5101

3.1. BIOMETRIE / БИОМЕТРИКА / BIOMETRICS / BIOMÊTRIE

4553 4762 4948 4949 4962 4966 4977 4984 4987 4998
4999 5000 5024 5038 5043 5069 5070 5074 5075 5076
5084 5085 5087 5089 5114 5170 5177 5178 5184 5185
5187 5192 5211 5218 5219 5225 5228 5237 5239 5253
5262 5266 5268 5269 5270 5279 5287 5288 5300 5302
5325 5326 5329 5332 5333 5335 5341 5343 5349 5350
5365 5371 5375 5377 5380 5388 5389 5392 5394 5402
5426 5428 5430 5436 5438 5442 5454 5463 5466 5467
5469 5946

NACHTRAG / ДОПОЛНЕНИЯ / ADDENDA / APPENDICE

7002

3.2. BOTANIK / БОТАНИКА / BOTANY / BOTANIQUE

3938 4933 4934 4935 4936 4941 4947 4956 4959 4960
5001 5004 5010 5011 5012 5019 5023 5025 5036 5042
5050 5061 5098 5100 5104 5128 5134 5140 5141 5143
5149 5164 5181 5183 5186 5197 5201 5210 5215 5245
5250 5251 5252 5331 5337 5339 5360 5361 5367 5386
5419 5420 5424 5431 5433 5437 5445 5447 5449 5452
5939

3.3. ZOOLOGIE / ЗООЛОГИЯ / ZOOLOGY / ZOOLOGIE

4938 4939 4942 4944 4945 4955 4957 4958 4964 4965
4967 4983 4987 4988 4989 5003 5005 5026 5028 5030
5032 5037 5055 5056 5057 5073 5077 5078 5079 5083
5084 5097 5106 5113 5117 5118 5125 5126 5127 5132
5138 5153 5159 5163 5165 5193 5194 5200 5202 5204
5205 5208 5220 5223 5224 5229 5230 5231 5232 5234
5235 5236 5243 5244 5248 5249 5256 5263 5264 5265
5271 5272 5273 5275 5276 5280 5296 5298 5299 5310
5313 5321 5323 5336 5344 5350 5351 5352 5353 5354
5358 5359 5363 5369 5370 5374 5376 5382 5383 5384
5385 5391 5392 5393 5395 5401 5412 5413 5415 5432 5439
5448 5453 5455 5458 5472 5474 5838 5928 5970

NACHTRAG / ДОПОЛНЕНИЯ / ADDENDA / APPENDICE

6553 7003

3.4. GENETIK, BIOPHYSIK / ГЕНЕТИКА - БИОФИЗИКА / GENETICS, BIOPHYSICS / GÉNÉTIQUE, BIOPHYSIQUE

5033 5049 5062 5119 5152 5277 5334 5342 5913

NACHTRAG / ДОПОЛНЕНИЯ / ADDENDA / APPENDICE

7018 7031

3.5. ÖKOLOGIE, UMWELT / ЭКОЛОГИЯ [ОКРУЖАЮЩАЯ СРЕДА] / ECOLOGY, ENVIRONMENT / ECOLOGIE, ENVIRONNEMENT

4367 4368 4940 4941 5034 5035 5036 5072 5073 5096
5127 5128 5135 5136 5159 5166 5171 5203 5213 5214
5282 5284 5289 5290 5291 5301 5318 5319 5330 5357
5372 5443 5456 5460 5461 5470 5471

NACHTRAG / ДОПОЛНЕНИЯ / ADDENDA / APPENDICE

6992

4. MEDIZIN / МЕДИЦИНА / MEDICINE / MÉDECINE

4952 4993 4996 5009 5053 5080 5095 5145 5207 5246
5314 5356 5446 5453 5455

5. LAND- UND FORSTWIRTSCHAFT / СЕЛЬСКОЕ ХОЗЯЙСТВО - ЛЕСНОЕ ХОЗЯЙСТВО / AGRICULTURE AND FORESTRY / AGRICULTURE ET SYLVICULTURE

4937 4949 5216 5317 5328 5368

NACHTRAG / ДОПОЛНЕНИЯ / ADDENDA / APPENDICE

6996 7006 7007 7011 7014 7016 7019 7020 7021 7022
7023 7024 7025 7026 7027 7028 7029 7032 7033 7034
7036

6.1. ÖKONOMIE (ALLGEMEIN) / ЭКОНОМИКА [ОБЩАЯ]/ECONOMICS (GENERAL) / ECONOMIE (GÉNÉRALITÉS)

4950 4963 4973 4982 5007 5044 5046 5052 5092 5116
5123 5198 5222 5285 5305 5309 5315 5421 5427 5473

6.1.1. ÖKONOMMETRIE / ЭКОНОМЕТРИКА / ECONOMETRICS / ECONOMÉTRIE

4977

6.1.2. BETRIEBSWIRTSCHAFT / ЭКОНОМИКА ПРОМЫШЛЕННОГО ПРЕДПРИЯТИЯ /BUSINESS ECONOMICS / ECONOMIE DE L'ENTREPRISE (MICRO-ÉCONOMIE)

5115

6.1.4. MARKTFORSCHUNG (MARKETING) / ИССЛЕДОВАНИЯ РЫНКА [СБЫТ] / MARKETING / ETUDE DE MARCHÉS (MARKETING)

4992 5022 5146 5150 5196 5324

6.1.5. WIRTSCHAFTSGESCHICHTE, GESCHICHTE, ARCHÄOLOGIE. ANTHROPOLOGIE / ЭКОНОМИЧЕСКАЯ ИСТОРИЯ [ИСТОРИЯ, АРХЕОЛОГИЯ, АНТРОПОЛОГИЯ]/ ECONOMIC HISTORY, HISTORY, ARCHEOLOGY, ANTHROPOLOGY / HISTOIRE ÉCONOMIQUE, HISTOIRE, ARCHÉOLOGIE

4962 5045 5051 5121 5125 5160 5163 5176 5242 5327

6.1.6. DEMOGRAPHIE / ДЕМОГРАФИЯ / DEMOGRAPHY / DÉMOGRAPHIE

4951 5122 5423 5945

6.2. SOZIOLOGIE, SOZIOMETRIE, POLITIK / СОЦИОЛОГИЯ [СОЦИОМЕТРИКА, ПОЛИТИКА] / SOCIOLOGY, SOCIOMETRICS, POLITICS / SOCIOLOGIE, SOCIOMÉTRIE, SCIENCES POLITIQUES

4990 5013 5014 5052 5054 5131 5139 5151 5155 5179
5286 5305 5355 5418 5451

6.3. PHILOSOPHIE / ФИЛОСОФИЯ / PHILOSOPHY / PHILOSOPHIE

5238 5687

6.5. KUNST- UND MUSIKWISSENSCHAFTEN / ИСКУССТВОВЕДЕНИЕ - МУЗЫКОВЕДЕНИЕ / MUSIC AND ARTS / MUSIQUE ET BEAUX-ARTS

NACHTRAG / ДОПОЛНЕНИЯ/ADDENDA / APPENDICE

6680

6.6. LITERATUR- UND SPRACHWISSENSCHAFTEN / ЛИТЕРАТУРОВЕДЕНИЕ - ЯЗЫКОЗНАНИЕ / LITERATURE AND LINGUISTICS / LITTÉRATURE ET LINGUISTIQUES

4968 4975 5129 5221 5468

6.7. BIBLIOTHEKSWISSENSCHAFTEN , INFORMATION. DOKUMENTATION / БИБЛИОТЕКОВЕДЕНИЕ, ИНФОРМАЦИЯ, ДОКУМЕНТАЦИЯ / LIBRARY SCIENCE, INFORMATION AND DOCUMENTATION / BIBLIOTHÈQUE, INFORMATION, DOCUMENTATION

5169 5175

7. GEOGRAPHIE / ГЕОГРАФИЯ / GEOGRAPHY / GÉOGRAPHIE

5046 5285

NACHTRAG / ДОПОЛНЕНИЯ / ADDENDA / APPENDICE

7035 7469

8. NATURWISSENSCHAFTEN UND INGENIEURWISSENSCHAFTEN (PHYSIK, CHEMIE, ASTRONOMIE, GEOLOGIE, METEOROLOGIE, BAUWESEN, MASCHINENBAU U.A.) / ЕСТЕСТВЕННЫЕ НАУКИ - ИНЖЕНЕРНОЕ ДЕЛО [ФИЗИКА, ХИМИЯ, АСТРОНОМИЯ, ГЕОЛОГИЯ, МЕТЕОРОЛОГИЯ, СТРОИТЕЛЬНОЕ ДЕЛО, МАШИНОСТРОЕНИЕ И ДР.] NATURAL SCIENCES, TECHNOLOGIE, ENGINEERING (PHYSICS, CHEMISTRY, ASTRONOMY, GEOLOGY, METEOROLOGY, CIVIL ENGINEERING, ARCHITECTURE, MACHINE BUILDING ETC.) / SCIENCES NATURELLES ET TECHNIQUES (PHYSIQUE, CHIMIE, ASTRONOMIE, GÉOLOGIE, MÉTÉOROLOGIE, BÂTIMENT, CONSTRUCTION MÉCANIQUE, ETC.)

4934 4935 4936 4937 5045 5120 5144 5176 5207 5279
5281 5332 5373 5439 5440

NACHTRAG / ДОПОЛНЕНИЯ / ADDENDA / APPENDICE

6535 6991 6994 6995 6996 6997 6998 6999 7000 7004
7005 7006 7007 7008 7011 7012 7013 7014 7016 7019
7020 7021 7022 7023 7024 7025 7026 7027 7028 7029
7032 7033 7034 7036 7482

10. DATENVERARBEITUNG, COMPUTERWISSENSCHAFT, COMPUTER-PROGRAMME / АВТОМАТИЧЕСКАЯ ОБРАБОТКА ДАННЫХ, ТЕОРИЯ ЭЛЕКТРОННО-ВЫЧИСЛИТЕЛЬНЫХ МАШИН, ПРОГРАММЫ ДЛЯ ЭЛЕКТРОННО-ВЫЧИСЛИТЕЛЬНЫХ МАШИН / DATA PROCESSING , COMPUTER SCIENCES, COMPUTER PROGRAMMES / INFORMATIQUE

4997	5089	5195	5233	5341	5347	5348	5362	5411	5444

VI. AUTOMATISCHE ZEICHEN- ODER MUSTER- ODER GESTALTERKENNUNG "PATTERN RECOGNITION " / РАСПОЗНАВАНИЕ ОБРАЗОВ / PATTERN RECOGNITION / RECONNAISSANCE DES FORMES

1. METHODE, VERFAHREN, MATHEMATISCH-STATISTISCHES MODELL (ALLGEMEIN) / МЕТОД, ПРИЁМ, МАТЕМАТИЧЕСКИ-СТАТИСТИЧЕСКАЯ МОДЕЛЬ [В ОБЩЕМ]/METHOD, TECHNIQUE, MATHEMATICAL-STATISTICAL MODEL (GENERAL) / MÊTHODE, PROCÊDÊ, MODÊLE MATHÊMATIQUE-STATISTIQUE (GÊNÊRALITÊS)

71	599a	4185	4551	4644	4717	4759	4769	5478	5479
5480	5481	5493	5495	5496	5500	5501	5507	5509	5510
5512	5514	5516	5524	5526	5528	5532	5535	5536	5537
5541	5552	5553	5554	5556	5560	5561	5562	5563	5564
5565	5573	5574	5576	5577	5581	5585	5586	5589	5598
5599	5603	5604	5609	5611	5612	5614	5616	5619	5622
5623	5624	5625	5631	5632	5635	5636	5638	5639	5640
5642	5643	5644	5651	5652	5653	5654	5655	5656	5657
5659	5661	5670	5682	5683	5684	5685	5692	5694	5696
5707	5708	5709	5710	5711	5713	5714	5716	5736	5739
5741	5743	5745	5746	5748	5749	5751	5757	5762	5773
5776	5778	5779	5781	5783	5784	5785	5795	5796	5799
5801	5802	5803	5804	5805	5806	5808	5813	5815	5817
5818	5821	5822	5823	5824	5829	5831	5832	5835	5838
5841	5844	5849	5850	5854	5855	5856	5857	5861	5863

5866	5867	5870	5871	5872	5873	5874	5876	5877	5881
5882	5884	5885	5887	5888	5891	5892	5893	5895	5897
5898	5900	5902	5903	5905	5906	5907	5908	5909	5912
5915	5917	5918	5919	5921	5923	5924	5925	5929	5931
5931	5932	5933	5940	5942	5943	5945	5946	5949	5950
5951	5952	5953	5954	5955	5956	5957	5960	5962	5963
5964	5965	5966	5977	5980	5984	5985	5994	5995	5996
5997	5999	6000	6012	6013	6017	6022	6025	6026	6027
6028	6033	6038	6042	6043	6044	6046	6047	6049	6051
6052	6054	6058	6059	6060	6061	6062	6063	6064	6066
6067	6068	6069	6073	6074	6075	6077	6079	6080	6081
6082	6084	6085	6088	6089	6097	6098	6101	6102	6103
6105	6109	6111	6112	6114	6119	6120	6125	6126	6127
6128	6134	6137	6138	6140	6141	6142	6143	6144	6145
6147	6148	6150	6151	6156	6161	6162	6166	6171	6172
6173	6174	6175	6176	6177	6178	6179	6182	6184	6185
6190	6193	6195	6198	6199	6200	6202	6203	6205	6206
6207	6208	6213	6214	6216	6217	6220	6224	6225	6227
6230	6235	6245	6246	6248	6252	6256	6259	6260	6261
6273	6275	6277	6278	6279	6286	6297	6299	6300	6304
6305	6307	6315	6319	6322	6324	6326	6327	6336	6337
6338	6339	6341	6342	6345	6349	6350	6351	6354	6357
6358	6359	6360	6362	6367	6368	6383	6390	6391	6392
6394	6396	6401	6402	6406	6407	6408	6410	6412	6417
6421	6424	6425	6426	6427	6428	6429	6430	6431	6432
6433	6442	6445	6447	6448	6449	6450	6452	6453	6454
6455	6456	6457	6461	6462	6465	6466	6467	6469	6471
6473	6474	6479	6480	6481	6482	6484	6485	6486	6491
6492	6493	6495	6496	6502	6503	6504	6505	6510	6512
6513	6514	6515	6516	6517	6519	6520	6521	6522	6524
6526	6905								

NACHTRAG / ДОПОЛНЕНИЯ / ADDENDA / APPENDICE

6981	7037	7040	7041	7043	7045	7047	7049	7050	7052
7053	7054	7056	7061	7062	7066	7067	7070	7074	7076

7077 7087 7088 7091 7093 7094 7095 7099 7102 7103
7107 7108 7113 7116 7119 7120 7122 7123 7124 7130
7133 7134 7135 7136 7137 7138 7139 7141 7142 7146
7150 7151 7152 7157 7161 7166 7167 7168 7171 7172
7173 7176 7177 7178 7179 7182 7184 7188 7192 7193
7194 7196 7197 7199 7201 7202 7205 7208 7210 7213
7214 7216 7219 7220 7222 7225 7230 7232 7234 7235
7236 7239 7240 7241 7242 7243 7246 7247 7250 7253
7263 7267 7269 7270 7274 7275 7276 7280 7282 7283
7285 7286 7288 7291 7293 7294 7295 7299 7300 7301
7303 7304 7305 7307 7311 7313 7314 7321 7327 7329
7331 7332 7334 7339 7340 7342 7343 7346 7347 7348
7353 7357 7358 7359 7360 7363 7365 7372 7375 7376
7377 7378 7386 7388 7389 7390 7391 7392 7394 7395
7398 7399 7401 7409 7412 7413 7414 7421 7423 7424
7425 7426 7433 7434 7437 7439 7446 7448 7449 7452
7453 7454 7457 7458 7462 7465 7472 7473 7476 7478
7503 7504 7525 7527

1.1. ERZEUGUNG DER KORRELATIONSMATRIX BZW. VON ANDEREN ZUSAMMENHANGSMASZEN (ÄHNLICHKEITSMASZE, DISTANZMASZE, KONKORDANZKOEFFIZIENTEN USW.) /ПОРОЖДЕНИЕ КОРРЕЛЯЦИОННОЙ МАТРИЦЫ ИЛИ ДРУГИХ МЕР СВЯЗНОСТИ [СХОДСТВА, РАССТОЯНИЯ, КОЭФФИЦИЕНТА СООТВЕТСТВИЙ И ДР.]/
CALCULATION OF THE CORRELATION MATRIX AND OTHER MEASURES OF RELATIONSHIP (SIMILARITY, CONCORDANCE, DISTANCE ETC.) / CALCULATION DE LA MATRICE DE CORRÊLATION, RESP. D'AUTRES MESURES DE CONNEXION (INDICE DE SIMILARITÊ, COEFFICIENTS DE DISTANCE, COEFFICIENTS DE PROXIMITÊ, ETC.)

5582 5712 5774 5837 6210 6472 6525

NACHTRAG / ДОПОЛНЕНИЯ / ADDENDA / APPENDICE

7051 7111 7115 7118 7147 7148 7221 7405 7431 7460

1.4. ROTATION (TRANSFORMATION) / ВРАЩЕНИЕ [ПРЕОБРАЗОВАНИЕ] / ROTATION (TRANSFORMATION) / ROTATION (TRANSFORMATION)

NACHTRAG / ДОПОЛНЕНИЯ / ADDENDA / APPENDICE

7310

2. PSYCHOLOGIE, PÄDAGOGIK / ПСИХОЛОГИЯ - ПЕДАГОГИКА / PSYCHOLOGY, PEDAGOGY / PSYCHOLOGIE, PÊDAGOGIE

5703

NACHTRAG / ДОПОЛНЕНИЯ / ADDENDA / APPENDICE

7249

2.1. PSYCHOMETRIE / ПСИХОМЕТРИКА / PSYCHOMETRICS / PSYCHOMÊTRIE

5704 5764 5790 5829 5878 5927 6035 6036 6037 6043
6066 6194 6387

NACHTRAG / ДОПОЛНЕНИЯ / ADDENDA / APPENDICE

7135 7335 7366

2.3. ERZIEHUNGSPSYCHOLOGIE / ПЕДАГОГИЧЕСКАЯ ПСИХОЛОГИЯ / EDUCATIONAL PSYCHOLOGY / PSYCHOLOGIE DE L'ÊDUCATION

6031 6032

2.4. **ANGEWANDTE PSYCHOLOGIE / ПРИКЛАДНАЯ ПСИХОЛОГИЯ / APPLIED PSYCHOLOGY / PSYCHOLOGIE APPLIQUÉE**

NACHTRAG / ДОПОЛНЕНИЯ / ADDENDA / APPENDICE

7487

2.6. **KOGNITIVE PROZESSE, MOTIVATION. WAHRNEHMUNG / ПРОЦЕССЫ РАСПОЗНАВАНИЯ, МОТИВАЦИЯ, ВОСПРИЯТИЕ / COGNITIVE PROCESSES, MOTIVATION, PERCEPTION / PROCÈS COGNITIFS, MOTIVATION, PERCEPTION**

5979

NACHTRAG / ДОПОЛНЕНИЯ / ADDENDA / APPENDICE

7126 7138 7145 7181 7188 7199 7201 7273 7296 7338
7435 7471

3.1. **BIOMETRIE / BIOMETRICS / BIOMÊTRIE/ БИОМЕТРИКА/**

5489 5689 5744 5765 5789 5798 5836 5842 6187 6218
6297 6488

3.2. **BOTANIK / БОТАНИКА / BOTANY / BOTANIQUE**

5939

3.3. **ZOOLOGIE /ЗООЛОГИЯ / ZOOLOGY / ZOOLOGIE**

5928 5970

3.4. **GENETIK, BIOPHYSIK / ГЕНЕТИКА - БИОФИЗИКА / GENETICS, BIOPHYSICS / GÊNÊTIQUE, BIOPHYSIQUE**

5617 5859 5913

NACHTRAG / ДОПОЛНЕНИЯ / ADDENDA / APPENDICE

7057 7191 7244 7438

4. MEDIZIN / МЕДИЦИНА / MEDICINE / MÉDECINE

5491 5517 5518 5519 5525 5538 5572 5662 5663 5690
5772 5836 5839 5842 5911 5930 5936 5947 5983 6002
6003 6004 6048 6050 6055 6070 6071 6096 6099 6100
6110 6113 6115 6118 6133 6149 6150 6191 6211 6218
6237 6241 6262 6282 6285 6303 6323 6344 6353 6356
6363 6364 6365 6380 6393 6398 6440 6441 6477 6478
6506 6523

NACHTRAG / ДОПОЛНЕНИЯ / ADDENDA / APPENDICE

7038 7081 7090 7094 7233 7248 7266 7307 7325 7330
7341 7367 7369 7407 7427 7506

5. LAND- UND FORSTWIRTSCHAFT /СЕЛЬСКОЕ ХОЗЯЙСТВО - ЛЕСНОЕ ХОЗЯЙСТВО / AGRICULTURE AND FORESTRY / AGRICULTURE ET SYLVICULTURE

4587 5886 6281

NACHTRAG / ДОПОЛНЕНИЯ / ADDENDA / APPENDICE

7110 7252

6. GESELLSCHAFTSWISSENSCHAFTEN, SPORT, MUSIK UND KUNST / ОБЩЕСТВЕННЫЕ НАУКИ, ФИЗИЧЕСКАЯ КУЛЬТУРА, МУЗЫКА, ИСКУССТВО / SOCIAL SCIENCES , SPORTS, MUSIC, ARTS / SCIENCE SOCIALES, SPORT, MUSIQUE, BEAUX-ARTS

6520 6524

6.1. ÖKONOMIE (ALLGEMEIN)/ ЭКОНОМИКА [ОБЩАЯ] / ECONOMICS (GENERAL) / ECONOMIE (GÉNÉRALITÉS)

5571 5864 6014 6222 6253

6.1.5. WIRTSCHAFTSGESCHICHTE, GESCHICHTE, ARCHÄOLOGIE, ANTHROPOLOGIE / ЭКОНОМИЧЕСКАЯ ИСТОРИЯ [ИСТОРИЯ, АРХЕОЛОГИЯ, АНТРОПОЛОГИЯ]/ECONOMIC HISTORY, HISTORY, ARCHEOLOGY, ANTHROPOLOGY / HISTOIRE ÉCONOMIQUE, HISTOIRE, ARCHÉOLOGIE

NACHTRAG / ДОПОЛНЕНИЯ / ADDENDA / APPENDICE

7231

6.3. PHILOSOPHIE / ФИЛОСОФИЯ / PHILOSOPHY / PHILOSOPHIE

5687

NACHTRAG / ДОПОЛНЕНИЯ / ADDENDA / APPENDICE

7353

6.6. LITERATUR- UND SPRACHWISSENSCHAFTEN / ЯЗЫКОЗНАНИЕ, ЛИТЕРАТУРОВЕДЕНИЕ / LITERATURE AND LINGUISTICS / LITTÉRATURE ET LINGUISTIQUES

5502	5521	5527	5542	5557	5565	5568	5569	5575	5600
5604	4518	5629	5633	5648	5649	5660	5664	5665	5667
5668	5669	5671	5688	5715	5719	5721	5732	5740	5747
5750	5752	5753	5754	5758	5760	5761	5768	5769	5770
5787	5797	5809	5810	5811	5812	5816	5820	5828	5830
5834	5847	5848	5858	5861	5865	5868	5894	5896	5901
5904	5914	5920	5926	5935	5941	5944	5967	5968	5969
5978	6001	6005	6011	6020	6029	6045	6056	6057	6076
6078	6083	6087	6094	6104	6106	6107	6108	6116	6121
6122	6123	6124	6129	6131	6135	6136	6153	6160	6165

6169 6183 6188 6189 6192 6204 6223 6231 6235 6236
6243 6288 6298 6308 6311 6340 6343 6355 6369 6376
6378 6379 6381 6382 6384 6385 6399 6400 6404 6405
6411 6420 6423 6433 6434 6435 6443 6446 6451 6463
6464 6468 6487 6489 6511 6518

NACHTRAG / ДОПОЛНЕНИЯ / ADDENDA / APPENDICE

7046 7048 7072 7083 7086 7097 7106 7127 7131 7138
7143 7170 7187 7188 7190 7204 7212 7217 7224 7227
7255 7265 7285 7297 7298 7309 7315 7319 7323 7324
7345 7364 7419 7429 7430 7435 7437 7443 7445 7446
7463 7464 7467 7493 7500 7502 7530

6.7. BIBLIOTHEKSWISSENSCHAFTEN. INFORMATION, DOKUMENTATION / БИБЛИОТЕКОВЕДЕНИЕ, ИНФОРМАЦИЯ, ДОКУМЕНТАЦИЯ / LIBRARY SCIENCE, INFORMATION AND DOCUMENTATION / BIBLIOTHÊQUE, INFORMATION, DOCUMENTATION

6371

NACHTRAG / ДОПОЛНЕНИЯ / ADDENDA / APPENDICE

7063 7159 7396 7397

6.8. RECHTSWISSENSCHAFTEN / ЮРИСПРУДЕНЦИЯ / JURISPRUDENCE (LAW) / DROIT

NACHTRAG / ДОПОЛНЕНИЯ / ADDENDA / APPENDICE

7123

7. GEOGRAPHIE / ГЕОГРАФИЯ / GEOGRAPHY / GÉOGRAPHIE

5853 5875 6016

NACHTRAG / ДОПОЛНЕНИЯ / ADDENDA / APPENDICE

7069	7073	7105	7110	7112	7114	7121	7153	7154	7180
7189	7207	7252	7256	7311	7336	7368	7385	7432	7439
7469	7470	7475	7486	7526					

8\. NATURWISSENSCHAFTEN UND INGENIEURWISSENSCHAFTEN (PHYSIK, CHEMIE, ASTRONOMIE, GEOLOGIE, METEOROLOGIE, BAUWESEN, MASCHINENBAU U.A.)/ ЕСТВЕСТВЕННЫЕ НАУКИ - ИНЖЕГЕРНОЕ ДЕЛО [ФИЗИКА, ХИМИЯ, АСТРОНОМИЯ, ГЕОЛОГИЯ, МЕТЕОРОЛОГИЯ, СТРОИТЕЛЬНОЕ ДЕЛО, МАШИНОСТРОЕНИЕ И ДР.]/ NATURAL SCIENCES, TECHNOLOGY, ENGINEERING (PHYSICS, CHEMISTRY, ASTRONOMY, GEOLOGY, METEOROLOGY, CIVIL ENGINEERING,ARCHITECTURE, MACHINE BUILDING ETC.) / SCIENCES NATURELLES ET TECHNIQUES (PHYSIQUE, CHIMIE, ASTRONOMIE, GÉOLOGIE, MÉTÉOROLOGIE, BÂTIMENT, CONSTRUCTION MÉCANIQUE, ETC.).

5501	5504	5505	5508	5511	5513	5522	5523	5526	5533
5539	5547	5549	5550	5551	5566	5577	5578	5579	5580
5597	5601	5602	5610	5612	5613	5615	5628	5634	5635
5637	5639	5645	5747	5650	5651	5658	5662	5672	5681
5693	5695	5697	5698	5699	5701	5718	5722	5733	5734
5741	5744	5755	5763	5782	5786	5791	5793	5794	5795
5814	5826	5833	5834	5840	5843	5844	5860	5869	5880
5898	5905	5906	5916	5919	5934	5956	5983	5998	6023
6024	6034	6065	6069	6072	6083	6086	6095	6137	6157
6158	6159	6163	6170	6181	6182	6186	6190	6197	6201
6219	6221	6346	6247	6248	6252	6257	6260	6261	6273
6274	6289	6301	6306	6311	6335	6348	6361	6366	6370
6373	6374	6375	6376	6380	6386	6394	6403	6418	6422
6438	6458	6460	6475	6483	6490	6497	6500	6523	

NACHTRAG / ДОПОЛНЕНИЯ / ADDENDA / APPENDICE

7044	7055	7058	7059	7066	7071	7075	7078	7079	7080
7082	7084	7089	7100	7104	7109	7124	7125	7131	7132
7139	7140	7144	7145	7149	7156	7158	7162	7163	7165
7167	7169	7174	7175	7183	7185	7186	7195	7200	7206
7209	7211	7215	7218	7224	7226	7229	7230	7237	7238
7245	7251	7253	7254	7257	7258	7259	7261	7264	7266
7268	7272	7274	7277	7278	7279	7284	7286	7287	7289
7290	7291	7292	7295	7302	7308	7310	7318	7321	7322
7326	7337	7344	7350	7352	7354	7361	7362	7370	7379
7381	7382	7384	7387	7389	7400	7406	7408	7415	7418
7428	7431	7436	7442	7443	7444	7445	7447	7451	7466
7467	7468	7471	7474	7483	7489	7490	7491	7492	7495
7496	7498	7507	7528	7529					

9. KYBERNETIK, INFORMATIONSTHEORIE / КИБЕРНЕТИКА, ТЕОРИЯ ИНФОРМАЦИИ /CYBERNETICS, INFORMATION THEORY / CYBERNÉTIQUE, THÉORIE DE L'INFORMATION

5478	5479	5480	5492	5493	5508	5509	5520	5534	5535
5541	5542	5545	5546	5547	5548	5549	5551	5555	5557
5558	5559	5561	5569	5574	5575	5576	5581	5583	5586
5596	5597	5600	5601	5616	5618	5620	5621	5629	5630
5631	5633	5642	5643	5644	5646	5647	5648	5654	5655
5656	5660	5661	5664	5665	5666	5667	5669	5674	5675
5676	5677	5678	5679	5680	5685	5686	5688	5691	5700
5705	5706	5708	5715	5717	5721	5735	5736	5737	5738
5742	5747	5750	5758	5770	5771	5777	5780	5789	5790
5792	5799	5801	5802	5803	5804	5807	5809	5810	5811
5816	5827	5828	5830	5831	5843	5845	5846	5857	5858
5869	5883	5885	5890	5896	5899	5901	5910	5914	5918
5920	5933	5936	5937	5938	5940	5944	5948	5952	5961
5963	5985	6011	6029	6051	6058	6060	6072	6077	6085
6104	6106	6116	6117	6130	6135	6136	6140	6141	6143

6144	6145	6146	6149	6152	6153	6160	6164	6169	6174
6183	6189	6204	6209	6212	6220	6228	6229	6231	6232
6233	6234	6238	6239	6241	6242	6243	6244	6249	6250
6251	6255	6258	6259	6276	6288	6298	6309	6310	6314
6317	6325	6343	6355	6358	6361	6369	6372	6377	6378
6379	6381	6382	6384	6388	6389	6395	6398	6399	6400
6404	6409	6411	6419	6423	6443	6446	6453	6453	6459
6463	6464	6487	6489	6499	6510	6518			

NACHTRAG / ДОПОЛНЕНИЯ / ADDENDA / APPENDICE

7042	7048	7050	7052	7053	7060	7062	7063	7068	7072
7083	7085	7092	7096	7101	7117	7127	7130	7142	7144
7155	7160	7164	7170	7179	7187	7203	7214	7217	7223
7236	7241	7265	7275	7281	7297	7298	7306	7309	7316
7317	7318	7323	7329	7333	7343	7356	7364	7373	7374
7380	7391	7394	7398	7402	7403	7404	7410	7416	7417
7419	7420	7422	7424	7428	7430	7440	7441	7450	7455
7456	7457	7459	7461	7464	7500	7502			

10. DATENVERARBEITUNG, COMPUTERWISSENSCHAFT, COMPUTER-PROGRAMME / АВТОМАТИЧЕСКАЯ ОБРАБОТКА ДАННЫХ, ТЕОРИЯ ЭЛЕКТРОННО- ВЫЧИСЛИТЕЛЬНЫХ МАШИН, ПРОГРАММЫ ДЛЯ ЭЛЕКТРОННО- ВЫЧИСЛИТЕЛЬНЫХ МАШИН / DATA PROCESSING, COMPUTER SCIENCES, COMPUTER PROGRAMMES / INFORMATIQUE

5484	5485	5486	5499	5503	5506	5567	5570	5595	5641
5673	5702	5756	5767	5788	5800	5808	5815	5819	5824
5825	5874	5886	5888	5889	5902	5922	5953	5954	5977
5978	6015	6030	6045	6120	6159	6163	6168	6199	6209
6302	6316	6318	6444	6450	6470	6483	6494	6507	6508
6509									

NACHTRAG / ДОПОЛНЕНИЯ / ADDENDA / APPENDICE

7098 7260 7262 7281 7284 7293 7301 7320 7351 7383
7393 7411 7422 7434 7453

6. LISTEN DES SACHVERZEICHNISSES IN CODIERTER FORM - REGISTER DER SOWJETISCHEN AUTOREN (KAPITEL 4)

I. FAKTORANALYSE (FAKTORENANALYSE) / ФАКТОРНЫЙ АНАЛИЗ / FACTOR ANALYSIS / ANALYSE FACTORIELLE

1. METHODE, VERFAHREN, MATHEMATISCH-STATISTISCHES MODELL (ALLGEMEIN) / МЕТОД, ПРИЁМ, МАТЕМАТИЧЕСКИ-СТАТИСТИЧЕСКАЯ МОДЕЛЬ [В ОБЩЕМ] / METHOD, TECHNIQUE, MATHEMATICAL-STATISTICAL MODEL (GENERAL) / MÊTHODE, PROCÊDÊ, MODÊLE MATHÊMATIQUE-STATISTIQUE (GÊNÊRALITÊS)

82 167 846 1312 1497 1649 1650 1811 2304 2777

NACHTRAG / ДОПОЛНЕНИЯ / ADDENDA / APPENDICE

6588 6764 6783 6803 7039

1.3. FAKTOREXTRAKTION / ВЫВЕДЕНИЕ ФАКТОРОВ / EXTRACTION OF FACTORS OR COMPONENTS (FACTOR LOADINGS) / EXTRACTION DES FACTEURS

336

NACHTRAG / ДОПОЛНЕНИЯ / ADDENDA / APPENDICE

6812

1.5. FAKTORWERTSCHÄTZUNG, STATISTISCHE TESTS, VALIDIERUNG, INTERPRETATIONSMÖGLICHKEITEN / ОЦЕНКА ЗНАЧЕНИЙ ФАКТОРОВ, СТАТИСТИЧЕСКИЕ ПРОВЕРКИ, ПРИЗНАНИЕ ВЫБОРКИ СВОБОДНОЙ ОТ СУБЪЕКТИВНЫХ ФАКТОРОВ [ВАЛИДАЦИЯ], ВОЗМОЖНОСТИ ИНТЕРПРЕТАЦИИ / ESTIMATION OF FACTOR SCORES, STATISTICAL TESTS, VALIDATION, INTERPRETATION OF RESULTS / ESTIMATION DES VALEURS DE FACTEUR, TESTS STATISTIQUES, VALIDITÊ, POSSIBILITÊS DE'INTER-PRÊTATION

336

2.1. PSYCHOMETRIE / ПСИХОМЕТРИКА / PSYCHOMETRICS / PSYCHOMÊTRIE

82 196 659 846 1292 1867

2.2. ENTWICKLUNGSPSYCHOLOGIE / ВОЗРАСТНАЯ ПСИХОЛОГИЯ / DEVELOPMENTAL PSYCHOLOGY / PSYCHOLOGIE DU DÊVELOPPEMENT

200

2.8. PERSÖNLICHKEIT / ЛИЧНОСТЬ / PERSONALITY / PERSONNALITÊ

990 1868 1869 1870 1871 1872 2121

3.1. BIOMETRIE / БИОМЕТРИКА / BIOMETRICS / BIOMÊTRIE

2552 2552b 2552c 2815

4. MEDIZIN / МЕДИЦИНА / MEDICINE / MÊDECINE

153 237 987 1285 1296 1396 1482 1587 1607 1930
2047 2167 2185 2186 2240

5. LAND- UND FORSTWIRTSCHAFT / СЕЛЬСКОЕ ХОЗЯЙСТВО - ЛЕСНОЕ ХОЗЯЙСТВО / AGRICULTURE AND FORESTRY / AGRICULTURE ET SYLVICULTURE

1520

6.1. ÖKONOMIE (ALLGEMEIN) / ЭКОНОМИКА [ОБЩАЯ] / ECONOMICS (GENERAL) / ECONOMIE (GÊNÊRALITÊS)

659a 819 1497 1520 2251 2274 2777

NACHTRAG / ДОПОЛНЕНИЯ / ADDENDA / APPENDICE

6544 6591 6664 6684

6.1.5. WIRTSCHAFTSGESCHICHTE. GESCHICHTE. ARCHÄOLOGIE. ANTHROPOLOGIE / ЭКОНОМИЧЕСКАЯ ИСТОРИЯ [ИСТОРИЯ, АРХЕОЛОГИЯ, АНТРОПОЛОГИЯ] / ECONOMIC HISTORY, HISTORY, ARCHEOLOGY, ANTHROPOLOGY / HISTOIRE ÊCONOMIQUE, HISTOIRE, ARCHÊOLOGIE

1285 1359 2552b 2552c

6.1.6. DEMOGRAPHIE / ДЕМОГРАФИЯ / DEMOGRAPHY / DÊMOGRAPHIE

1670 2280

NACHTRAG / ДОПОЛНЕНИЯ / ADDENDA / APPENDICE

6730 6776

6.2. SOZIOLOGIE. SOZIOMETRIE. POLITIK / СОЦИОЛОГИЯ [СОЦИОМЕТРИКА, ПОЛИТИКА] / SOCIOLOGY, SOCIOMETRICS, POLITICS / SOCIOLOGIE, SOCIOMÊTRIE, SCIENCES POLITIQUES

861 1522 1646

NACHTRAG / ДОПОЛНЕНИЯ / ADDENDA / APPENDICE

6730 6776

6.4. SPORTWISSENSCHAFTEN / СПОРТИВНАЯ НАУКА / SPORT SCIENCE / SPORT

89 119 616 715 770 902 1489 1502 1684 1685
1689 1695 1768 2015 2155 2166 2184 2185 2186 2255
2413 2484 2552a 2583 2598

8. NATURWISSENSCHAFTEN UND INGENIEURWISSENSCHAFTEN (PHYSIK, CHEMIE, ASTRONOMIE, GEOLOGIE, METEOROLOGIE, BAUWESEN, MASCHINENBAU U.A.) / ЕСТЕСТВЕННЫЕ НАУКИ - ИНЖЕНЕРНОЕ ДЕЛО [ФИЗИКА, ХИМИЯ, АСТРОНОМИЯ, ГЕОЛОГИЯ, МЕТЕОРОЛОГИЯ, СТРОИТЕЛЬНОЕ ДЕЛО, МАШИНОСТРОЕНИЕ И ДР.]/ NATURAL SCIENCES, TECHNOLOGY, ENGINEERING (PHYSICS, CHEMISTRY, ASTRONOMY, GEOLOGY, METEOROLOGY, CIVIL ENGINEERING, ARCHITECTURE, MACHINE BUILDING ETC.) / SCIENCES NATURELLES ET TECHNIQUES (PHYSIQUE, CHIMIE, ASTRONOMIE, GÊOLOGIE, MÊTÊOROLOGIE, BÂTIMENT, CONSTRUCTION MÉCANIQUE, ETC.)

1708 1709 1802 2143

NACHTRAG / ДОПОЛНЕНИЯ / ADDENDA / APPENDICE

6587 6589 6590 6688 6691 6692 6731

10. DATENVERARBEITUNG, COMPUTERWISSENSCHAFT, COMPUTER-PROGRAMME / АВТОМАТИЧЕСКАЯ ОБРАБОТКА ДАННЫХ, ТЕОРИЯ ЭЛЕКТРОННО-ВЫЧИСЛИТЕЛЬНЫХ МАШИН, ПРОГРАММЫ ДЛЯ ЭЛЕКТРОННО-ВЫЧИСЛИТЕЛЬНЫХ МАШИН
DATA PROCESSING, COMPUTER SCIENCES, COMPUTER PROGRAMMES / INFORMATIQUE

NACHTRAG / ДОПОЛНЕНИЯ / ADDENDA / APPENDICE

6791

II. HAUPTKOMPONENTENANALYSE / МЕТОД ГЛАВНЫХ КОМПОНЕНТ / PRINCIPAL COMPONENT ANALYSIS / ANALYSE DES COMPOSANTES PRINCIPALES

1. METHODE, VERFAHREN, MATHEMATISCH-STATISTISCHES MODELL (ALLGEMEIN) / МЕТОД, ПРИЁМ, МАТЕМАТИЧЕСКИ-СТАТИСТИЧЕСКАЯ МОДЕЛЬ [В ОБЩЕМ] / METHOD, TECHNIQUE, MATHEMATICAL-STATISTICAL MODEL (GENERAL) / MÉTHODE, PROCÉDÉ, MODÈLE MATHÉMATIQUE-STATISTIQUE (GÉNÉRALITÉS)

167 1312

NACHTRAG / ДОПОЛНЕНИЯ / ADDENDA / APPENDICE

6588 6789 6790 6803 6806 6808 6812 7039

6.1. ÖKONOMIE (ALLGEMEIN) / ЭКОНОМИКА [ОБЩАЯ] / ECONOMICS (GENERAL) / ECONOMIE (GÉNÉRALITÉS)

NACHTRAG / ДОПОЛНЕНИЯ / ADDENDA / APPENDICE

6797 6810.

6.1.5. WIRTSCHAFTSGESCHICHTE, GESCHICHTE, ARCHÄOLOGIE, ANTHROPOLOGIE / ЭКОНОМИЧЕСКАЯ ИСТОРИЯ [ИСТОРИЯ, АРХЕОЛОГИЯ, АНТОПОЛОГИЯ] / ECONOMIC HISTORY, HISTORY, ARCHEOLOGY, ANTHROPOLOGY / HISTOIRE ÉCONOMIQUE, HISTOIRE, ARCHÉOLOGIE

2999

10. DATENVERARBEITUNG. COMPUTERWISSENSCHAFT, COMPUTER-PROGRAMME / АВТОМАТИЧЕСКАЯ ОБРАБОТКА ДАННЫХ, ТЕОРИЯ ЭЛЕКТРОННО- ВЫЧИСЛИТЕЛЬНЫХ МАШИН, ПРОГРАММЫ ДЛЯ ЭЛЕКТРОННО- ВЫЧИСЛИТЕЛЬНЫХ МАШИН

DATA PROCESSING, COMPUTER SCIENCES, COMPUTER PROGRAMMES / INFORMATIQUE

NACHTRAG / ДОПОЛНЕНИЯ / ADDENDA / APPENDICE

6791

III. MULTIDIMENSIONALE SKALIERUNG / MULTIDIMENSIONAL SCALING / ECHELLE MULTIDIMENSIONNELLE / МНОГОМЕРНОЕ ШКАЛИРОВАНИЕ

1. METHODE, VERFAHREN, MATHEMATISCH-STATISTISCHES MODELL (ALLGEMEIN) / МЕТОД, ПРИЁМ, МАТЕМАТИЧЕСКИ-СТАТИСТИЧЕСКАЯ МОДЕЛЬ [В ОБЩЕМ] / METHOD, TECHNIQUE, MATHEMATICAL-sTATISTICAL MODEL (GENERAL) / MÊTHODE, PROCÉDÉ, MODÈLE MATHÉMATIQUE-STATISTIQUE (GÉNÉRALITÉS)

NACHTRAG / ДОПОЛНЕНИЯ ADDENDA / APPENDICE

6852 6902

IV. CLUSTERANALYSE / КЛАСТЕРНЫЙ АНАЛИЗ / CLUSTER ANALYSIS / ANALYSE-CLUSTER, ANALYSE DES GRAPPES

1. METHODE, VERFAHREN, MATHEMATISCH-STATISTISCHES MODELL (ALLGEMEIN) / МЕТОД, ПРИЁМ, МАТЕМАТИЧЕСКИ-СТАТИСТИЧЕСКАЯ МОДЕЛЬ [В ОБЩЕМ] / METHOD, TECHNIQUE, MATHEMATICAL-STATISTICAL MODEL (GENERAL) / MÉTHODE, PROCÉDÉ, MODÈLE MATHÉMATIQUE-STATISTIQUE (GÉNÉRALITÉS)

2777 5497 5498 5543 5544 5584 5766 6215

NACHTRAG / ДОПОЛНЕНИЯ / ADDENDA / APPENDICE

6963 6983 7039 7065

2.8. PERSÖNLICHKEIT / ЛИЧНОСТЬ / PERSONALITY / PERSONNALITÉ

NACHTRAG / ДОПОЛНЕНИЯ / ADDENDA / APPENDICE

6977

3.1. BIOMETRIE / БИОМЕТРИКА / BIOMETRICS / BIOMÉTRIE

NACHTRAG / ДОПОЛНЕНИЯ / ADDENDA / APPENDICE

6982

6.1. ÖKONOMIE (ALLGEMEIN) / ЭКОНОМИКА [ОБЩАЯ] / ECONOMICS (GENERAL) / ECONOMIE (GÉNÉRALITÉS)

2777

NACHTRAG / ДОПОЛНЕНИЯ / ADDENDA / APPENDICE

6922 6923 6954 6960 7064 7065

6.2. SOZIOLOGIE, SOZIOMETRIE, POLITIK / СОЦИОЛОГИЯ [СОЦИОМЕТРИКА, ПОЛИТИКА] / SOCIOLOGY, SOCIOMETRICS, POLITICS / SOCIOLOGIE, SOCIOMÉTRIE, SCIENCES POLITIQUES

NACHTRAG / ДОПОЛНЕНИЯ / ADDENDA / APPENDICE

6940

8. NATURWISSENSCHAFTEN UND INGENIEURWISSENSCHAFTEN (PHYSIK, CHEMIE, ASTRONOMIE, GEOLOGIE, METEOROLOGIE, BAUWESEN, MASCHINENBAU U.A.) / ЕСТЕСТВЕННЫЕ НАУКИ - ИНЖЕНЕРНОЕ ДЕЛО [ФИЗИКА, ХИМИЯ, АСТРОНОМИЯ, ГЕОЛОГИЯ, МЕТЕОРОЛОГИЯ, СТРОИТЕЛЬНОЕ ДЕЛО, МАШИНОСТРОЕНИЕ И ДР.] NATURAL SCIENCES, TECHNOLOGY, ENGINEERING (PHYSICS, CHEMISTRY, ASTRONOMY, GEOLOGIE, METEOROLOGY, CIVIL ENGINEERING, ARCHITECTURE, MACHINE BUILDING ETC.) / SCIENCES NATURELLES ET TECHNIQUES (PHYSIQUE, CHIMIE, ASTRONOMIE, GÉOLOGIE, MÉTÉOROLOGIE, BÂTIMENT, CONSTRUCTION MÉCANIQUE, ETC.)

1709 5487 5494

9. KYBERNETIK, INFORMATIONSTHEORIE / КИБЕРНЕТИКА, ТЕОРИЯ ИНФОРМАЦИИ /CYBERNETICS, INFORMATION THEORY / CYBERNÉTIQUE, THÉORIE DE L'INFORMATION

5515

V. NUMERISCHE TAXONOMIE / НУМЕРИЧЕСКАЯ ТАКСОНОМИЯ / NUMERICAL TAXONOMY / TAXONOMIE NUMERIQUE

1. METHODE, VERFAHREN, MATHEMATISCH-STATISTISCHES MODELL (ALLGEMEIN) /МЕТОД, ПРИЁМ, МАТЕМАТИЧЕСКИ-СТАТИСТИЧЕСКАЯ МОДЕЛЬ [В ОБЩЕМ] / METHOD, TECHNIQUE, MATHEMATICAL-STATISTICAL MODEL (GENERAL) / MÊTHODE, PROCÊDÊ, MODÊLE MATHÊMATIQUE— STATISTIQUE (GÊNÊRALITÊS)

2304 5247 5250 5251 5322 5981 5982 6269 6272 6332
6352

3.1. BIOMETRIE / БИОМЕТРИКА / BIOMETRICS / BIOMÊTRIE

6321

6.1. ÖKONOMIE (ALLGEMEIN) / ЭКОНОМИКА [ОБЩАЯ] / ECONOMICS (GENERAL) / ECONOMIE (GÊNÊRALITÊS)

5247 5250 5251 5322 6053

VI. AUTOMATISCHE ZEICHEN- ODER MUSTER- ODER GESTALTERKENNUNG "PATTERN RECOGNITION" / РАСПОЗНАВАНИЕ ОБРАЗОВ / PATTERN RECOGNITION / RECONNAISSANCE DES FORMES

1. METHODE, VERFAHREN, MATHEMATISCH-STATISTISCHES MODELL (ALLGEMEIN) / МЕТОД, ПРИЁМ, МАТЕМАТИЧЕСКИ-СТАТИСТИЧЕСКАЯ МОДЕЛЬ [В ОБЩЕМ] / METHOD, TECHNIQUE, MATHEMATICAL-STATISTICAL MODEL (GENERAL) / MÊTHODE, PROCÊDÊ, MODÊLE MATHÊMATIQUE-STATISTIQUE (GÊNÊRALITÊS)

5497 5498 5529 5530 5543 5544 5584 5590 5591 5593
5626 5720 5730 5766 5958 5959 5975 5976 5981 5982
5990 5991 5952 5993 6006 6007 6039 6040 6041 6053
6091 6092 6093 6132 6154 6155 6180 6215 6226 6254
6263 6266 6267 6268 6269 6270 6271 6272 6328 6329
6330 6331 6332 6334 6346 6347 6352 6397 6413 6414
6416 6436 6437 6439 6476

NACHTRAG / ДОПОЛНЕНИЯ / ADDENDA / APPENDICE

7039 7198 7228 7271 7349 7355

2.1. PSYCHOMETRIE / ПСИХОМЕТРИКА / PSYCHOMETRICS / PSYCHOMÊTRIE

6280

2.2. ENTWICKLUNGSPSYCHOLOGIE / ВОЗРАСТНАЯ ПСИХОЛОГИЯ / DEVELOPMENTAL PSYCHOLOGY / PSYCHOLOGIE DU DÊVELOPPEMENT

6090 6330

3.1. BIOMETRIE / БИОМЕТРИКА / BIOMETRICS / BIOMÊTRIE

5972 6321

4. MEDIZIN / МЕДИЦИНА / MEDICINE / MÊDECINE

6167

6.1. ÖKONOMIE (ALLGEMEIN) / ЭКОНОМИКА [ОБЩАЯ] / ECONOMICS (GENERAL) / ECONOMIE (GÊNÊRALITÊS)

6053 6139

NACHTRAG / ДОПОЛНЕНИЯ / ADDENDA / APPENDICE

7198 7328 7371

6.2. SOZIOLOGIE, SOZIOMETRIE, POLITIK / СОЦИОЛОГИЯ [СОЦИОМЕТРИКА, ПОЛИТИКА] / SOCIOLOGY, SOCIOMETRICS, POLITICS / SOCIOLOGIE, SOCIOMÊTRIE, SCIENCES POLITIQUES

5958 6226 6264 6284

6.6. LITERATUR- UND SPRACHWISSENSCHAFTEN / ЯЗЫКОЗНАНИЕ ЛИТЕРАТУРОВЕДЕНИЕ / LITERATURE AND LINGUISTICS / LITTÉRATURE ET LINGUISTIQUES

5531 5862 6287 6291 6296 6312

8. NATURWISSENSCHAFTEN UND INGENIEURWISSENSCHAFTEN (PHYSIK, CHEMIE, ASTRONOMIE, GEOLOGIE, METEOROLOGIE, BAUWESEN, MASCHINENBAU U.A.) / ЕСТЕСТВЕННЫЕ НАУКИ - ИНЖЕНЕРНОЕ ДЕЛО [ФИЗИКА, ХИМИЯ, АСТРОНОМИЯ, ГЕОЛОГИЯ, МЕТЕОРОЛОГИЯ, СТРОИТЕЛЬНОЕ ДЕЛО, МАШИНОСТРОЕНИЕ И ДР.] NATURAL SCIENCES, TECHNOLOGY, ENGINEERING (PHYSICS, CHEMISTRY, ASTRONOMY, GEOLOGY, METEOROLOGY, CIVIL ENGINEERING, ARCHITECTURE, MACHINE BUILDING ETC.) / SCIENCES NATURELLES ET TECHNIQUES (PHYSIQUE, CHIMIE, ASTRONOMIE, GÉOLOGIE, MÉTÉOROLOGIE, BÂTIMENT, CONSTRUCTION MÉCANIQUE, ETC.)

5487 5494 5594 5605 5606 5607 5608 5759 5879 5972
5993 6007 6021 6196 6240 6265 6293 6294 6313 6498
6501 6526

NACHTRAG / ДОПОЛНЕНИЯ / ADDENDA / APPENDICE

7128

9. KYBERNETIK, INFORMATIONSTHEORIE / КИБЕРНЕТИКА, ТЕОРИЯ ИНФОРМАЦИИ / CYBERNETICS, INFORMATION THEORY / CYBERNÉTIQUE, THÉORIE DE L'INFORMATION

5482 5483 5488 5490 5515 5529 5530 5540 5587 5588
5590 5591 5592 5593 5626 5627 5723 5724 5725 5726
5727 5728 5729 5730 5731 5775 5851 5852 5879 5973
5974 5986 5987 5988 5989 5990 5992 6008 6009 6010
6018 6019 6091 6092 6093 6132 6154 6155 6283 6290
6292 6295 6333 6334 6415 6416 6439 6476 6526

NACHTRAG / ДОПОЛНЕНИЯ / ADDENDA / APPENDICE

7129 7312

10. DATENVERARBEITUNG, COMPUTERWISSENSCHAFT, COMPUTER-PROGRAMME / АВТОМАТИЧЕСКАЯ ОБРАБОТКА ДАННЫХ, ТЕОРИЯ ЭЛЕКТРОННО-ВЫЧИСЛИТЕЛЬНЫХ МАШИН ПРОГРАММЫ ДЛЯ ЭЛЕКТРОННО- ВЫЧИСЛИТЕЛЬНЫХ МАШИН /
DATA PROCESSING, COMPUTER SCIENCES, COMPUTER PROGRAMMES /
INFORMATIQUE

5959 5971

FSC
www.fsc.org
MIX
Papier | Fördert gute Waldnutzung
FSC® C083411

Kolibri 360 GmbH
Ferdinand-Jühlke-Straße 7
99095 Erfurt, Deutschland
produktsicherheit@kolibri360.de